中国小城镇市政与环境工程技术丛书

小城镇水资源利用与保护

张朝升　石明岩　编著

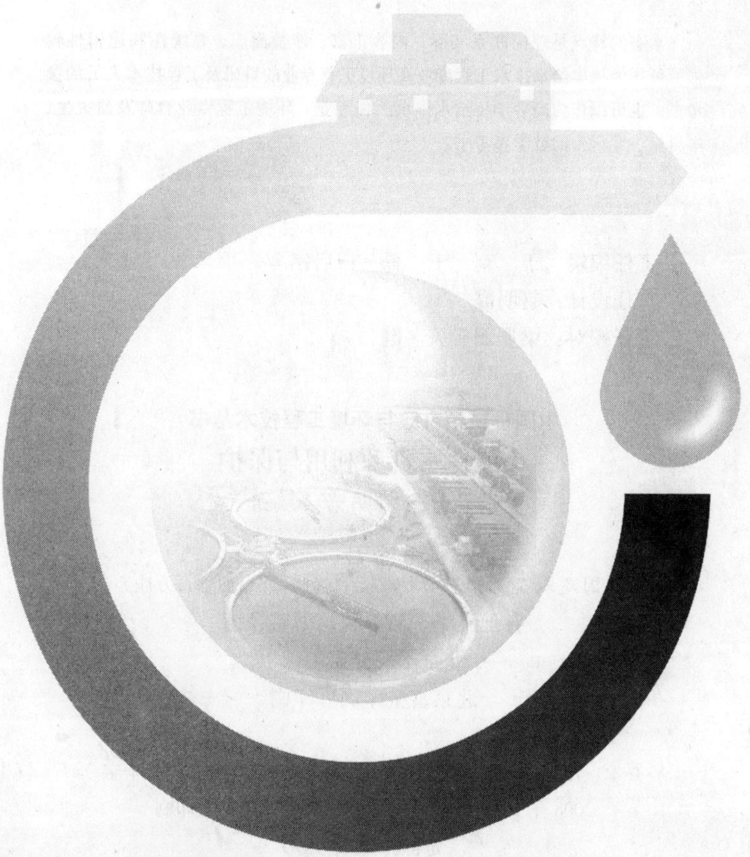

中国建筑工业出版社

图书在版编目（CIP）数据

小城镇水资源利用与保护/张朝升，石明岩编著. —北京：中国建筑工业出版社，2008
（中国小城镇市政与环境工程技术丛书）
ISBN 978-7-112-10318-8

Ⅰ. 小…　Ⅱ. ①张…②石…　Ⅲ. ①城镇—水资源—资源利用—研究—中国②城镇—水资源—资源保护—研究—中国　Ⅳ. TV213

中国版本图书馆 CIP 数据核字（2008）第 162731 号

本书系统介绍了小城镇水资源利用与保护的理论和方法。主要内容包括：水资源的概念、分布、循环以及开发和利用等；地表水资源的形成、地表水资源的特点、地表水水质及取水、地下水资源的循环与特点、地下水取水；节水技术与管理；污水的再生与资源化利用；海水淡化与利用；水资源保护和可持续发展。

本书的特点是理论联系实际，内容丰富、涉及面广，系统性和逻辑性较强。可作为从事给水排水工程专业及环境工程专业的科研及工程技术人员的参考书，也可以作为高等学校给水排水工程专业、环境工程专业教师及研究生、本科生、专科生的教学参考书。

* * *

责任编辑：于　莉　王　磊　田启铭
责任设计：赵明霞
责任校对：梁珊珊　关　健

中国小城镇市政与环境工程技术丛书
小城镇水资源利用与保护
张朝升　石明岩　编著
*
中国建筑工业出版社出版、发行（北京西郊百万庄）
各地新华书店、建筑书店经销
北京千辰公司制版
北京富生印刷厂印刷
*
开本：787×1092 毫米　1/16　印张：15½　字数：388 千字
2008 年 12 月第一版　2008 年 12 月第一次印刷
定价：**38.00** 元
ISBN 978-7-112-10318-8
（17121）

中国小城镇市政与环境工程技术丛书

总　　序

中国小城镇市政与环境工程技术丛书主要针对我国城市化进程的总体思路，结合我国经济建设的总目标，并对我国中小城镇近年来的建设及发展前景进行了充分的市场调查和了解，在此基础上确定了丛书的选题和分类选题，其主要分类选题为：《小城镇饮用水处理技术》、《小城镇污水处理技术》、《小城镇给水厂设计与运行管理》、《小城镇污水厂设计与运行管理》、《小城镇给水排水管网设计与计算》、《小城镇水资源利用与保护》、《小城镇给水排水工程规划》。丛书基本包含了我国中小城镇市政与环境工程方面迫切需要的技术内容，本着理论联系实际、深入浅出、适用性强并充分考虑新技术应用的原则制定了编写大纲及编写内容，本丛书的出版将会对我国中小城镇市政与环境工程建设与发展起到推动和指导作用。

本丛书可作为有关中小城镇市政与环境工程技术人员、建设者专业技术提高用书及工具书，同时可作为从事给水排水工程专业及环境工程专业的科研及工程技术人员的参考书，也可以作为高等学校给水排水工程专业、环境工程专业及相关专业教师及研究生、本科生的教学参考书。

中国小城镇市政与环境工程技术丛书编委会

前　言

《小城镇水资源利用与保护》结合目前国内外小城镇的水资源利用与保护技术现状，较系统地介绍了适合小城镇水资源利用与保护的新型工艺和技术。系统地介绍了小城镇水资源利用与保护的理论和方法等。全书共分7章，第1章　水与水资源，主要包括：地球上的水、小城镇水资源概况、水资源开发和利用概况；第2章　小城镇地表水资源与取水，主要包括：地表水资源概述、地表水取水构筑物；第3章　小城镇地下水资源与取水，主要包括：地下水资源概述、地下水取水；第4章　小城镇节水技术与管理，主要包括：概述、工业节水、生活节水、农业节水、节水管理；第5章　小城镇污水的再生与资源化利用，主要包括：小城镇污水的特性、小城镇污水的再生处理技术、小城镇再生水的资源化利用、再生水的卫生安全性评价、小城镇污水资源化发展的经济分析、小城镇建筑中水回用；第6章　海水淡化与利用，主要包括：海水的水质特征、海水淡化理论与技术、海水的利用；第7章　小城镇水资源保护和可持续发展，主要包括：水资源保护的含义、水资源保护的目标、水资源保护的内容、水源的污染及其防护、水资源保护的规划与管理等内容。

在编写过程中，根据我国小城镇水资源利用与保护技术的现状与实际，总结了近年来适合于小城镇水资源利用与保护技术的实际经验，并结合实际应用情况，介绍了适合于小城镇特点的水资源利用与保护的先进技术。所以，书中内容范围较广，体现了目前小城镇水资源利用与保护技术的最新发展动态。

本书可作为小城镇水资源利用与保护工程的建设、设计、管理等技术人员，以及城市规划、环境保护、管理人员的参考用书，也可作为高等学校给水排水工程专业、环境工程专业及相关专业教师和研究生、本科生、专科生的教学参考书。

本书由广州大学张朝升教授、石明岩副教授编著，各章作者为：第1章：张朝升、石明岩；第2章、第3章、第4章、第5章：石明岩；第6章：张朝升、石明岩；第7章：张朝升、石明岩。全书由张朝升教授统编定稿。

在编写过程中参考引用了许多参考书及参考文献。在此对这些作者一并表示衷心感谢。

本书在编写过程中得到了中国建筑工业出版社及有关人员的热忱帮助和鼎力支持，在此致以诚挚的谢意。

由于小城镇的特点不同，小城镇水资源利用与保护技术涉及的有关内容与大城市水资源利用与保护技术实用性不完全相同，有些内容还要不断地总结和探讨，另外由于编写人员水平所限，书中缺点和不妥之处在所难免，恳请读者提出宝贵意见，以使本书在使用中不断更新和完善。

编　者

目　　录

续表

水体类型		水量（$\times10^4km^3$）	水储量占总量比（%）	占淡水总量比（%）
地下水	总量	2340	1.69	
	咸水	1287	0.93	
	淡水	1053	0.76	30.06
土壤水		1.65	0.001	0.05
冰川及冰盖		2406.41	1.74	68.70
地下冰		30	0.022	0.86
大气水		1.29	0.001	0.04
生物水		0.112	0.0001	0.003
总计		138598.46	100.0	
淡水总计		3502.92	2.53	100.0

（据联合国水会议文件 1977）

1.1.4 水的循环

1. 水循环的概念

水的循环是地球上最重要的物质循环之一。通过循环过程中水的形态变化完成了水的输送和通过水对物质和热能的输送，从而产生调节气候和淡水再生的作用，这对于地球环境的形成、演化和人类生存都有着重大的作用和影响。

按水的循环途径，地球上的水循环可以分为自然循环和社会循环。

(1) 水的自然循环

在太阳辐射和地心吸力的作用下，地球上各种状态的水从海洋表面、江河表面、湖沼表面、陆地表面和植被表面蒸发、散发变成水汽，上升于空中，或停留在空中，或被气流带到其他地区，在适当条件下凝结，然后以降水形式落到海洋面或陆地表面。到达地面的水，在重力作用下，部分下渗入地下形成地下径流，部分形成地表径流流入江河，汇归海洋，还有一部分重新蒸发回空中。水分这样往返循环不断转移交替的现象称为水的自然循环（图 1-2），也称自然界的水文循环。

图 1-2 水的自然循环

水的自然循环分为小循环和大循环。

小循环是指海洋本身或者陆地的水单独进行循环的过程。海洋本身的水循环是指海水通过蒸发形成水蒸气，然后再以降水的方式降落到海洋中。陆地上的水，通过蒸发作用（包括江、河、湖、水库等水面蒸发、潜水蒸发、陆面蒸发及植物蒸腾等）上升到大气中形成积云，之后通过降水的形式降落到陆地表面形成径流。

大循环是指水在水圈、大气圈和岩石圈之间的循环过程。具体表现为：海洋中的水蒸发后，一部分飘移到大陆上空形成积云，然后以降水的形式降落到地面。其中一部分形成地表径流，通过江河汇入海洋；另一部分则渗入地下形成地下水，再以地下径流或泉流的形式缓慢地注入江河或海洋。

据联合国的统计资料，参与全球动态平衡的循环水量为 $57.7\times10^4km^3$，仅占全球水储量的0.05%，其中，海洋部分的比例大于陆地部分，且海洋部分的蒸发量大于降雨量，见表1-2。

世界水循环状况 **表1-2**

分　区	面积（$\times10^8km^2$）	水量（$\times10^4km^3$）		
		降 水	径 流	蒸 发
海洋	3.6	45.8	4.7	50.5
陆地	1.5	11.9	4.7	7.2
总计	5.1	57.7		57.7

（2）水的社会循环

除了水的自然循环外，水还因人类的活动而不断地迁移转化，形成了水的社会循环。水的社会循环是指人类为了满足生活和生产的需求，不断取用天然水体中的水，经过使用，一部分天然水被消耗，但绝大部分却变成生活污水和工业废水排放，重新进入天然水体，如图1-3（*a*）。

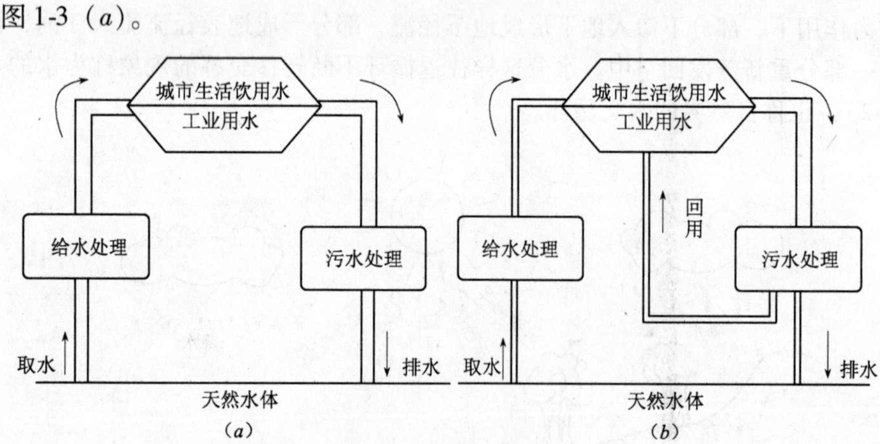

图1-3　水的社会循环

社会循环的水量不断增大，造成排入水体的废弃物不断增多，一旦超出了水体的自净能力，水质就会恶化，从而使水体遭到污染。受污染的水体，将丧失和部分丧失使用功能，从而影响水资源的可持续利用，并加剧水资源短缺的危机。

3）水域和水能

水体占有地表空间形成地面水域，水域既可为洪枯不均的水流进行调蓄，增加可以利用的稳定水量，又可为人们提供各类服务，如航运与水产养殖。

水域历来是人类集中居住和城市建设的依托，对社会经济发展起着极为重要的影响。水域具有运价低廉的特点，是内陆交通运输网络的重要组成部分。水域同时也是淡水养殖的场所，在国家水产养殖中占有重要地位，有些国家和地区人均获得的蛋白质总量中有40%来自鱼类。

水量因其所在高程不同，水温不同，或者所具有的外部条件不一样，而产生位能、热能或风浪能，并转化为水能，成为人们生产生活中的重要能源。

能源是人类社会的生命线，人类的生产生活都离不开能源，水电是能源的重要组成部分，而且因为费用低廉，往往成为国家或地区发展的龙头产业，既可以带动内部资源开发，又可以吸收外部资金。在当前环境问题愈来愈受到人们重视的同时，水能不但不污染空气，而且在一定程度上还能美化环境，其利用价值大为提高，加速发展势在必行。

流动着的水体，只要水量没有消耗掉，水能在甲地利用后又可在乙地重复利用。河流的水能开发，从河源到河口，如果没有其他条件制约，可以形成梯级，充分发挥其应有功能。在给水排水系统中，上游灌区的回归水可以是下游灌区的重要水源；工业废水经过一定程度的处理后，又可复用于低质用水的部门。这样重复利用，既可提高水的利用效率，又可缓解缺水地区的供水紧张形势。

（3）不均匀、随机和两重性

水资源随着蒸发与降雨的随机变化及其不同组合，显示出其随机特性。水资源的总体可利用量，一般取其多年平均值，但具体到某个流域或某个工程的规划设计，其可利用量随不同的保证率而异，保证率高，可利用量愈少；要增加利用量必然降低其保证率，这其中涉及到一系列技术经济问题，既增加了开发利用的复杂性，又影响了工程的经济效益。

“水能载舟，也能覆舟”，水作为资源既可为人类创造幸福，也能为人类带来灾害。世界银行曾测算，中国每年洪涝灾害损失100多亿美元，每年干旱缺水造成的损失约为350亿美元。要发挥水功能的作用，必须除害与兴利相结合，兴利之前避其害，兴利之后防其害。或者富除害于兴利之中，一举两得，在发挥其积极因素的同时克服其消极因素。

资源的空间分布不均，尤其是与人口密度和经济发展不相一致，在利用上常常远距离输水，增加供水困难。资源在时间上分布不均，有些地区水热同期，有利于农业生产；有些地区天然降雨与农作物需水很不协调，需要工程进行调节，增加了水利用的难度。

（4）资源的内部转化与外部联系

水的气体、液体与固体三种物理形态可以相互转化，天空中的水气在一定温度与成雨条件下，可以转化为雨水，人们利用这一特点可以“催云化雨”。固体的冰雪在气温影响下可以融化为地表径流，作为某些地区河川径流的主要来源。

雨水、地表水和地下水三种不同水源之间的转化极为频繁，雨水既可转化为地表水，也可渗入地下转化为地下水；地表水与地下水之间关系更为密切，彼此之间可以互相补给，因此在天然水量平衡和水资源的利用上，要作为整体统筹考虑。

与其他资源相比，水既有明显的以自然区域为整体的特性，又离不开经济区划与行政区域的影响与约束，其开发利用与运行管理必须全面考虑与之有关的方方面面。

水既是自然资源也是环境要素，水、土、环境是一个不可分割的整体，无论开发与治理都必须考虑其间的天然联系。

1.1.3 水的储量与分布

地球上的水按其存在位置分为大气水、地表水及地球内部水。其中，地表水分为海洋水、湖泊水、河流水、冰川水等；地球内部水包括地壳岩石圈中的地下水和地幔中储藏的水。

地球总面积约 $5.1\times10^8\text{km}^2$，其中海洋面积约为 3.61×10^8 万 km^2，占全球面积70.8%，陆地面积约 $1.49\times10^8\text{km}^2$，仅占全球面积29.2%。地球水圈（地壳表层、表面和围绕地球的大气层中气态、液态和固态的水组成的圈层）全部水体的总储量约为 $13.9\times10^8\text{km}^3$，其中，绝大部分为高含盐量（35g/L）的海洋水，水量为 $13.4\times10^8\text{km}^3$，占96.5%，淡水水量占2.5%，仅为 $0.35\times10^8\text{km}^3$。陆地表面的水量与海洋相比是微不足道的，如图1-1所示。

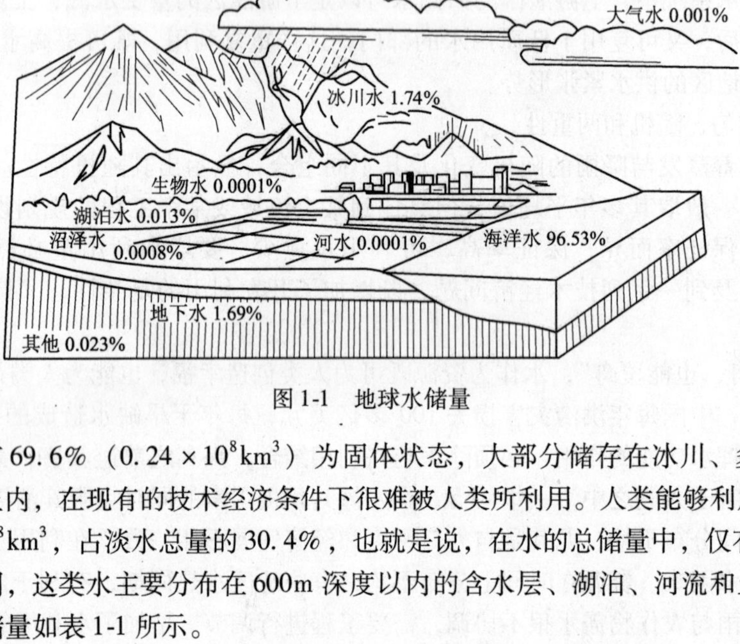

图1-1 地球水储量

淡水中有69.6%（$0.24\times10^8\text{km}^3$）为固体状态，大部分储存在冰川、多年积雪、两极和多年冻土内，在现有的技术经济条件下很难被人类所利用。人类能够利用的淡水水量仅为 $0.1\times10^8\text{km}^3$，占淡水总量的30.4%，也就是说，在水的总储量中，仅有0.76%可以为人类所利用，这类水主要分布在600m深度以内的含水层、湖泊、河流和土壤中。地球上各类水的储量如表1-1所示。

地球水储量 表1-1

水体类型		水量（$\times10^4\text{km}^3$）	水储量占总量比（%）	占淡水总量比（%）
海洋水		133800	96.5	
湖泊水	总量	17.64	0.013	
	咸水	8.54		
	淡水	9.10		0.26
河流		0.21	0.0002	0.006
沼泽		1.15	0.0008	0.03

对城市污水进行处理，使其排入水体不会造成污染，从而实现水资源的可持续利用，称为水的良性社会循环。从未受污染的天然水体取水，一般是比较经济的，原因是满足用水对水质的要求（特别是生活饮用水）而进行的水处理比较易行。当出现水资源短缺危机时，为节约水资源，可以采取污水回用的方法，如图1-3（*b*）所示。

在水的社会循环中，一部分水被人类从自然循环的径流中取出，经过生活和生产过程中的使用后，成为生活污水和工业废水，或者经农田灌溉渗流地下，最终仍然回归径流。这部分社会循环的水，会局部改变自然水循环的途径和强度，使径流条件发生局部的重大改变，还会对水循环的水质发生重大影响，这部分水称为回归水，如图1-4所示。社会循环对水量的影响尤为突出，河流、湖泊来水量大幅减少、甚至干涸，地下水水位大面积下降，径流条件发生重大改变。不可复原水所占比例愈大，对自然水文循环的扰动愈剧烈、天然径流量的降低将十分显著，引起一系列的环境与生态灾害。显然，在研究与阐述自然界水文循环方面，在系统自然水循环外关注社会水循环对自然径流产生的干扰与改造作用对于实现水的良性循环是至关重要的。

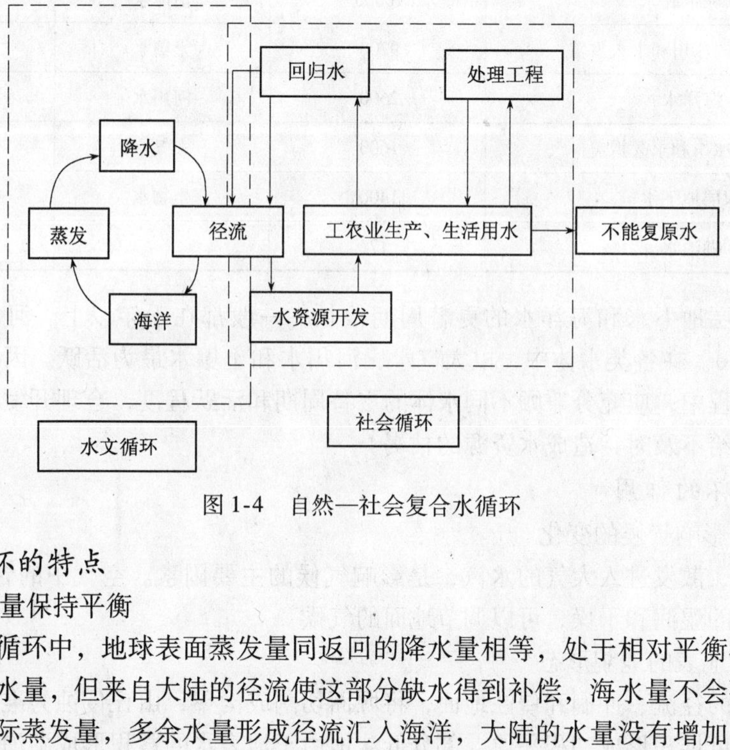

图1-4 自然—社会复合水循环

2. 水循环的特点

(1) 总水量保持平衡

在全球水循环中，地球表面蒸发量同返回的降水量相等，处于相对平衡状态。海洋的蒸发量大于降水量，但来自大陆的径流使这部分缺水得到补偿，海水量不会减少。大陆的降水量大于实际蒸发量，多余水量形成径流汇入海洋，大陆的水量没有增加。据计算，海面输送到陆地上空的水汽只占海洋总蒸发量的9.3%，其余水汽以降水的形式返回海洋。参加海陆之间大循环的有效水量仅占全球水循环总量的8.1%。

(2) 时空分布不均匀

水循环中水量的年际变化很明显，一些地区河川径流的丰水、枯水年往往交替出现。一般来说，在低纬湿润地区，降雨量较多，雨季降雨集中，气温高，蒸发量大，水循环强烈；高纬度地区，冰雪覆盖期长，气温低，水循环弱；而干旱地区降水稀少，蒸发能力大，但实际蒸发量小，水循环微弱。水循环这种年内、年际和地区变化的不均匀现象造成了洪涝、干旱等多变复杂的水文形势。

(3) 各类水体循环速度变化很大，更替周期不一

所谓更替周期是指在补给停止的条件下，各类水从水体中排干所需时间。通常按下式估算：

$$T = \frac{Q(t)}{q(t)} \tag{1-1}$$

式中 T——水的更替周期；

$q(t)$——单位时间内水体中参与循环的水量；

$Q(t)$——某一时刻水体中储存的水量。

不同水体的更替周期如表1-3所示。

不同水体的更替周期 **表1-3**

水体类型	更替周期（年）	水体种类	更替周期
永冻带底冰	10000	沼泽水	5年
格陵兰岛的冰川和永久雪盖	9700	土壤水	1年
海洋水	2600	河川水	16d
山脉的冰川和永久雪盖	1600	大气水	8d
深层地下水	1400	生物水	几小时
湖泊水	17		

冰川、深层地下水和海洋水的更替周期很长，一般都在千年以上。河水交替周期较短，平均约16d。在各类水体中，以大气水、河川水和土壤水最为活跃。因此，在开发利用水资源的过程中，应充分兼顾不同水体的更替周期和活跃程度，合理开发，避免由于更替周期长或补给不及时，造成水资源的枯竭。

3. 水循环的作用

(1) 直接影响气候的变化

通过蒸发、散发进入大气的水汽，是影响气候的主要因素。空气中的含水量的多少，直接影响气候的湿润和干燥，可以调节地面的气候。

(2) 改变地表的地貌形态

降水形成的径流、冲刷和侵蚀地面，将塬面切割成沟壑，山丘侵蚀为准平原；水流搬运大量泥沙，可堆积形成冲积平原，部分低洼地由于地表水的蓄积形成湖泊和沼泽；渗入地下的水，溶解岩层中的物质，富集盐分，流入大海；易溶解的岩石受到水流强烈的侵蚀和溶解作用，可形成岩溶等地貌。

(3) 形成再生资源

水循环提供了巨大的、可以重复利用的再生水资源，使人类获得永不枯竭的水源和能源；大气降水把天空中游离的氮素带到地面，滋养植物；陆地上径流把大量的有机物送入海洋，供给海洋生物，而海洋生物又是人类食物和制造饲料的重要来源。水循环带来的洪水和干旱，也会给人类和生物造成威胁。

人类对地球水循环的影响日益增加。由于人类社会的发展，用水量不断增加，特别是最近几十年，世界经济高速发展，人口膨胀，用水量急剧增加。人类从地表水体和地下水体中取水，经使用后一部分消耗与蒸发返回大气，使入海的径流量减少，另一部分则以污、废水的形式回归于地表或地下水体，这就形成了陆地上小循环中的侧支循环。这个循环主要反映了现代人类社会水资源的供需问题，也是目前水资源学亟待研究和探讨的问题。

1.1.5 水在社会、经济上的战略位置

由于水资源供给的稳定性和需求的不断增长，使水具有了越来越重要的战略地位。一些世界著名的科学家提出：一个国家如何对待它的水资源，将决定这个国家是继续发展还是衰落。那些将治理水系作为紧迫任务的国家将占有竞争优势。如果水资源消耗殆尽，人类的健康、经济发展以及生态系统将受到威胁。

世界上许多国家，尤其是缺水国，都把水利建设作为国民经济的基础建设，投入巨资，修建各种类型的水库、水堤，以及储水、蓄水、引水工程，以确保水的供应。各国在水环境污染防治，水循环利用，水处理新技术方面的投资也与日俱增。中东地区的十几个缺水国家，如以色列、科威特等国以及加沙地带等，主要饮用再生水；其中产油富国沙特阿拉伯早在1997年前就已投资50亿美元用于海水淡化工程，以试图解决或缓解供水危机；以色列每年从土耳其进口淡水达1.5亿m^3；马来西亚每年向海湾国家出口3900万m^3淡水，并为运送淡水，把过去输油轮改为输水轮。

为开发地下水，补充新水源，各国也投入巨资进行水文地质基础研究，并进行全面勘查与钻探。

随着世界水危机的加剧，水资源的地位，已不仅反映在经济社会上，而日益强烈地反应到军事上，甚至国与国之间的冲突上。

在摩洛哥中部古城马拉喀什召开的世界水论坛会议上，有预测说，2050年以前世界水资源将发生一次大的危机……认为“到21世纪，水可能成为一种罕见之物，一种稀有资源”，呼吁要“避免水资源的匮乏而引发国际冲突”。

在伊斯坦布尔举行的联合国人类住区会议上，大会秘书长沃利·恩多警告说：“据我的推测，在未来50年中我们会看到导致国与国之间、人与人之间剧烈冲突的诱因，将不再是石油，而是水”。

在法国巴黎召开的84国部长级水资源专题会议上，世界水委员会主席阿布扎伊德提出：“水资源匮乏是中东、非洲地区国家关系紧张的根源”。

以色列和叙利亚的和平谈判，关键是以色列占领的戈兰高地，其战略意义是被称之为中东水塔的水资源问题。30多年来，虽然多次谈判，要求在戈兰高地撤军，却很难达成共识，其中主要障碍之一水源控制权。

世界银行副行长伊斯梅尔·萨拉杰丁曾预测说：“如果说上个世纪的许多战争是为争夺石油，那么下个世纪将会因水而战”。

在湄公河流域，因老挝、泰国修建水库、水坝工程，威胁流域5000万人用水，柬埔寨、越南已发出警告说“由此将引起冲突”。

1.2 小城镇水资源概况

1.2.1 小城镇的概念

1. 小城镇的定义

小城镇是指规模最小的城市聚落。目前，小城镇是指一种正在从乡村性的社区变成多种产业并存的向着现代化城市转变中的过渡性社区。现阶段对小城镇的定义尚未统一，一般来说小城镇主要指县城关镇、建制镇的镇区。从发展的观点来看，县城关镇将有一部分发展成为小城市，县城以外建制镇将成为小城镇的主要部分。对于目前与建制镇同属于基层政权所在地的乡集镇，将逐步发展成为小城镇，可称其为未建制镇。如果按城乡二元的划分，前者属城市范畴，后者现在为乡村范畴，将逐步转化为城市范畴。但客观上小城镇处于城乡过渡的中介状态，是我国的农村中心。由于小城镇与周围的村庄关系密切，所以通常把小城镇与村庄放在一起讨论，统称为村镇。

小城镇在城镇体系上看属于城镇范畴，是城镇体系最低的一个层次，数量最大的群体，具有城镇的一系列特征：

（1）社会要素的集中性，即人口、资本、生产资料、建筑设施、社会需求、社会活动等要素集中在小城镇有限的地域内。

（2）社会结构的非农性，即生产力结构、行业结构、就业结构等都以非农性为主。

（3）社会功能的综合性，即具有经济中心、政治中心、文化中心、交通运输中心、信息传递中心等多种社会功能。

同时小城镇的自身发展又有其不同于大中城镇的特点：人口少，规模小。除去沿海发展较快的小城镇，一般小城镇人口都在5万以下，占地面积大都在几平方公里的范围。由于地处农村和城乡结合部，小城镇和乡镇企业的发展以及农民的生活空间有着天然的联系，成为连接乡村与城镇的桥梁和纽带，在我国现阶段城镇化进程中和农村经济发展中具有不可替代的地位和作用。小城镇作为城镇体系的最末一层，受到大中城镇的辐射作用；同时又是农村城镇化的载体，这些功能不仅促进了农业生产的现代化，还有效吸纳农村剩余劳动力，并带动了文化、教育、卫生、餐饮、娱乐等设施的建设，提高农民生活的质量，促进城乡协调发展。

2. 我国小城镇数量与分类

我国地域辽阔，小城镇量大面广，不同地区小城镇的人口规模、自然条件、历史基础、经济社会发展差别很大；同时，小城镇是“城之尾、乡之首”，是城乡结合部的社会综合体，发挥上接城市、下接农村的社会和经济功能。小城镇按其区位分布、规模大小、服务功能又可分为多种不同类别的小城镇，其对规划和建设也有不同的侧重要求。针对我国小城镇的上述特点和实际情况，按照人口规模将小城镇分为大型镇、中型镇、小型镇三个类别，同时按照农民人均收入将小城镇分为发达、一般和欠发达三类，详见表1-4。

典型小城镇规模的划分 表1-4

经济发展水平分类		小城镇规模分级	
分　类	农民人均收入（元）	规　模	镇区人口（10^4人）
发达	>3500	大型镇	>3
一般	2000～3500	中型镇	1～3
欠发达	<2000	小型镇	<1

注：1. 综合用水量包括市政管网自来水用量和城镇自备水源用水量两部分；
2. 用水人口为多年平均镇区人口。

3. 小城镇的建设发展状况

改革开放以来，随着国民经济的快速增长和社会的全面进步，我国城镇化进程加快。截至2007年末，全国共有建制镇19249个、乡15120个。据对16711个建制镇、14168个乡、672个农场、264.7万个自然村（其中村民委员会所在地57.16万个）统计，村镇户籍总人口9.3亿，其中建制镇建成区1.311亿人，占村镇总人口的14.1%；乡建成区人口0.336亿人，占村镇总人口的3.6%；农场建成区人口0.027亿人，占村镇总人口的0.3%，村庄人口7.626亿人，占村镇总人口的82%。

2007年末，全国建制镇建成区面积2.84万km^2，平均每个建制镇建成区占地约170hm^2，人口密度5459人/km^2；乡建成区0.76万km^2，平均每个乡建成区占地54hm^2，人口密度4768人/km^2。农场建成区0.0827万km^2，平均每个农场建成区占地123hm^2，人口密度3596人/km^2。

2007年末，全国有总体规划的建制镇13874个，占所统计建制镇总数的83%，其中本年新、修编2270个；有总体规划的乡7411个，占所统计乡总数的52.3%，其中本年新、修编1346个；有总体规划的农场349个，占所统计农场总数的51.9%，其中本年新、修编78个；有规划的行政村195919个，占所统计行政村总数的34%，其中本年新、修编52572个。2007年全国村镇规划编制投入资金23.46亿元。

市政公用设施建设投入1320亿元，其中供水177亿元、排水114亿元，分别占市政公用设施投入的13.4%和8.6%。

小城镇处在城乡融合的交汇点，是一种承上启下、兼有城乡两种特点的地区。乡镇企业和小城镇的崛起，促进了我国城镇化的进程，并对我国农业剩余劳动力转移、解决人口结构性矛盾、协调城乡关系、缩小城乡差别、提高农村生活质量、普及现代生活方式以及提高农民素质等起到关键作用。它几乎成为经济发展的测量器、社会结构现代化的指示器。

从区域经济的角度上看，经济比较发达的特大城镇和大城镇一般是相应区域的经济中心，但小城镇的特殊作用不容忽视。首先，小城镇具有传导作用，小城镇架起经济中心与广大农村之间的桥梁，一方面大城镇的先进技术、生产资料、资金以及工业制品通过小城镇向整个区域扩散，带动整个区域经济的发展；另一方面各地的资源也通过小城镇流动到大城镇。其次，小城镇具有分流作用，小城镇分担了城镇化进程中人口迁移对大城镇的压力，小城镇劳动力密集型产业为广大农村剩余劳动力的转移提供了更多的就业岗位。

小城镇的蓬勃兴起带来的小城镇人口持续增长、城镇化水平的提高以及经济的迅速发展等对小城镇水资源的利用和保护提出了更高的要求。

1.2.2 水资源的内涵

1. 水资源的概念

在世界人口不断增长，城市建设和工农业生产迅速发展，以及人民生活水平日益提高的当今形势下，世界各国把水当作一种宝贵的资源去研究、开发、利用和保护，以满足不断增长的用水需求，促进社会经济的持续发展和人类生活水平的不断提高。1894 年，美国地质调查局（USGS）内设立水资源处（WRD），这是“水资源（Water Resources）”一词的首次出现。

水资源是一个由众多因素构成的耦合系统，其存在与表现形式多种多样、形态各异。人们对于水资源的利用，除受到相关自然、环境因素的影响外，还将受到社会、经济、技术等非自然因素的影响，因此，尽管这一名词已广泛使用和流行，但国内外有关机构或学者对其理解和解释却众说纷纭，水资源因而成为一个具有多解性的概念，目前对它的“定义”有四五十种之多，被公认的主要有：

（1）1894 年，美国地质调查局对其的定义：陆地地表水和地下水。

（2）1963 年，英国《水资源法》对其的定义：（地球上）具有足够数量的可用水。

（3）1988 年，联合国教科文组织（UNESCO）、世界气象组织（WMO）《水资源评价活动——国家评价手册》对其的定义：可以利用或有可能被利用的水源，具有足够的数量和可用的质量，并能在某一地点为满足某种用途而可被利用；《中华人民共和国水法》中规定的定义：地表水和地下水。

（4）1991 年，张家诚的观点：水资源是降水量中可以被利用的那一部分；刘吕明认为：水资源是与人类生产和生活有关的天然水源；曲耀光认为：水资源是可供国民经济利用的淡水资源，其数量为扣除降水期蒸发的总降水量；贺伟程认为：水资源是与人类社会用水密切相关而又能不断更新的淡水，包括地表水、地下水和土壤水。

同年，知名专家学者进行了一次笔谈，其主要观点有：

1）降水是大陆上一切水分的来源，但它只是一种潜在的水资源，只有降水中可被利用的那一部分水量，才是真正的水资源。在降水中可以转变为水资源部分是“四水”，即水文部门所计算的河川径流，是与地下水补给量之和扣除重复计算量；土壤水含量，蒸发量；区域间径流交换量。

2）从自然资源概念出发，水资源可定义为人类生产与生活资料的天然水源，广义水资源应为一切可被人类利用的天然水，狭义的水资源是指可被人们开发利用的那部分淡水。

3）水资源是指可供国民经济利用的淡水水源，它来源于大气降水，其数量为扣除降水期蒸发的总降水量。

4）水资源一般是指生活用水、工业用水和农业用水，此称为狭义水资源；广义水资源还包括航运用水、能源用水、渔业用水以及工矿水资源与热水资源等。一切具有利用价值，包括各种不同来源或不同形式的水，均属于水资源范畴。

5）不能笼统地说“四水”为水资源，只有那些具有稳定径流量、可供利用的相应数量的水定义为水资源。

6）“水”和“水资源”在含义上是有区别的，水资源主要指与人类社会用水密切相关而又能不断更新的淡水，包括地表水、地下水和土壤水，其补给来源为大气降水。

7）水资源是维持人类社会存在并发展的重要自然资源之一，它应当具有如下特性；可以按着社会的需要提供或有可能提供的水量；这个水量有可靠的来源，其来源可通过水循环不断得到更新或补充；这个水量可以由人工加以控制；这个水量及其水质能够适应用水要求。

（5）1994 年，《环境科学词典》的解释：特定时空下可利用的水，是可再利用资源，不论其质与量，水的可利用性是有限制条件的。

（6）1999 年，《不列颠百科全书》（国际中文版）的解释：地球上存在的属于三种状态（即气态、液态或固态）、对人类有潜在用途的天然水体。

（7）1999 年，《21 世纪中国水供求》的解释：与人类社会用水和生态环境保护密切相关而又能不断更新的淡水。

（8）2002 年，《中国水法》的解释：本法所称水资源，包括地表水和地下水。

（9）2005 年，吴季松的解释：在地球上，可以自然更新，人类可以评价和利用的，以各种形式存在的陆地水。

《中国大百科全书》在不同卷册中对水资源给予了不同解释。如在“大气科学、海洋科学、水文科学”卷中，水资源被定义为“地球表层可供人类利用的水，包括水量（水质）、水域和水能资源。一般指每年可更新的水量资源”；在“水利”卷中，水资源则被定义为“自然界各种形态（气态、固态或液态）的天然水，并将可供人类利用的水资源作为供评价的水资源”。水资源是指一切可用于生产和生活的自然降水、地表水及地下水。其中，地表水是陆地表面上动态水和静态水的总称，主要指冰川、冰盖（帽）、湖泊、水库、河道、沼泽等；地下水指埋藏在地表以下，存在于岩石和土壤中可以流动的水体，如地热水、溶洞水和矿泉水等。自然降水、地表水及地下水是自然资源的重要组成部分，与人类的生存和发展关系极大，直接影响和制约社会和经济的发展，因而被称为水资源。

本书对水资源的定义采用联合国教科文组织和世界气象组织在 1988 年共同制定的《水资源评价活动——国家评价手册》中对水资源的描述，即“可以利用或有可能被利用的水源，具有足够的数量和可用的质量，并能在某一地点为满足某种用途而可被利用”。这一定义的核心主要包括两个方面：一是应有足够的数量，二是强调了水资源的质量。也就是说，有“量”无“质”，或有“质”无“量”均不能称之为水资源。这一定义比英国《水资源法》中水资源的定义具有更为明确的含义，不仅考虑水的数量，同时兼顾其质量的可利用性。

2. 水资源的特征

水资源是一种特殊的自然资源，其特殊性不仅在于它是人类不可或缺的母体资源，而且还具有生活资料和生产资料的双重经济特征，同时水资源还属于整个社会，是整个人类的共同财富，因而还具有一定的社会特征。

（1）水资源的自然特征

1）流动性

水资源特别是流域地表水资源具有很强的流动性，这是水资源的最普遍特性。水的物质形态在常温下呈液态，受地心引力的作用，从高处向低处流动，由此形成河川径流，河川径流是大气水循环的重要环节。这一特点，为人类开发利用提供了方便，也为水资源管理增加了难度。因此，要采用工程技术手段对其进行拦蓄和控制。

2）循环性

水资源与其他矿产资源不同之处在于其在循环过程中不断地恢复和更新。水资源与煤、石油、天然气、森林、金属矿物资源不同，在人类利用过程中本身并不被消耗，由于具有流动性，水资源可以通过水的自然循环和人类利用过程中的社会循环得到再生，使它成为一种处于不断开采、使用、补给、恢复循环中的动态资源，可以周而复始地不断满足人类利用和生态平衡的需要。

人类如能合理地利用水资源，就能保持水资源的良性循环和地球上的生态平衡，使水真正成为一种取之不尽、用之不竭的自然资源；反之，如果人类过度开采、浪费水资源或污染水资源，就将破坏水资源的良性循环，导致水资源短缺、水质恶化乃至生态平衡被破坏。

3）有限性

水资源处在不断被消耗和补充过程中，在某种意义上水资源具有“取之不尽”的特点，恢复性强。虽然地球上的水资源储量丰富，但是人类可以直接利用的淡水资源仅占全球总水量的0.76%。从水量动态平衡的观点分析，某一期间的水量消耗量接近于该期间的水量补给量，否则将会破坏水平衡，出现一系列不良的环境问题。可见，水循环过程是无限的，水资源的储量却是有限的，并非取之不尽、用之不竭。

4）关联性

水资源是生态环境的基本要素，是生态环境系统结构与功能的组成部分。水的存在形态与系统内部各要素之间存在有机联系，构成生态系统的形态结构。另外，由于水资源是母体资源，水对自然和社会的存在与发展，比其他可替代资源显得更为重要和珍贵，水资源状况的重大改变，如形态、数量、质量、水事活动等变化将引起自然和人类行为的相应变化，具有极强的关联性。

5）随机性

自然界中可更新的水资源主要来源于降水和融雪水，虽然地球上每年的降水基本上是一个常量，但由于受气象水文等因素影响，降水和融雪水在时空上存在随机性，水资源的产生、运动和形态转化在时空上呈现出随机特性。水资源分布存在明显的时空不均匀性，且差异很大。例如对于某一区域，有丰水年、平水年、枯水年之分，有连枯、连丰的情况，一年当中有枯水期、丰水期，且这种变化是随机的，仅符合统计规律。

6）时空分布的不均匀性

地球上的水资源在时间上表现出极大的不均匀性，降水、河川径流、冰川消融都存在明显的年际变化和年内变化。年际变化是某一区域各年之间的水资源量的差别，这种差异往往很大，如某些干旱地区最大年流量和最小年流量之比可以达到几倍甚至10倍以上。水资源量的年际变化具有丰枯交替的特点，有时会出现连年丰水或连年枯水的情况。年内变化（或称季节变化）是指一年内存在明显的丰枯季，如我国云南5~10月为雨季，11月~次年4月为旱季；我国其他地区水资源量也大多呈现夏多冬少的规律。

我国小城镇水资源的空间分布也极不均匀。总体上表现为东南多，西北少；沿海多，内陆少；山区多，平原少。在同一地区中，不同时间分布差异性很大，一般为夏多冬少。

7）多态性

水呈现为多个相态，包括液态、固态和气态。水量转化意味着水的相变，包括液态、固态水的汽化，水汽凝结降水等反复过程。降水在地球表面形成的地表水、土壤水、地下水的聚集，也可因热力场条件不同，而呈液态与固态形式。各种自成体系的水体，其边界并非封闭，而是与外界物质能量交换有联系的开放系统。例如，地表蓄水体，在重力与分子力作用下，发生的渗流、越流，可使地表水与地下水相互转换在热力作用下，这些水体又可通过蒸发与凝结，与大气水分相互转化。

（2）水资源的经济特征

水资源的经济特征是由其自然特征所决定的，主要表现为水资源的稀缺性、垄断性、商品性、外部性和多功能性。

1）稀缺性

资源稀缺性是经济学的基础。在过去，相对人们的需求而言，水资源供给是充足的，不存在着稀缺，但随着人口的增加和工农业的发展，人们对水的需求不断增加，终于导致20世纪70年代以来的水资源危机，水资源也渐渐地向商品化转变。

目前世界水资源的特点是总量多，能利用的少，特别淡水资源，具有稀缺性。

2）垄断性

水资源受区域自然条件的限制，在供给上呈现明显的区域性。水资源只能在当地开发，在输配水工程覆盖的范围内利用。水资源很难在市场上广泛流通，水市场具有明显的区域性，受到输配水工程范围的控制，范围相当有限。因此，水资源市场形成垄断性，区域内只有一家或几家水企业或生产者从事水资源开发利用和供水，不存在市场竞争。

3）商品性

随着人类社会的发展，水的用途越来越广泛，水的需求量也越来越大，水不仅广泛应用于工农业生产和生活，还可用于水产、旅游、发电、航运等，水的使用价值不断被开发和利用。而在开发利用水资源时，对水的开采、分配、引用、调节、使用、处理过程中都要付出一定的劳动和代价；同时，在工农业生产用水的过程中创造了经济效益，这使水具有了价值。此外，水作为自然生态系统的重要组成部分和极其活跃的因素，可以调节气候、改善环境，具有独特的环境资源价值。

随着水资源紧缺问题的突现，人类越来越认识到水不是一种可以任意使用的自然资源，而是一种与煤炭资源、石油资源、森林资源一样，具有经济价值和使用价值的商品，然而长期以来人们对水的这种商品性没有充分的认识。

4）外部性

水资源的自然特点是水资源经济外部性产生的根源。水的流动性、有限性、循环性和关联性的特点决定了水会对与之相联系的任何事物产生影响。外部性是指一种经济行为直接影响他人时，却没有给予相应的付出或得到补偿，包括外部经济性和外部不经济性。此外，水资源同时具有公共商品与私人商品性质，公共商品性质决定了水资源使用过程中普遍存在外部性。在人类生活用水和生产用水过程中，水很少被完全消耗掉。用水后总是有水又回流到某个流域中。水质在许多情况下关系到水能否直接使用和其他一些公共利益。因此，在某个流域中，上游的用水者使用后回流到河流中的水的水质、水量和排水时间对下游用水者有很大影响。

5）多功能性

水资源具有多种用途，可以满足人类的不同需求。在经济建设中水资源可以发挥多种作用，如市政供水、灌溉、水力发电、航运、水产养殖、旅游娱乐、稀释与降解污染物质及改善、美化环境等。城乡生活用水、生态环境用水以及边远贫困地区的灌溉用水具有一定的公益性，工业用水、水力发电、水产养殖和利用水域旅游娱乐则具有更直接的经济效益。

(3）水资源的社会特征

水资源不但具有经济特征，还具有社会特征。人类的社会活动影响了水，水的变化也影响着人类的社会活动。随着人类社会的进步和经济发展，人类活动对水的影响将越发深远。

1）利、害两重性

水资源与其他固体矿产资源相比的最大区别是：具有既可造福于人类又可危害人类的两重性。

若水资源质、量适宜，且时空分布均匀，将为区域经济发展、自然环境的良性循环和人类社会进步作出巨大贡献。若水资源开发利用不当，将制约国民经济发展，破坏人类的生存环境。如适量开采地下水，可为国民经济各部门和居民生活补充水源水，满足生产、生活的需求；若无节制、不合理地开采地下水，往往会导致水位持续下降、水质恶化、水量减少等问题的出现，不仅影响生产发展，而且严重威胁人类生存。正是由于水资源的两重性，在其开发利用过程中尤其要强调合理利用、有序开发，以达到兴利除害的目的。

2）不可替代性

人类利用的不少自然资源是可以替代的，随着人类对自然认识的深化和科学技术的发展，一些自然资源不断被新的自然资源替代。如能源物质就经历了从木材到煤，从煤到石油和天然气，又从石油和天然气发展到原子能等新能源的过程。

但是，直到目前为止，人类还无法找到水资源的替代品。水资源在人类生活、维持生态系统完整性和物种的多样性中所起的作用，是任何其他自然资源都无法替代的。水资源对社会经济有多种用途，除极少数的生产部门像水力发电生产的电能、水路交通的运输外，其他资源是无法替代的。所以，水资源是一种战略性物资，是不可替代的，这是它有别于其他自然资源的一个显著特性，也是人类应该对有限的水资源倍加珍惜的理由。

3）利用方式多样性

水资源被人类在生产和生活活动中广泛利用，不仅应用于工农业生产和生活，还用于发电、航运、水产、旅游等。用水目的的不同且对水质要求的不同，使得水资源一水多用、充分发挥其综合效益。

4）影响的广泛性

对水资源开发的方式多种多样，从中可获得更大的社会、经济和生态环境效益，但同时也可能产生一定的负面影响。例如，在河道上建坝，要改变地表和地下径流的天然状态，如流量、流速、水位等，产生淹没和浸没，进而影响到土地利用、生态环境和产业布局与结构；围湖造田则会在一定程度上影响行洪蓄洪能力，甚至影响河流、湖泊及其湿地和水生生态系统的结构。这些影响，有的是暂时的，有的则是永久的，甚至是不可逆转的。水利工程修建对生态系统的影响甚为复杂，有些生物对某些影响可以通过自身固有的自适应机制进行调整适应，以保持种群的生存繁衍，有些影响则无法使生物种群适应。尤其是水利水电工程规划设计不当时，产生的不利影响将是十分广泛、深刻和持久的。

5）社会共享性

水资源不仅是一种简单的经济商品，同时还属于整个社会，是整个人类的共同财富。许多国家都给水赋予了特殊的文化、宗教和社会内涵，因而拒绝将其进行商品化分配。博尔丁指出，“水作为宗教仪式纯洁的象征所具有的神圣性使其在一定程度上免受市场肮脏理念的影响”。在许多国家的文化理念中，文化、宗教等非经济因素对于水资源管理制度的选择发挥了巨大作用，伊斯兰教甚至禁止依靠市场力量调控水的分配。

国际社会认识到，获取水是人的一项基本权利。国际水与环境会议称，“重要的是首先承认以能够付得起的价格获得清洁的水和卫生条件是每个人的基本权利”。在一些干旱地区，农作物的灌溉是粮食生产的根本。我国西部的一些地区，水资源不仅决定了人们的生活质量，而且决定经济发展水平，对水资源的占有成为他们最基本的生存权利。

1.2.3 水资源的量与分布

1. 全球水资源的量与分布

在全球水储量中，淡水仅占2.53%，其中98.7%储存在高山冰川、两极冰川、永久积雪和深层地下水中，而与人类生活密切相关的河流、淡水湖泊储量只占0.27%。但是，这类淡水资源进入水循环，每年更新量较大，全球年径流量为$4.7\times10^4km^3$，其中河川年径流量就约为$4.45\times10^4km^3$，而冰川年径流量仅为$0.25\times10^4km^3$。另外在内陆区河流中还约有$0.1\times10^4km^3$的径流量，这些内陆河流排入内陆湖泊或沼泽。在全部径流量中，由于地域和径流的年内年际变化等因素的影响，目前人类经济活动地区的径流量只占总径流的40%。

对比各大洲降水量、蒸发量和年径流量（图1-5）发现，降水量和径流量最大的区域位于亚洲。表1-5对世界各大陆河流年平均流量、占全球河流年径流量比例、2010年估计人口数及人口倍增时间进行了对比。从中可以看出人均占有水资源量的不均衡状况。例如，北美洲河流年平均流量为$5946km^3$，亚洲为$13200km^3$，但北美洲的人口仅占世界总人口的4.8%，而亚洲人口却占世界总人口的60.4%，且亚洲人口倍增的时间要比北美洲少一半多。水资源地域分布不均及其不稳定性成为世界上许多国家水资源短缺的根本原因。

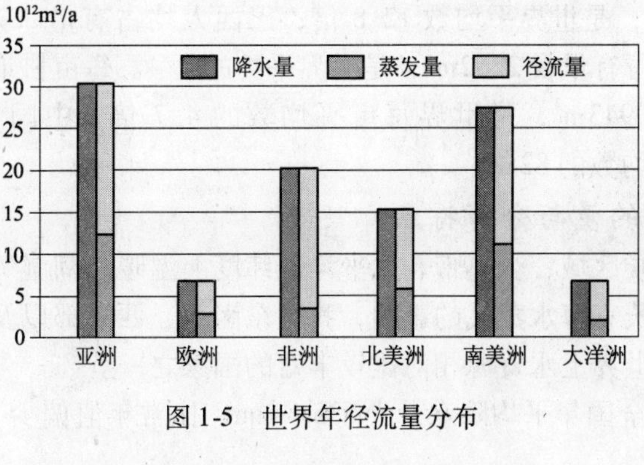

图1-5 世界年径流量分布

各大陆潜在供水量、2010年估计人口及人口倍增时间对比 表1-5

地区	陆地面积（km^2）	年平均流量（km^3/a）	占全球河流年径流量比例（%）	占2010年全球人口比例（%）	2010年全球估计人口（10^6人）	人口倍增时间（a）
非洲	30600	4220	11	15.2	1069	24
亚洲	44600	13200	36	60.4	4242	42
澳洲—大洋洲	8420	1960	5	0.4	34	60
欧洲	9770	3150	8.8	10.6	743	—
北美洲（加拿大、墨西哥、美国）	17800	5960	15	4.8	334	105
中、南美洲	134000	10400	26	8.6	601	36
全球（不包括南极洲）		38900	—	100	7024	45

综上，全球水资源分布特点主要有：

（1）各大洲分布不均匀

因各大洲自然条件不同，降水和径流量的差异也较大。以年降水和年径流量统计，大洋洲各地（除澳大利亚外）水量最丰富，年平均降水量多达2700mm，年径流深达1500mm以上，但大洋洲的澳洲大陆却是水量最少的地区，其年降水量仅为456mm，年径流深也只有39mm，有2/3的面积为荒漠和半荒漠。南美洲水量也非常丰富，年径流深为全球陆地平均值的两倍。欧洲、亚洲和北美洲的降水和径流深都接近全球陆地的平均值。非洲大陆有大片的沙漠，气候炎热，虽然降水接近世界平均值，但年径流深却不及世界平均值的一半。南极洲的降水量不多，但由于冬季气温过低，夏季云层和冰面反射强度大，冰原大陆的全年辐射平衡为负值，全洲蒸发量平均可视为零，全部降水以冰雪形态储存，总储存量相当于全球淡水总量的61.7%，其径流形式为冰流量和冰雪融水量。

（2）各大洲人均占有量差距大

如前所述，世界淡水资源在全球分布很不均匀，而人类居住的地理位置、集中程度与水资源分布也不相称。从各大洲水资源的人均以及单位耕地面积平均值来看，1986年人均水资源量为9531m^3，其中亚洲水资源量最多，但人口也最多，人均水资源最少，仅5031m^3，其次是欧洲为6498m^3，而大洋洲、南美洲人均值最高，分别达95761m^3与43018m^3。各洲最大最小人均水资源占有值相差18位。

（3）不同国家径流占有量相差悬殊

全球河川径流量较高的几个国家有巴西、加拿大、美国、印度尼西亚和中国等。加拿大人均占有106735m^3，是世界平均数12.8倍；巴西人均占有量33766m^3，是世界平均数的4.1倍；中国人均占有量仅2262m^3，是世界平均的1/4。每亩耕地平均水量最高的国家是印度尼西亚，为10943m^3，是世界每亩平均数的4.7倍，中国每亩耕地平均水量为1904m^3，仅为世界平均数的82%。

2. 我国水资源的量与分布特点

由于处于季风气候区域，受热带、太平洋低纬度上温暖而潮湿气团的影响以及西南的印度洋和东北的鄂霍茨克海水蒸气的影响，我国东南部、西南部以及东北部均可获得充足的降水，使我国成为世界上水资源相对比较丰富的国家之一。

1997~2006年，全国年平均降水量为635.4mm，比常年值偏少1.1%，其中北方六区偏少3.4%，而南方四区则偏多0.3%；全国年平均地表水资源量为26722亿m^3，比常年值偏多0.1%，其中北方六区偏少5.4%，而南方四区则偏多1.2%；全国年平均地下水资源量为8302亿m^3，比1980~2000年多年平均值偏多2.9%。全国年平均水资源总量为27786亿m^3，比常年值仅偏多0.3%，其中北方六区低4.0%，而南方四区则偏多1.3%。按省级行政区统计，近10年平均水资源总量比常年值偏多程度较大的有上海（29.6%），偏多10%~20%的有江苏、新疆和湖南；比常年值偏少程度较大的有天津（49.4%）、北京（42.8%）、河北（36.6%），偏少20%~30%的有辽宁、山西、甘肃和陕西。

2006年《中国水资源公报》的统计如下：

（1）降水量

全国平均降水量610.8mm，折合降水总量为57840亿m^3，比常年值（多年平均值，下同）偏少4.9%。从水资源分区看，松花江、辽河、海河、黄河、淮河、西北诸河六个水资源一级区（以下简称北方六区）面平均降水量308.8mm，比常年值偏少5.9%；长江（含太湖）、东南诸河、珠江、西南诸河四个水资源一级区（以下简称南方四区）面平均降水量1146.7mm，比常年值偏少4.5%。在31个省级行政区中，降水量比常年值偏多的仅有7个省（自治区），其中福建和广东分别偏多27.9%和19.2%；降水量比常年值偏少的有24个省（自治区、直辖市），其中北京、重庆、湖北、内蒙古的偏少程度超过20%，河北、天津、山东、四川偏少15%~20%。

（2）地表水资源量

全国地表水资源量24358亿m^3，折合径流深257.2mm，比常年值偏少8.8%。从水资源分区看，北方六区地表水资源量比常年值偏少10.8%，南方四区比常年值偏少8.4%。在31个省级行政区中，地表水资源量比常年值偏多的有7个省（自治区、直辖市），其中福建和广东分别增加37.6%和21.2%；比常年值偏少的有24个省（自治区、直辖市），其中河北、北京偏少60%以上，山东、湖北、陕西、山西、天津、重庆、甘肃偏少30%~50%，河南、四川、内蒙古、海南、贵州、辽宁、云南偏少20%~30%。

从国外流入我国境内的水量为185亿m^3；从国内流出国境的水量为5332亿m^3，流入国际边界河流的水量为966亿m^3；全国入海水量为14620亿m^3。

（3）地下水资源量

全国矿化度≤2g/L地区的地下水资源量为7643亿m^3，其中平原区地下水资源量为1668亿m^3，山丘区地下水资源量为6284亿m^3，平原区与山丘区之间的地下水资源重复计算量为309亿m^3。2006年全国平原区地下水总补给量为1734亿m^3，其中北方六区平原地下水总补给量为1406亿m^3，占全国总补给量的81.1%。北方平原地区的降水入渗补给量、地表水体入渗补给量、山前侧渗补给量和井灌回归补给量分别占总补给量的48.2%、38.8%、8.4%和4.6%。

（4）水资源总量

全国水资源总量为25330亿m^3，比常年值偏少8.6%。地下水与地表水资源不重复量972亿m^3，占地下水资源量的12.7%，即地下水资源量的87.3%与地表水重复。北方六区水资源总量4761亿m^3，比常年值偏少9.5%，占全国的18.8%；南方四区水资源总量20569亿m^3，比常年值偏少8.4%，占全国的81.2%。全国水资源总量占降水总量的43.8%，平均每平方公里产水26.8万m^3。

我国河川年平均总径流量约2700km^3，仅次于巴西、加拿大、美国、印度尼西亚。我国人均占有河川年径流量约2327m^3，仅相当于世界人均占有量的1/4，美国人均占有量的1/6。世界人均占有年径流量最高的国家是加拿大，人均占有年径流量高达$1.493\times10^5 m^3$/人，是我国人均占有年径流量的近64倍。我国每公顷平均占有水资源量为26550m^3，为世界平均占有量的3/4。

据统计，中国每公顷平均径流量低于巴西、加拿大、印度尼西亚和日本。从表面上看，我国河川径流量相对还较丰富，属于丰水国，但我国人口基数和耕地面积基数大，人均每公顷平均径流量相对要小得多，居世界80位之后。另外，我国地下水资源量估计约为800km^3，由于地表水和地下水的相互转化，扣除重复部分，我国水资源总量约为2800km^3。按人均每公顷平均水资源量计算，我国仍为淡水资源贫乏的国家之一。

我国水资源的时空分布特点，可通过降水、蒸发、径流等水量平衡要素的分析得到：

（1）水资源总量较丰富，人均和地均拥有量少

我国多年平均年水资源总量为28124亿m^3，其中河川径流约占94%，低于巴西等国，约占全球径流总量的5.8%，居世界第6位。平均径流深为284mm，为世界平均值的90%，居世界第7位。可见，我国的水资源量还是比较丰富的。然而，我国人口众多，以13亿人口计算，平均每人每年占有的河川径流量为2086m^3。我国地域辽阔，平均每公顷耕地的河川径流占有量约28320m^3，为世界平均值的80%。所以，我国水资源量与需要不适应的矛盾十分突出，以占世界7%的耕地和6%的淡水资源养活着世界上22%的人口。

（2）空间分布不均匀

空间分布主要表现为降水、河流分布的不均匀性和地下水资源分布的不均匀性。

我国水资源空间分布的特征主要表现为：降水和河川径流的地区分布不均匀，水土资源组合很不平衡。一个地区水资源的丰富程度主要取决于降水量的多少。根据降水量空间的风度和径流深度可将全国地域分为五个不同水量级的径流地带，如表1-6所示。上述径流地带的分布受降水、地形、植被、土壤和地质等多种因素的影响，其中降水影响是主要的。由此可见，我国东南部属丰水带和多水带，西北部属少水带和缺水带，中间部分及东北地区则属过渡带。

我国径流带、径流深区域分布 表1-6

径流带	年降雨量（mm）	径流深（mm）	地区
丰水带	1600	>900	福建省和广东省的大部分地区、台湾省的大部分地区、江苏省和湖南省的山区、广西壮族自治区南部、云南省西南部、西藏自治区的东南部
多水带	800～1600	200～900	广西壮族自治区大部、四川省、贵州省、云南省大部、秦岭—淮河以南的长江中下游地区
过渡带	400～800	50～200	黄河、淮河平原、山西省和陕西省的大部、四川省西北部和西藏自治区东部
少水带	200～400	10～50	东北西部、内蒙古自治区、宁夏回族自治区、甘肃省、新疆维吾尔自治区西部和北部、西藏自治区西部
缺水带	<200	<10	内蒙古自治区西部地区和准噶尔、塔里木、柴达木盆地以及甘肃省北部的沙漠区

我国又是多河流分布的国家，流域面积在100km^2以上的河流就有5万多条，流域面积在1000km^2以上的有1500条，在数万条河流中，年径流量大于7km^3的大河流26条。我国河流的主要径流量分布在东南和中南地区，与降水量的分布具有高度的一致性。说明河流径流量与降水量密切相关。

我国是一个地域辽阔、地形复杂、多山分布的国家，山区（包括山地、高原和丘陵）约占全国面积的69%，平原和盆地约占31%。地形特点是西高东低，定向山脉纵横交织，构成了我国地形的基本骨架。北方分布的大型平原和盆地成为地下水的基本骨架。北方分布的大型平原和盆地成为地下水储存的良好场所。东西向排列的昆仑山—秦岭山脉，成为我国南北方的分界线，对地下水资源量的区域分布产生了极大影响。

另外，年降水量由东南向西北递减所造成的东部地区湿润多雨、西北部地区干旱少雨的降水分布特征，对地下水资源的分布也起到重要的控制作用。

地形、降水的分布的地域差异性，使我国不仅在地表水资源上表现为南多北少的局面，而且地下水资源仍具有南方丰富、北方贫乏的特征。占全国总面积60%的北方地区，水资源总量只占全国水资源总量的21%（约为579km^3/a），不足南方的1/3。北方地区地下水天然资源量约260km^3/a，约占全国地下水天然资源量的30%，不足南方的1/2。而北方地下水开采资源量约为140km^3/a，占全国地下水开采资源量的49%，宜井区开采资源量约130km^3/a，占全国已经取开采资源量的61%。特别是占全国约1/3面积的西北地区，水资源量仅有220km^3/a，只占全国的8%，地下水天然资源量和开采资源量分别为110km^3/a和30km^3/a，均占全国地下水天然资源量和开采资源量的13%。而东南及中南地区，面积仅占全国的13%，但水资源量占全国的38%，地下水天然资源量和开采资源量分别为260km^3/a和80km^3/a，均约占全国地下水天然资源量和开采资源量的30%。南、北地区在地下水资源量上的差异是十分明显的。

上述表明，我国地下水资源量总的分布特点是南方高于北方，地下水资源的丰富程度由东南向西北逐渐减少，另外，由于我国各地方之间社会经济发达程度不一，各地人口密集程度、耕地发展情况均不相同，使不同地区人均、单位耕地面积与占有的地下水资源量具有较大差别。

(3) 时间分布不均匀

我国的水资源不仅在地域上分布很不均匀，而且年内年际的时间分配也很不均匀。

我国大部分地区受季风影响明显，降水年内分配不均匀，年际变化大，枯水年和丰水年连续发生。许多河流发生过3~8年的连丰、连枯期，如黄河在1922~1932年连续11年枯水，1943~1951年连续9年丰水。

我国最大年降水量与最小年降水量之间相差悬殊。我国南部地区最大年降水量一般是最小年降水量的2~4倍，北部地区则达3~6倍。

降水量的年内分配也很不均匀。我国长江以南地区由南往北雨季为3~6月至4~7月，降水量占全年的50%~60%。长江以北地区雨季为6~9月，降水量占全年的70%~80%。

正是由于水资源在地域上和时间上分配不均匀，造成有些地方或某一时间内水资源富余，而另一些地方或时间内水资源贫乏。因此，在水资源开发利用、管理与规划中，水资源的时空再分配将成为改善我国水资源分布不均、灾害频繁状况，实现水资源最大限度有效利用的关键内容之一。

1.2.4 水资源面临的主要问题

1. 全球水资源的主要问题

（1）水资源的管理、制度建设、基础设施建设均不足

地球淡水资源尽管分布不均，但较充足。然而，管理不善、资源匮乏、环境恶化及基础设施投入不足使得全球约有五分之一的人无法获得安全的饮用水，40%的人缺乏基本卫生设施。以目前这种状况及改善速度，将很难达到联合国“千年发展目标”，即在2015年前使喝不到安全饮用水的人数减半。

（2）水源污染严重

随着经济、技术和城市化的发展，排放到环境中的污水量日益增多。据统计，目前全世界每年约有420km^3污水排入江河湖海，污染了5500km^3的淡水，约占全球径流总量的14%以上。由于人口的增加和工业的发展，排出的污水量将日益增加。估计今后25～30年内，全世界污水量将增加14倍。特别是在第三世界国家，污、废水基本不经处理即排入地表水体，造成全世界的水质日趋恶化。2002年，全球约有310万人死于腹泻和疟疾，其中近90%的死者是不满5岁的儿童。每年约160万人的生命原本都是可以通过提供安全的饮用水和卫生设施来挽救的。

另有资料表明，由于大部分地区的水质下降，淡水物种和生态系统的多样性正在迅速衰退，其退化速度往往快于陆地和海洋生态系统。

（3）水土流失严重

在联合国教科文组织2006年公布的《世界水资源开发报告》中提到，90%的自然灾害与水有关，许多自然灾害都是土地使用不当造成的恶果。日益严重的东非旱灾就是一个沉痛的实例，当地人大量砍伐森林用来生产木炭和燃料，使得水土流失，湖泊消失。由于周围过度开发，使得湖面积已经缩小了近90%。报告指出，水资源的萎缩会引发各类恶劣自然反应。

（4）水资源短缺严重，供需矛盾日益加剧

随着社会需水量的大幅度增加，水资源供需矛盾日益突出，水资源量短缺现象非常严重。世界上65%的水资源集中分布在10个国家里，而人口占世界人口40%的80个国家却严重缺水。据估计全球用水量每年大致以5%的速度增加。世界人口在20世纪增加了两倍，而人类的用水量却增加了5倍。据初步统计，目前全球地下水资源年开采量已达到550km^3，其中美国、印度、中国、巴基斯坦、欧盟、伊朗、墨西哥、日本、土耳其的开采量之和占全球地下水开采量的85%。尤其是在亚洲地区，在过去的40年里，人均水资源拥有量下降了40%～60%。此外，因管道和沟渠泄漏及非法连接，世界许多地方有多达30%～40%甚至更多的水被白白浪费掉了。

联合国在对世界范围内的水资源状况进行分析研究后发出警告：“世界缺水将严重制约下个世纪经济发展，可能导致国家间冲突”。同时指出，全球已经有1/4的人口面临着一场为得到足够的饮用水、灌溉用水和工业用水而展开的争斗。联合国环境规划署发表的《2000年全球环境展望》报告预测，2025年全世界将有2/3的人口面临严重缺水的问题。其中，亚洲缺水区占60%，非洲缺水区占85%。对中东国家来说，缺水危机已经成为残

酷的现实。另外，世界上许多重要的水域是由多个国家共有的，普遍存在水资源供需矛盾和潜在冲突，最明显的是在尼罗河流域、亚洲西南部和中东。

联合国教科文组织2006年公布的《世界水资源开发报告》指出，到2030年，城镇人口比例会增加到近2/3，从而造成城市用水需求激增。估计将有20亿人口居住在棚户区和贫民窟，缺乏清洁用水和卫生设施对这些城市贫民的打击最大。到2030年，全球粮食需求将提高55%。这意味着需要更多的灌溉用水，而这部分用水已经占到全球人类淡水消耗量的近70%。世界水文理事会主席马哈茂德·阿布扎依德说："在20世纪50年代，只有少数几个国家缺水，但到了90年代后期有26个国家的30亿人严重缺水，预计到2050年，约占世界人口2/3的66个国家将由一般缺水发展为严重缺水"。

（5）水力资源开发不足

发展中国家有20多亿人得不到可靠的能源，而水是创造能源的重要资源。欧洲开发利用了75%的水力资源。然而在非洲，60%的人还用不上电，水力资源开发率很低。

（6）用于水资源的财政投入滞后

报告指出，近年来，用于水务部门的官方发展援助平均每年约为30亿美元，世界银行等金融机构还会提供15亿美元非减让性贷款，但只有12%的资金用在了最需要帮助的人身上，用于制订水资源政策、规划和方案的援助资金仅占10%。此外，私营水务部门投资呈下降趋势，这增加了改善水资源利用率的难度。

2. 我国水资源的主要问题

（1）水资源分布极不均衡

我国幅员辽阔，地形复杂，受季风影响强烈，降水分布极不均衡。总体来看，北方水源不足，南方水源有余。全国大部分地区一年之中，有明显的雨季和旱季；年际之间，降水量差异甚大。即使在水源充足的南方，也常发生干旱缺水，而缺水的北方，又常发生特大洪涝灾害。长江、珠江和浙、闽、台及西南各省（区）诸河流域，水资源丰富，总水量占全国的81%，耕地占全国35.9%。可是黄河、淮河、海河、滦河、辽河、黑龙江和西北内陆诸河流域，其总水量只占全国的14.4%，而耕地占全国的58.2%，这种水土资源组合不平衡的情况在各个省（区）也同样存在，因此加剧了水资源的供需矛盾。

（2）降水量时空变化大

我国降水特点是集中在很短的雨季。通常全年60%～70%的雨量都集中于夏秋的三四个月内，而且又往往集中于几次连续性的大雨、暴雨。河川径流主要由降雨形成。一年中，河川径流量变化十分显著，流量大小可相差几十倍。如松花江哈尔滨段的断面流量，丰水期可达6000m^3/s，而枯水期仅有150m^3/s。这种水量时空上的巨大变化和差异，不仅使水的供需矛盾更加尖锐，而且由于枯水期河川径流自净能力下降，加重了水资源污染程度。

（3）水土流失严重，生态环境恶化

水土流失的趋势没有得到有效遏制，目前我国水土流失面积356万km^2，占国土面积的37%，每年流失的土壤总量达50亿t。严重的水土流失，不仅导致土地退化、生态恶化，而且造成河道、湖泊泥沙淤积，加剧了江河下游地区的洪涝灾害。牧区草原沙化严重，全国牧区33.8亿亩可利用草原中有90%的牧区草地退化问题突出。

(4) 水资源污染严重

2006 年《中国环境状况公报》显示，全国地表水总体水质属中度污染。在国家环境监测网监测的 745 个地表水监测断面中，I～III 类，IV、V 类，劣 V 类水质的断面比例分别为 40%、32% 和 28%。七大水系中，珠江、长江水质良好，松花江、黄河、淮河为中度污染，辽河、海河为重度污染。太湖、滇池为劣 V 类水质，巢湖为 V 类水质。全国近岸局部海域污染依然严重。近岸海域 IV 类、劣 IV 类海水为 24.3%，上升 0.4%。渤海、东海近岸海域分别为轻度和中度污染。

水资源的污染有两种。一是自然污染，即由于地质溶解的作用，降水对大气的淋洗、对地面的冲刷造成水土流失，挟带各种污染物流入水体而形成。其中，随着农药、化肥用量的不断增加，农业尾水给水体带来的污染也不容忽视；二是人为污染，也是最主要的一种污染，即生活污水和工业废水对水体的污染。水资源的污染进一步加剧了我国水资源紧缺和水体污染的恶性循环。

小城镇的水环境污染状况相当严重，水资源污染状况与该小城镇所在流域情况大体相当。

据 1989 年和 1995 年、1998 年全国乡镇工业水污染调查资料，1995 年比 1989 年废水排放量增加了 33.4 亿 t，增加 130%，COD 排放量增加 290.1%。小城镇的畜牧业和水产养殖业规模发展迅速，畜牧业和水产养殖业排放的污水也对一些湖泊、水库造成污染。

(5) 地下水过量开采，环境地质问题加剧

地下水具有水质好、温差小、提取较容易、费用低等特点，人们因此用水需求增加，常常会超量开采，以致抽取量远远大于其自然补给。

2004 年对北方 71 万 km^2（除新疆外）平原地下水开采区的统计分析显示，年末浅层地下水存储量比年初减少 68 亿 m^3。按省级行政区统计，地下水储存量减少的有 12 个省级行政区，其中黑龙江、安徽、河北、吉林减少较多，分别减少 19 亿、15 亿、14 亿和 10 亿 m^3；储存量增加的有 4 个省级行政区，其中山东和辽宁增加较多，分别增加 8 亿和 6 亿 m^3。按水资源一级区统计，除辽河区增加 2 亿 m^3 外，其余五个水资源一级区均有不同程度的减少，其中松花江区、海河区和淮河区减少较多，分别减少 28 亿、18 亿和 16 亿 m^3。

同年，21 个省级行政区对地下水位降落漏斗（以下简称漏斗）进行了不完全调查，共统计漏斗 76 个（浅层漏斗和深层承压漏斗各 38 个），漏斗总面积 7.2 万 km^2。2004 年末与年初相比，浅层漏斗面积扩大的有 23 个，中心水位下降的有 21 个；深层漏斗面积扩大的有 16 个，中心水头下降的有 27 个。

因地下水过量开采，地面沉降和地面塌陷等环境地质问题加剧。河北、山东、辽宁、安徽、浙江、湖南、福建、云南、贵州等 20 多个省发生了不同程度的地面塌陷，人民生命财产和生产生活受到了极大破坏和损失。此外，泉水流量衰减或断流、海水入侵等问题也很突出。

(6) 水资源短缺

近年来全国河流、湖泊地表水和地下水污染在总体上呈加剧之势，小城镇的水源污染也日益严重，小城镇的水资源状况与该小城镇所在流域水资源情况大体相当，同时也面临严重的水资源短缺状况。目前 90% 以上城镇水域受到污染，约 50% 重点城镇集中饮水水源不符合取水标准。

小城镇一般是乡镇企业的聚集地，由于缺乏必要的污水收集和处理设施，乡镇工业和居民生活造成小城镇本身的环境污染日益严重，而且成为区域性的污染源，例如在太湖流域有各种规模的城市7座，而小城镇有近千个，小城镇的污水治理已成为太湖水污染防治的关键。又如淮河流域由于乡镇企业密布，从20世纪70年代开始近30年长期污染，到1993年淮河流域280个监测断面中高锰酸钾指数、氨氮、溶解氧、BOD_5和挥发酚超V类的断面，分别有130个、128个、85个、39个、27个，直接造成我国淮河中下游地区用水甚至人畜饮水困难。

日趋严重的水污染不仅降低了水体的使用功能，甚至造成不少小城镇供水水源的报废，形成“水质型”缺水，进一步加剧了水资源短缺的矛盾，包括靠地下水供给的北方城镇和个别沿海城镇。由于缺水量大，许多小城镇超量开采地下水，全国56个区域性的地下水降落漏斗，总面积达$8.7\times10^4km^2$，导致海水入侵，地下水水质恶化，还导致许多城镇出现地面沉降。水污染造成缺水对小城镇的发展带来了严重的负面影响，而且还严重地威胁到城乡居民的饮水安全和人民群众的健康。

尤其值得注意的是，近年来一些水资源相对富裕地区的小城镇开始出现水质型缺水，富水地区水质型缺水问题的出现向人们敲响了水污染防治的警钟。

虽然小城镇污水排放量与大城市相比不大，但我国小城镇数量很多，占全国污水排放量的55.6%，而且小城镇布局分散，每个小城镇的生活污水影响到城镇和当地的自然环境，因此必须对小城镇进行水污染控制才可能实现可持续发展的目标。

1.3 水资源开发和利用概况

1.3.1 全球水资源的开发利用现状及发展趋势

1. 全球水资源的开发利用现状

据联合国教科文组织公布的《世界水资源开发报告》指出，全球用水量在20世纪增加了6倍，其增长速度是人口增速的两倍，许多国家面临用水紧张的局面。

目前全世界每年开发利用的水资源量约为$3240km^3$，约占可利用水资源量的8%左右，人均用水量$645m^3$。但各国之间差距很大，非洲人均用水量$199m^3$，是人均用水量最少的大洲，以美国、加拿大为主的北美洲人均用水量$1451m^3$，是最高的大洲。亚洲的人均用水量为$542m^3$，低于世界平均水平。

水资源的开发利用受水资源条件、自然环境以及社会经济发展水平等因素影响，以每年提取水量与可利用水量的比率作为衡量水资源开发利用程度的标准。世界上有30%的人生活在水资源开发利用程度小于10%的国家，37%的人生活在开发利用程度10%~20%的国家，25%的人生活在开发利用程度在20%~40%用水高度紧张的国家，还有8%的人生活在开发利用程度超过40%的用水高度紧张的国家。

2. 全球水资源开发利用的发展趋势

（1）农业用水量及农业用水中不可恢复的水量最高

农业用水量在总用水量中所占的比例逐年降低，但农业用水量基数大，仍是今后相当长一段时间内的水资源开发利用大户。尤为重要的是，农业用水的不可恢复水量占用水量的比例又远远大于工业和生活用水的不可恢复水量的比例。因此，在未来水资源开发利用过程中，农业用水方式和节水措施将是克服水资源短缺的重要措施，且节水潜力巨大。

（2）工业用水，发达国家稳中有降，发展中国家急剧增长

尽管工业用水量明显低于农业用水量，但其增长率却高于农业用水。20 世纪 50 年代到 80 年代，工业用水增长了 4 倍，平均年增长率几乎是农业用水的 2 倍。从世界范围看，因发达国家工业生产总值占全世界比重很大，只要工业发达国家的工业用水增加趋于平稳状态甚至出现下降趋势，那么全世界工业用水的基本格局就不会有显著变化。

由于发展中国家工业用水急剧增长，因此，今后将更加重视提高工业用水技术，降低用水定额，加大节水力度，大幅度提高用水重复利用率。

（3）城市生活用水量有增无减

城市生活用水包括城市居民日常生活用水和公共设施用水两部分。城市生活用水量主要取决于城市人口数量、城市规模与功能、自然条件、城市设施与居民生活水平以及生活习俗等因素。城市生活用水量占总用水量很小比例，但对水质标准和保证率要求极高。20 世纪以来，由于城市人口不断增加，城市数量和规模不断扩大，城市生活用水量也随之急剧增长。发达国家城市化程度高，城市人口已占总人口的75%以上，而欠发达国家一般只占30%以下。因此，各国城市生活用水量在总用水量中所占比重差异悬殊。美国、日本、德国、意大利等国城市生活用水量已占该国总用水量的12%～17%，而中国、印度、巴基斯坦等国仅占1%～3%。因各国社会经济发展水平相差悬殊，城市生活人均日用水量存在明显差别。欧美发达国家，一般人均日用水量可达200～600L，美国旧金山和波士顿均超过1000L。而欠发达国家一般只有100L左右，中小城市仅为数十升。可以看出，不论发达国家还是欠发达国家，随着城市人口数量的进一步增加，经济的持续发展，居民生活水平的提高，世界城市生活用水量将迅速增加，在总用水量所占比重也将进一步提高。

（4）水资源的开发将突出环境、生态与经济的良性协调发展

水资源的开发由过去只单一强调最大限度获取天然径流量，忽视开发过程中可能引发的环境与生态灾害，变为重视水资源的合理调配，开源与节流并重，优先发展污水的再生回用技术，实现水资源的合理开发，永续利用。

1.3.2 我国水资源开发和利用概况

充分利用和合理开发水资源，既是满足人们生产生活需要，又是推动社会和国民经济发展的重要途径，而且是关系到我国资源利用和生态环境可持续发展的战略问题。

我国自古以农立国，水资源开发利用历史悠久。早在公元前 16 世纪，农田沟洫已经有了文字记载。到公元前 11 世纪，西周的农田沟洫工程有了更大的发展。公元前 7 世纪以后，春秋战国时代开始出现了规模较大的渠系工程，如淮河流域的芍坡、海河流域的引漳十二渠、长江流域的都江堰、黄河流域的郑国渠等。公元前 1 世纪以后建造的宁夏的河套灌区、新疆的坎儿井、江浙的海塘工程都十分壮观。自公元前 486 年开始，经过历代施工，开凿了贯通钱塘江、长江、淮河、黄河、海河水系的南北大运河。

建国以来，水利事业进入了新的发展时期，国家水利投入累计达 3187 亿元，占同期国家财政总支出的4%，兴建了一大批水利工程，对主要江河初步进行了治理和开发，提

高了防御洪涝干旱灾害的能力，发挥了防洪、灌溉、供水、发电、航运等综合效益，水资源综合利用水平不断提高，对社会和经济的发展发挥了重要的支撑作用。

近10年，全国平均总供水量5560亿m^3，约占近10年平均水资源总量的20.0%。其中，地表水供水量平均占总供水量的80.7%，地下水供水量基本维持在1050亿m^3左右，平均占总供水量的18.9%，其他水源供水量约占0.4%。全国总用水量总体呈缓慢上升趋势，其中生活和工业用水呈持续增加态势，而农业用水则受气候影响上下波动、总体呈下降趋势。生活和工业用水占总用水量的比例逐渐增加，农业用水占总用水量的比例则明显减小。2006年与1997年相比，北方六区总用水量略有减少，南方四区总用水量有所增加。全国人均用水量基本维持在430m^3上下，万元国内生产总值用水量和万元工业增加值用水量均呈显著下降趋势，按2000年可比价计算，万元国内生产总值用水量由1997年的705m^3下降到2006年的329m^3，万元工业增加值用水量由1997年的363m^3下降到2006年的178m^3。农田灌溉亩均用水量总体上呈缓慢下降趋势，由492m^3下降到449m^3。

1. 供水

2006年全国总供水量5795亿m^3，占当年水资源总量的23%。其中，地表水源供水量占81.2%，地下水源供水量占18.4%，其他水源供水量占0.4%。在4707亿m^3地表水源供水量中，蓄水工程占34.5%，引水工程占37.1%，提水工程占25.9%，水资源一级区间调水占2.5%。在1066亿m^3地下水供水量中，浅层地下水占80.5%，深层承压水占19.0%，微咸水占0.5%。

北方六区供水量2602亿m^3，占全国总供水量的44.9%；南方四区供水量3193亿m^3，占全国总供水量的55.1%。南方各省级行政区以地表水源供水为主，大多占其总供水量的90%以上；北方各省级行政区地下水源供水占有较大比例，其中河北、北京、山西、河南4个省（直辖市）占总供水量的50%以上。

另外，全国有10个省（自治区、直辖市）直接利用海水共计269亿m^3，主要作为火（核）电的冷却用水。其中广东和浙江两省利用海水较多，分别为136亿m^3和43亿m^3。

2. 用水

2006年全国总用水量5795亿m^3，其中生活用水占12.0%，工业用水占23.2%，农业用水占63.2%，生态与环境补水（仅包括人为措施供给的城镇环境用水和部分河湖、湿地补水）占1.6%。与2005年比较，全国总用水量增加162亿m^3，其中农业用水增加84亿m^3，工业用水增加59亿m^3（其中火电用水增加21亿m^3），生活用水增加19亿m^3。对于小城镇而言，研究者指出，乡镇企业的生产用水在生活和生产总用水中所占的比例，已由1992年的59.08%降低到1998年的55.32%，且有逐渐减少的趋势。生活用水则由40.92%上升到49.68%，且有逐渐增加的趋势。因而1992年的生产用水是生活用水的1.44倍，而到1998年变为1.11倍。

2006年全国用水消耗总量3042亿m^3，其中农业耗水占75.7%，工业耗水占10.2%，生活耗水占12.2%，生态与环境补水耗水占1.9%。全国综合耗水率（消耗量占用水量的百分比）为53%，干旱地区耗水率普遍大于湿润地区。各类用户耗水率差别较大，农田灌溉为62%，工业为23%，城镇生活为29%。

2006年，全国人均用水量为442m^3，万元国内生产总值（当年价格）用水量为272m^3，城镇人均生活用水量为每日212L（含公共用水），农村居民人均生活用水量为每日69L，农田实灌面积亩均用水量为449m^3。按可比价计算，2006年全国万元国内生产总值用水量和万元工业增加值用水量均比2005年下降了7%。

1998～2004年典型小城镇人均综合用水量调查结果如表1-7所示。

典型小城镇人均综合用水量调查结果　　表1-7

经济发展水平		大型镇	中型镇	小型镇
人均用水量	发达	275～418	250～375	213～325
	一般	215～329	169～294	141～247
	欠发达	144～267	134～233	111～178

除灌溉和城镇供水外，水资源的开发利用还表现为洪涝防治、水能利用、内河航运、渔业、旅游与环境保护等方面。

目前，我国小城镇水资源开发利用方面亟待解决的主要问题是：对地表水与地下水、工业用水与农业灌溉用水、城镇和工业规划布局及水资源条件等尚缺乏合理综合规划；地下水开发利用的监督管理工作还显薄弱，地下水和地质环境监测系统不很健全。

3. 小城镇水资源开发和利用中存在的问题

(1) 用水水平低

从用水结构看，小城镇农业用水仍占绝大部分，灌溉方式以渠灌为主。如海城镇农业灌溉用水在12000m^3/hm^2以上，导致中小城镇整体用水水平不高；相对于大城镇，中小城镇的工业技术落后，工业用水重复利用率低于40%，较大中城镇的75%～85%相比有很大的差距。目前我国万元工业增加值取水量是发达国家的5～10倍，而小城镇取水量则更大。节水器具在小城镇的市场上并未广泛的流通，节水器具普及率尚无明确的统计数据。

(2) 水资源过度浪费

表现为：①在输配水过程中，由于“跑、冒、漏”造成近50%的水资源浪费；②中小城镇的技术落后，用水效率低，造成大量水资源浪费；③水危机和节水意识较差，日常生活中浪费现象随处可见。

(3) 其他

管理效率低也是我国小城镇水资源开发利用中不容忽视的问题。分割式管理体制、工作人员的技术水平有限、基础数据欠缺是小城镇水资源管理的主要障碍。此外，经济基础薄弱、投融资体制不顺、法律法规不健全、保障体制欠缺等都影响着我国小城镇的水资源的开发利用。

第2章　小城镇地表水资源与取水

2.1 地表水资源概述

2.1.1 地表水资源及其形成

1. 地表水资源的概念

狭义的地表水主要包括河流水、湖泊水、沼泽水和冰川水；并把大气降水视为地表水体的补给源。通常把地表水体动态水量，即河川径流量，作为评价的主要对象。

广义地讲，以液态或固态形式覆盖在地球表面的自然水体，都属于地表水。它包括海洋水、河流水、湖泊水、沼泽水、水库水及冰川水等。

2. 地表水资源的形成

地表自然水资源的形成格局是：由"面"（流域源头域面）上收集自然降水后流到"线"（小河及大江大河），发生径流形成可资源利用的水源水量，再到"点"（沿河道内拦堵及贮存），由"点"（水库、湖泊等存水设施）沿"线"（河道、引水渠、管道等）再铺向"面"（海洋、需要灌溉的耕地）。"面"上所能得到的自然降水因总量、强度、时段等与大地对水的入渗率和太阳能蒸发的强度、数量、温度等呈现动态变化态势存在，往往使流域源头没有适时、足量的水量来源供大地植被直接利用而造成干旱，就是大地地表收集到大于入渗率的强降水，造成面上径流叠加后大于"线"上所能容纳得下的径流水量，形成洪灾水患。

多年平均条件下，水资源量的收支项主要为降水、蒸发和径流，它是决定区域水资源状态的三要素，三者之间的数量变化关系制约着区域水资源数量的多少和可利用量。平衡条件下，收支在数量上是相等的。对一定地域的地表水资源而言，其丰富程度是由降水量的多少来决定的，所能利用的是河流径流量。

河流补给是河流的重要水文特征，河流径流的水情和年内分配主要取决于补给来源。河流补给有雨水、冰雪融水、湖水、沼泽水和地下水补给等多种形式。最终的来源是降水。多数河流都不是由单纯一种形式补给，而是多种形式的综合补给。研究河流补给有助于了解河流水情及其变化规律，也是河水资源评价的重要依据。

（1）雨水补给

雨水补给是指降水以雨水形式降落，当降雨强度大于土壤入渗强度后产生地表径流，雨水汇入溪流和江河之中，使河水流量得到补充的过程。雨水是大多数河流的补给源，热带、亚热带和温带的河流多由雨水补给。

雨水补给的河流的主要水情特点是，河水的涨落与流域上雨量大小和分布密切相关，河流径流的年内分配很不均匀，年际变化很大。长江以南及云贵高原最大径流量出现在每年的4～7月，其径流量约占年径流量的60%；华北平原及辽宁沿海平原，最大的径流量出现在每年的6～9月，4个月的径流量超过80%，尤以海河平原最大，高达90%；西南大部分地区的最大径流量出现在6～9月或7～10月，占年径流量的60%～70%。

（2）冰川、积雪融水补给

冰川、积雪融水补给是指大气降水以固态形式降落到地表后不立即补给河道，在气候变暖、气温升高时，冰川和积雪融化补给河道的过程。由冰雪融水补给的河流的水文情势主要取决于流域内冰川、积雪的储量及分布，也取决于流域内气温的变化。干旱年份冰雪消融多，多雨年份冰雪消融少，河流丰、枯水年径流得到良好调节，因此年际变化较小。中国发源于祁连山、天山、昆仑山和喜马拉雅山等地的河流，都不同程度地接纳了冰雪融水的补给。此种补给类型在全国所占比重不大，平均年径流量约50km^3，约占全国年径流量的1.9%，水量有限。

（3）湖泊和沼泽水的补给

有些河流发源于湖泊和沼泽。有些湖泊一方面接纳若干河流来水，另一方面又注入更大的河流。中国鄱阳湖接纳赣江、信水、修水和抚水等水系来水，后注入长江。湖泊和沼泽对河流径流有明显的调节作用，因此由湖泊和沼泽补给的河流具有水量变化缓慢，变化幅度较小的特点。

（4）地下水补给

地下水是河流补给的普遍形式，中国西南岩溶发育地区，河水中地下水补给量比重尤其大。地下水同样来自大气降水补给，但与雨水对河川补给的最大差异在于它是经过地下水的调节作用后再对河川径流的补给，这样就使河川径流的水情和季节分配发生了重要变化。

地下水对河流的补给量的大小，取决于流域的水文地质条件和河流下切的深度。地下水有潜水和承压水；潜水埋藏较浅，与降水关系密切，承压水水量丰富，变化缓慢。河流下切越深，切穿含水层越多，获得的地下水补给也越多。以地下水补给为主的河流水量的年内分配和年际变化都十分均匀。据全国水资源评价时分割基流的分析结果，地下水补给河道的水量约占年径流总量的25%～30%。不同地区由于河道下切深度、岩性特征、植被等因素的影响，地下水的补给量差异较大。除此之外，在我国广西壮族自治区、云南省、贵州省著名的岩溶区，常常有暗河和明流交替出现的情况，这是一种特殊的地下水补给类型。

不同地区的河流、同一地区的不同河流和同一河流在不同季节的主要补给形式和补给数量各不相同。在高山和高原地带，河流水源还具有明显的地带性。中国新疆的高山地带，河流以冰雪融水补给为主，而低山地带，则以雨水补给为主。不同补给形式的比较见表2-1。

我国河流五种补给形式的比较 **表2-1**

补给类型	补给时间	影响因素和补给特点	主要分布区
雨水补给	夏秋季	随降水量而变化，不连续且集中，水量变化大	东部季风区最为典型
季节性积雪融水补给	春季	春季升温，有时间性、渐增过程	东北地区
高山冰川和永久积雪融水补给	夏季	夏季高温融水，有明显的季节变化和日变化，年径流量较稳定	西北和青藏地区

续表

补给类型	补给时间	影响因素和补给特点	主要分布区
湖泊水补给	全年	取决于湖泊水和河水的相对水位，对河流有调节作用	长白山天池和长江中下游，较普遍
地下水补给	全年	一般与河流水位有互补作用，水量较稳定	普遍

2.1.2 地表水资源的特点

地表水资源主要分为河流、湖泊及水库、冰川和海洋五类。

1. 河流

(1) 我国概况

我国的河流按其径流的循环形式，可分为注入海洋的外流河和不与海洋沟通的内流河两大区域。外流区域约占全国总面积的63.8%，内流区域约占36.2%，其中民族地区的外流区域的分界线，大致北起大兴安岭西麓，经内蒙古高原南缘、阴山、贺兰山、祁连山、日月山、巴颜喀拉山、念青唐古拉山到冈底斯山，这一线的西部除新疆的额尔齐斯河注入北冰洋外，都属内流区域。该线的东部，除嫩江平原、鄂尔多斯高原及雅鲁藏布江南的羊卓雍错等地有小面积的区域外，均属外流区域。

外流区域的河流，绝大多部分注入太平洋，其流域面积达544.59万km^2，其中民族地区的太平洋流域共217.58km^2，占全国面积的22.7%，相当于我国外流流域总面积的35.5%。

我国的印度洋流域和北冰洋流域都在民族地区。印度洋流域分布在青藏高原南部，流域面积有62.45万km^2，占全国总面积的6.5%，主要有努江、雅鲁藏布江、狮泉河、象泉河等；其下游都流出国境，注入印度洋的安达曼海、孟加拉湾或阿拉伯海。北冰洋流域分布在新疆西北角，面积只有5.09万km^2，占全国总面积的0.53%，仅有一条额尔齐斯河，它是鄂毕河的上源，流出我国后经哈萨克斯坦、西西伯利亚，注入北冰洋的喀拉海。

我国内流区域面积较广，包括松嫩、内蒙古、西藏内流流域，以及甘新、柴达木内流区域。除松嫩的大部分和甘肃河西走廊的一部分地区外，其余均在民族地区，其面积共有328.89万km^2，占全国总面积的34.3%，占我国内流流域总面积的94.5%。

我国河流按流域水系划分为十片，即黑龙江流域片、辽河流域片、黄河流域片、海滦河流域片、淮河流域片、长江流域片、珠江流域片、浙闽台流域片、西南诸河片、内陆诸河片。主要河流如果按照河长进行排序，前十名是：长江、黄河、黑龙江、松花江、珠江、雅鲁藏布江、塔里木河、澜沧江、怒江、辽河。若按流域面积大小排列是：长江、黑龙江、黄河、松花江、珠江、淮河、海河、雅鲁藏布江、辽河、塔里木河。

(2) 特点

1) 数量众多

我国由于地形复杂，降水总量大，河流数量相当多，且源远流长。据统计，流域面积在100km^2以上的有50000多条，流域面积在1000km^2以上的河流约5800多条，大于10000km^2的尚有79条。其中长江和黄河，不仅是亚洲最长的河流，也是世界著名的巨川。在世界最长的河流中，长江和黄河分别居第3和第5位。此外流经和发源于我国的澜沧江、黑龙江，也都在世界最长的十大河流之列。我国陆地面积约与欧洲及美国相近，但大河的数量却远远多于欧洲和美国。甚至面积为我国两倍多的北美洲，长度超过1000km的大河条数也仅为我国的三分之二。如果把我国的天然河流连接起来，总长度达43万km，几乎等于地球赤道的10圈半。如此众多的河流，丰富的径流资源，为灌溉、航运、发电、城市供水等提供了有利条件。

2）水量充沛，季节变化明显

我国年平均降水总量约6亿多立方米，相当于平均雨深630mm，约有44%可形成径流。如果把全年的河川径流总量平铺在全国的土地上，径流深度可达271mm，在世界上面积最大的5个国家中，我国径流深度仅次于巴西，居第2位。与美国相比，我国河川径流总量多8.6%，相应的径流深度大16mm。我国河流水量虽然丰沛，但季节分配很不均匀，其总的变化格局是夏季径流占优势，冬季最少。

3）径流地区差异很大，空间分布和各地区利用不平衡

我国虽然河流众多，径流量十分丰富，但空间分布却呈现出东多西少，南丰北少的不均衡性。东部湿润地区的河流，其径流量占全国总径流量的95.6%。在秦岭—桐柏山—大别山以南，武陵山—雪峰山以东地区，河网密度一般都在0.5km/km^2以下，但在滇西南局部地区达到1.0km/km^2，这在民族地区是河网密度较大的。在秦岭—桐柏山—大别山以北，大部分地区的河网密度在0.3km/km^2；地势低平的松嫩平原、西辽河平原一般都在0.1km/km^2以下，甚至个别地段出现无流区。

西部广阔的干燥和半干燥地区的河流，径流量仅占全国总径流量的4.6%，河网密度几乎都在0.1km/km^2以下。在塔里木盆地、准噶尔盆地、柴达木盆地和内蒙古西部的阿拉善高原存在着大面积的无流区。阿尔泰山、天山、帕米尔高原一带降水比较丰富，河网密度甚至超过0.5km/km^2。

因受季风气候影响，占全国耕地面积50%的华北和西北地区，径流量只占全国的10%，其中淮、海、辽三流域占全国耕地28%，径流量仅占4%。对水资源利用也很不平衡，如淮、海、辽三流域利用程度达50%~60%，长江为15%，西南诸河不到1%。全国平均利用率为16%。

4）河网密度地区差异大

东部地区河网密度一般在0.1km/km^2以上，其中南方更高，超过0.5km/km^2。有些地区，如长江和珠江三角洲，河网密度可达2km/km^2，最大达6km/km^2。北方的山地和丘陵区，河网密度在0.2~0.7km/km^2，东北和华北平原为0.05km/km^2。西北地区河网密度很小，几乎都在0.1km/km^2以下，其中不少地区接近于零或等于零。

此外，河流还具有流程长、汇水面积大，流量受季节和降雨量影响大等特点。

2. 湖泊及水库

为满足日益增长的工业生产和人民生活用水的需要，开发利用湖泊、水库水资源，从湖泊和水库取水日益增多。

（1）湖泊

湖泊是全球地表水水资源的重要组成部分，地球上湖泊（包括淡水湖、咸水湖和盐湖）总面积约为2058700km^2，总水量约176400km^3，其中淡水储量约占52%，约为全球

淡水储量的0.26%。

湖泊是陆地上洼地积水形成的、水域比较宽广、换流缓慢的水体。在地壳构造运动、冰川作用、河流冲淤等地质作用下，地表形成许多凹地，积水成湖。露天采矿场凹地积水和拦河筑坝形成的水库也属湖泊之列，称为人工湖。湖泊因其换流异常缓慢而不同于河流，又因与大洋不发生直接联系而不同于海。在流域自然地理条件影响下，湖泊的湖盆、湖水和水中物质相互作用，相互制约，使湖泊不断演变。

按湖盆成因湖泊可分为：构造湖、冰川湖、火口湖和堰塞湖等。按湖水排泄条件分：湖水通过江河排入海洋的外流湖和不能流入海洋的内陆湖。按湖泊热状况分：湖水平均温度全年均在4℃以上，除秋冬全同温以外均为正分层的热带湖；湖水平均温度有时在4℃以上，有时在4℃以下，夏季正分层，冬季逆分层，春秋两季为全同温的温带湖；平均温度全年均在4℃以下，除春夏全同温外均为逆分层的寒带湖。按湖水上、下循环现象分：湖面终年封冻，湖水稳定无循环期的无循环湖；水温在4℃以下，仅在夏季出现一个循环期的冷单循环湖；水温在4℃以上，仅在冬季出现一个循环期的暖单循环湖；春秋两季经历两个循环期的双循环湖；水温在4℃以上，分层稳定、偶尔可能发生循环的寡循环湖；水温年变化小，分层弱，白昼获得充分热量，夜间散热产生循环的多循环湖。按湖水矿化度分：矿化度$<1g/L$的淡水湖；矿化度为$1\sim35g/L$的咸水湖；矿化度$>35g/L$的盐湖。按湖水的富营养化程度分：富营养湖、中营养湖和贫营养湖。还有一些按其他标准划分的各类湖泊。

湖泊的地貌形态，在外部因素（主要是水流、风和冰川等）和内部因素（主要是风浪、湖流、水生植物和动物的活动）的作用下会发生演变。在风浪作用下，湖的凸岸一般产生冲刷，而在湖的凹岸（湖湾）多产生淤积。从河流和溪沟中水流带来的泥沙、风吹来的泥沙、湖岸破坏的土石和水生动植物的尸体等都沉积在湖底，颗粒粗的多沉积在湖的沿岸区，颗粒细的则沉积在湖的深水区。

湖水可以不断更新，不同湖泊的更新期不同，湖水更换期的长短取决于其容积和入湖、出湖年径流量。鄱阳湖水更新一次仅9.6d，而太湖水更新一次约299d。湖泊淡水储量的地区分布很不均匀，贝加尔湖、坦噶尼喀湖和苏必利尔湖等40个世界大湖储存的淡水量占全球湖泊淡水总量的4/5。我国的鄱阳湖、洞庭湖、太湖、巢湖和洪泽湖的淡水总量约为553亿m^3。湖泊利于舟楫，是水路交通的重要组成部分。湖泊盛产鱼、虾、蟹、贝，生产莲、藕、菱、芡和芦苇等，是水产和轻工业原料的重要来源。湖泊作为旅游资源，正日益受到重视。湖泊资源的不合理开发会造成湖泊渔业资源衰减、湖泊面积缩小和湖泊周围土地的沼泽化等不良后果。

我国湖泊分布，大概以大兴安岭—阴山—贺兰山—祁连山—昆仑山—冈底斯山一线为界。此线东南为外流湖区，以淡水湖为主，湖泊大多直接或间接与海洋相通，成为河流水系的组成部分，属吞吐型湖泊。此线西北为内陆湖区，以咸水湖或盐湖为主，湖泊位于封闭或半封闭的内陆盆地之中，与海洋隔绝。

根据湖泊地理分布的特点，我国可划分为5个主要湖区，即青藏高原湖区、蒙新高原湖区、东北平原与山地湖区、云贵高原湖区等。

青藏高原湖区共有大小湖泊1437个，其中，大于$1km^2$的湖泊有1091个，总面积为$44933.30km^2$；大于$10km^2$湖泊有346个，总面积为$42816.1km^2$。青藏高原湖区湖泊一般湖水较深，湖面高程大多在海拔4000m以上。全区湖泊面积36889km^2，占全国湖泊总面积的51.4%，大多为咸水湖，仅青藏高原东部和南部的外流湖为淡水湖。

蒙新高原湖区范围包括内蒙古、新疆维吾尔自治区及河北省西北部湖泊分布区。湖泊面积9411km^2，占全国湖泊总面积的13.1%。共有大小湖泊879个，其中，大于1km^2的湖泊有772个，总面积为19700.30km^2；大于10km^2的湖泊有107个，总面积为18059.43km^2。

东北平原与山地湖区湖泊面积2366km^2，占全国湖泊总面积的3.3%。共有大小湖泊192个，其中，大于1km^2的湖泊有140个，总面积为3955.30km^2；大于10km^2湖泊有52个，总面积为3705.7km^2。

东部平原区湖区范围包括长江、淮河中下游、黄河、海河下游湖泊分布区。湖泊面积21641km^2，占全国湖泊总面积的30.2%。

云贵高原湖区湖泊面积1108km^2，占全国湖泊总面积的1.5%。共有大小湖泊73个，其中，大于1km^2的湖泊有60个，总面积为1199.40km^2；大于10km^2湖泊有13个，总面积为1088.2km^2。青海湖是我国第一大咸水湖。鄱阳湖、洞庭湖、太湖、洪泽湖、巢湖是我国著名的五大淡水湖。

（2）水库

水库是指在山沟或河流的狭口处建造拦河坝形成的人工湖泊。按其构造可分为湖泊式水库和河床式水库两种。湖泊式水库是指被淹没的河谷具有湖泊的形态特征，即面积较宽广，水深较大，库中水流和泥沙运动接近于湖泊的状态，具有湖泊的水文特征。河床式水库是指淹没的河谷较狭窄，库身狭长弯曲，水深较浅，水库内水流泥沙运动接近于天然河流状态，具有河流的水文特征。湖泊、水库的储水量，与湖面、库区的降水量，入湖（入库）的地面、地下径流量等有关，也与湖面、库区的蒸发量，出湖（出库）的地面和地下径流量等有关。水库建成后，可起防洪、蓄水灌溉、供水、发电、养鱼等作用。有时天然湖泊也称为水库（天然水库）。

2006年，我国471座大型水库和2865座中型水库统计结果表明，水库年末蓄水总量2423亿m^3，比年初蓄水总量减少115亿m^3。其中，大型水库年末蓄水量2118亿m^3，比年初减少102亿m^3；中型水库年末蓄水量304亿m^3，比年初减少13亿m^3。南方四区水库年末蓄水量比年初共增加39亿m^3，其中长江区增加25亿m^3；北方六区比年初共减少154亿m^3，其中黄河区减少84亿m^3。各省级行政区水库年末蓄水量与年初比较，湖南、浙江、广东等10个省（直辖市）共增加蓄水量78亿m^3，其中湖南增加了31亿m^3；其余省（自治区、直辖市）水库共减少蓄水量193亿m^3，其中青海和河南分别减少了48亿和37亿m^3。

湖泊及水库水的水体较大，水量较充沛。但其流动性较小，贮存时间较长，由于长期沉淀，悬浮物含量少，水的浑浊度一般较低，含盐量因水不断蒸发浓缩，往往比江河水高，自净能力小，易受污染。

湖泊、水库的水位变化，主要是由水量变化而引起，年内呈周期性变化。以雨水为补给的湖泊，一般最高水位出现在夏秋季节，最低水位出现在冬末春初。干旱地区的湖泊、水库，在融雪及雨季期间，水位骤涨，然后因蒸发损失引起水位下降，甚至使湖泊、水库蒸发到完全干涸为止。

湖泊中的增减水现象，也是引起湖泊水位变化的一个因素。所谓增减水现象，是指由于漂流（由于对湖面的降接力、与风同时产生的波浪的背压力）将大量的水从湖的背风岸迁移至湖的向风岸，结果在湖的背风岸引起水位下降，向风岸引起水位上升。在水深较大的湖泊，由于增减水现象的出现，还会在其水下形成与漂流方向相反的补偿流，如果补偿流的流势大，则湖泊水位变化较小。在有浅滩面积较大的湖岸，由于底部摩擦力的作用，补偿流的水量不足以补偿增水现象水位升高所需要的水量，水位变化因此较剧烈。这就是在浅水滩大的湖湾向风岸，当冬季刮大风时，造成湖水浊度远远高于夏季暴雨时的湖水浊度的原因。

湖泊、水库是由河流、地下水、降雨时的地面径流作为补给水的，因此其水质与补给水来源的水质有密切关系，因而各个湖泊、水库的水质，其化学成分是不同的。就是同一湖泊（或水库），不同位置的化学成分也不完全一样，含盐量也不一样，同时各主要离子间没有一定的比例关系，这是与海水水质区别之处；湖水水质化学变化通常具有生物作用，这是与河水、地下水的水质的不同之处。湖泊、水库中的浮游生物较多，多分布在水体上层10m深度以内的水域中，如蓝藻分布在水的最上层，硅藻多分布在较深处。浮游生物的种类和数量，近岸处比湖中心多，浅水处比深水处多，无水草处比有水草处多等。

3. 冰川

我国是世界上中低纬度山丘冰川分布最广的国家之一，我国山丘冰川面积占亚洲的1/2，占世界的1/4。我国冰川分布在西北、西南地区，其范围南起云南的玉龙雪山、北抵新疆的阿尔泰山，西起帕米尔高原，东至青海的阿尼玛卿山。分布在西藏、新疆、青海、甘肃、四川和云南等省（自治区）的高山上。我国冰川面积有5.8523万km^2，占全球冰川面积1622.75万km^2的0.35%，约占我国面积的0.6%，总储水量为50000亿m^3。冰川消融时期形成的水流在出山口汇入溪流和江河，是河川径流的组成部分，这部分冰川融水径流量能为人们开发利用，称冰川水资源。据初步估算，我国冰川水资源每年按$5.6\times10^{10}m^3$计，约占全国河川径流量的2%。

4. 海洋

海洋即“海”和“洋”的总称。地球上3/4的面积被海洋覆盖。一般人们将这些占地球很大面积的咸水水域称为“洋”，大陆边缘的水域被称为“海”。地球上的陆地广布四方、彼此隔开，而海水则是四通八达、连成一体，这一连片不断的水体便构成了世界海洋。世界海洋是以大洋为主体，与围绕它所附属的大海共同组成。全世界共有四大洋：太平洋、大西洋、印度洋和北冰洋。主要的大海共有54个之多，如地中海、加勒比海、波罗的海、红海、南海等。

2.1.3 地表水水质

地表水径流量大，矿化度和硬度低，含铁、锰量较低，受地域各种因素的影响，河水浊度较高（特别是汛期），有机物和细菌含量高，有时还有较高的色度。

1. 河流水水质

江、河水水质易受自然条件影响。水中悬浮物和胶态杂质含量较多，浊度高于地下水。由于我国幅员辽阔，大小河流纵横交错，自然地理条件相差悬殊，因而各地区江河水的浊度也相差很大。甚至同一条河流，不同河段、不同季节也相差悬殊。我国是世界上高浊度水河流众多的国家之一。西北及华北地区流经黄土高原的黄河水系、海河水系及长江中、上游等，河水含沙量很大。凡土质、植被和气候条件较好地区，如华东、东北和西南地区大部分河流，浊度均较低。一年中大部分时间内河水较清，只是雨季河水浊度较高，一般年平均浊度在 50 ~ 400NTU 之间。

河水的含盐量和硬度与地质、植被、气候条件及地下水补给情况有关，总体较高。我国西北及内蒙古高原大部分河流，河水硬度较高，达 100 ~ 150mg/L（以 CaO 计）甚至更大；黄河流域、华北平原及东北辽河流域次之；松黑流域和东南沿海地区，河水硬度较低，一般均在 15 ~ 30mg/L（以 CaO 计）以下。我国西北黄土高原及华北平原大部分地区，河水含盐量较高，约 300 ~ 400mg/L，秦岭以及黄河以南次之；东北松黑流域及东南沿海地区最低，含盐量多不超过 100mg/L。江、河水最大缺点是，易受工业废水、生活污水及其他各种人为污染，因而水的色、臭、味变化较大，有毒或有害物质易进入水体。水温变化大，夏季常不能满足工业冷却用水要求。

2. 湖泊及水库水水质

湖泊及水库水主要由河水供给，水质与河水相似。由于其流动性小，贮存时间长，经过长期自然沉淀，浊度较低。只有在风浪时以及暴雨季节，由于湖底沉积物或泥沙泛起，才产生浑浊现象。水的流动性小和透明度高又给水中浮游生物特别是藻类的繁殖创造了良好条件。因而，湖水一般含藻类较多，使水产生色、臭、味。同时，水生物死亡残骸沉积湖底，使底泥中淤积了大量腐殖质，一经风浪泛起，致使水质恶化。湖水不断得到补给又不断蒸发浓缩，含盐量因此比河水高。干旱地区内陆湖因换水条件差，蒸发量大，含盐量往往很高。微咸水湖和咸水湖含盐量在 1000mg/L 以上直至每升数万毫克，咸水湖的水不宜作为生活饮用水水源。

3. 海水水质

海水含盐量最高，而且所含各种盐类或离子的质量比例基本上一定，这是与其他天然水源所不同的一个显著特点。其中氯化物含量最高，约占总含盐量 89% 左右；硫化物次之，再次为碳酸盐；其他盐类含量极少。海水所含的盐分各处不同，平均约为 3.5%。

有些盐来自海底的火山，但大部分来自地壳的岩石。岩石受风化而崩解，释出盐类，再由河水带到海里去。在海水汽化后再凝结成水的循环过程中，海水蒸发后，盐留下来，逐渐积聚到现有的浓度。

海洋所含的盐可以在全球陆地上铺成约厚 500ft 的盐层。海水一般须经淡化处理才可作为居民生活用水。

4. 我国地表水水质存在的问题

(1) 点源污染不断加剧，非点源污染日趋严重

随着经济社会的发展，人类活动程度的加大和范围的扩大，非点源污染的影响日趋严重，总磷、总氮入河量的贡献率均超过了 60%，对水资源安全构成了严重的威胁。化学需氧量和氨氮入河量，全国仍以点源为主，但非点源的贡献亦已经上升到 40% 左右，致使全国地表水水质汛期状况稍差于非汛期，个别区域如松花江区，汛期水质状况远差于非汛期。

（2）河流污染以有机污染为主

我国河流污染以有机污染为主，主要参数为氨氮、化学需氧量、高锰酸盐指数、五日生化需氧量、溶解氧和挥发酚。重金属污染重点出现在西南、长江等局部区域。黄淮海平原、辽河平原、太湖水系、珠江三角洲的河流及珠江三角洲上游的南盘江受化学需氧量、高锰酸盐指数、氨氮和溶解氧污染较大；海河南系、淮河中上游是我国挥发酚的重点污染区，局部区域污染程度极为严重。

（3）湖泊水库富营养化严重

在地表淡水系统中，磷酸盐通常是植物生长的限制因素，而在海水系统中往往是氨氮和硝酸盐限制植物的生长以及总的生产量。随着营养物质增多，藻类与其他浮游生物经历了大量增长到逐步死亡的演变过程，同时引起水体中其他因素的变化。富营养化会使水质恶化，大量的鱼、虾、高等植物死亡，取而代之的是适应污染的各种微小生物类群，并造成营养物质的内在循环，使水体很难自净和恢复到正常状态。因此，富营养化及其“水华”灾害成为当今国际上重大的水环境问题，已经引起世界各国和联合国环境规划署（UNEP）等国际组织充分关注，许多国家为防止富营养化而开展了禁磷与加强污水处理等行动。自20世纪80年代开始，水体富营养化问题也引起了我国政府的高度关注。

据估计，目前我国85%的湖泊呈富营养化状态，而且形势日趋严重。近年来一些主要湖泊蓝藻水华频发、湖滨带沼泽化，水质下降，既影响湖泊功能，又威胁到供水安全和渔业生产，严重削弱景观娱乐功能的发挥。湖泊富营养化已成为制约地区经济可持续发展的因素之一。

（4）江河湖库底质污染严重

江河湖库重金属污染率高达81%，总磷轻度及重度污染断面比例为12.5%，总氮轻度及重度污染断面比例为16.7%。

引起湖泊污染的来源可以分为：点源、面源和内源三种。污染物通过大气沉降、废水排放、雨水淋溶与冲刷进入水体，最后沉积到湖底，并逐渐富集，使底泥受到污染。伴随经济的高速发展，这种现象越来越严重，包括有机质碎屑、有毒难降解物质、重金属等大量在湖泊底泥中沉积，导致底泥污染加剧。在点源污染和面源污染较大时，底泥对这些污染物起到富集作用；而当点源污染和面源污染得到控制后，这些沉积于底泥中的污染物在物理、化学和生物的作用下，在底泥中发生复杂的变化，继而向水体释放污染物，对水生生态系统构成威胁甚至破坏。底质污染控制已经成为除点源、面源之外的又一必须关注的问题，应该有防患对策。

（5）饮用水水源地合格率较差，影响饮用水质安全

饮用水水质直接关系到人民的身体健康，也是反映一个国家文明程度的重要指标。我国饮用水水源地合格比例为75.3%，部分经济水平较高、人口密度较大的区域，水源地合格率较差，与我国人民生活水平不断提高对饮用水安全的要求还存在差距，是区域全面可持续发展的制约因素之一。

具有“三致”效应及干扰内分泌作用的有毒有机化合物已影响到我国重要水源地水质安全，严重威胁人民身体健康。对于常规处理办法难于去除且危害极大的有毒有机污染物必须引起有关部门的高度重视，并尽快在全国组织更全面系统的监测调查和研究，以便及时制定防患对策。

（6）我国水功能区达标状况不容乐观，部分水功能区已经丧失了其使用功能

我国水功能区现状水质与目标水质类别差1个级别，其中保护区、保留区和饮用水源区水质相对较好，以Ⅱ类为主，与水质目标差距最小，缓冲区、景观娱乐用水区现状水质与目标水质差距最大。

我国水功能区纳污能力与入河量的空间分异加剧了水环境状况的恶化，部分水功能区不堪重负，是类似“三江三湖”等严重污染区水质状况恶劣的主要原因。

总体说，地表水资源质量总体在下降，水环境污染势头未能有效遏制，形势严峻。

5. 我国地表水水质保护政策

（1）贯彻可持续发展思想，减少饮用水源污染和破坏，保障地表水水源地水质安全

饮用水源保护通常是指为了满足饮用水源可持续利用的需要，采取经济、法律、行政和科学技术等手段，合理地安排饮用水源，并对影响饮用水源利用的各种行为进行干预，以维持饮用水源的正常使用功能和生态功能的活动。饮用水源保护的目的是保障饮用水源的可持续利用。近年来，由于世界人口增长和社会经济发展，需水量增长速度惊人，加上用水的浪费和饮用水源污染，使优质饮用水源日益短缺，饮用水源问题已成为当今世界各国共同面临的一大难题。为促进全球实施可持续发展战略，联合国环境与发展大会通过的《21世纪议程》强调，要加强饮用水源的开发与管理，为了实现饮用水源可持续利用，必须在饮用水源保护中贯彻可持续发展思想，减少饮用水源污染和破坏，尽量避免饮用水源污染和破坏造成的严重后果，维护国际和平和社会安定等，优先保护饮用水源成为遵循可持续发展思想的必然选择。

（2）以水功能区基本管理单元，以总量控制为基础，切实加强入河排污口管理

建立适合中国国情要求的水资源保护制度的重要任务之一，是全面推进水功能区制度建设。依据《中华人民共和国水法》等有关法律、法规，我国颁布试行《中国水功能区划》，水行政管理部门先后出台了《水功能区管理办法》和《入河排污口监督管理办法》，广东、黑龙江等17个省政府也先后批准水功能区划，水功能区管理体系的基本构架逐步明晰，在实际中的作用不断增加。但是，由于在水功能区的技术层面，如河流生态健康指标、水功能区水质评价标准与监测评价方法、水功能区纳污能力计算方法、水功能区污染物总量控制方案、入河排污口限排方案、生活饮用水水源保护、水功能区生态保护和修复目标、水功能区安全评价与保障机制等方面尚缺乏系统的研究，致使水功能区管理工作难以达到预期目的，严重制约水功能区的管理。

（3）尽快建立完善的水源地水质监测评价技术体系

水污染加剧、水资源短缺，是造成我国饮用水水源地水质状况相对较差的主要原因，但同时也应该看到，饮用水水源地基础信息的匮乏、监测评价发布制度的不健全、评价标准与方法的不规范、信息共享机制的不完善、公众参与的不积极、政府管理的不科学等，也是我国饮用水水源地保护与经济社会发展不协调的重要原因之一。发达国家已经基本建立比较系统的水源地监测评价和信息发布体系，水质监测项目比较系统全面，评价的标准和方法较规范，公众参与水源地的管理热情也较高。

与发达国家比较，我国饮用水水源地的管理、研究和保护工作相对落后。由于关于水源地的基础信息分散在水利部、住房和城乡建设部，或地方、流域甚至大的工程管理

部门，而且各部门所掌握的资料，既不系统、也不全面，更缺少共享机制和共享平台，水管理部门关于全国水源地的基本状况的了解十分有限。我国对水环境甚至水源地水质的监测仍以无机物和 BOD、COD、TOC 等有机污染综合指标为主，《地表水环境质量标准》(GB 3838—2002）中虽然规定了68 种有毒有机物的极限容许浓度值，但有毒有机物的检测还未纳入日常分析项目中。我国水环境有毒有机物的背景资料严重匮乏，与人民健康息息相关的水源地有毒有机物污染资料更加稀少。

2.2 地表水取水构筑物

2.2.1 概述

地表水源一般水量较充沛，分布较为广泛。因此，很多城镇生活用水及企业常常利用地表水作为给水水源。由于地表水源的种类、性质和取水条件不尽相同，因而地表水取水构筑物有多种形式。

1. 地表水取水的主要影响因素

地表水水源以江河为主。因此，分析江河的特征（即江河的径流变化、泥沙运动、河床演变、漂浮物和冰冻情况等特征），以及这些特征与取水构筑物的关系，将直接关系到取水构筑物合理的设计、施工和运行管理。

（1）江河的径流特征

1）江河的水位和流量的特征

取水河段的径流特征值（水位、流量、流速等）是确定取水构筑物位置、构筑物形式及结构尺寸的主要依据。在设计取水构筑物时，应注意收集与之相关的资料：河流历年的最小流量和最低水位；河流历年的最大流量和最高水位；河流历年的月平均流量、月平均水位及年平均流量和年平均水位；河流历年春秋两季流冰期的最大、最小流量和最高、最低水位；其他情况下，如潮汐、形成冰坝冰塞时的最高水位及相应流量；上述相应情况下河流的最大、最小和平均流速及其在河流中的分布情况。

取水构筑物的设计最高水位应按百年一遇频率确定。设计枯水位的保证率，应根据水源情况和供水重要性选定，一般可选取 90% ~99%。

用地表水作为城市供水水源时，其设计枯水流量的保证率，应根据城市规模和工业用水大户的重要性选定，一般可取 90% ~97%，用地表水作为工业企业供水水源时，其设计枯水流量的保证率，应按各有关部门的规定执行。

2）设计流量、水位的推算

根据已有的水文观测资料，应用概率理论和频率分析，来推求规定频率的设计洪、枯水位及流量。

当取水构筑物附近有实测流量或实测水位资料时，多采用频率分析法计算流量或洪、枯水位。当实测资料系列较长，且工程要求的设计水位或流量的频率不高时，可用经验频率曲线法来计算设计水位和设计流量。

当缺少河段的水位和流量资料时，资料系列代表性差，从而频率计算的误差也增大。此时可借助于有较长资料的水文站作为“参证站”，以选定为频率计算的水文站作为“设计站"，建立参证站和设计站的相关关系，从而可以把设计站的资料系列延长，可以采用相关图解法或相关方法计算。在选择参证站时，应满足两个条件，一是参证站的资料系列较长，并与设计站有一定年限的同期观测资料（一般要求10年以上），以便建立相关关系，二是参证站的控制流域的自然地理条件应与设计站相似。

当取水构筑物拟建地址没有实测水文资料或虽有短期资料而无插延的情况时，可通过上游或下游的参证站间接推求。常用的方法是移用参证站的计算成果的水文比拟法和地理插值法。

（2）泥沙运动与河床演变

1）泥沙运动

河流泥沙是指组成河床的以及在河流中运动的泥沙，所有在河流中静止和运动的粗细泥沙、大小石砾都称之为河流泥沙。随水流运动的泥沙也称为固体径流，是重要的水文现象之一。

根据泥沙在水中的运动状态，分为床沙、推移质及悬移质三类。

床沙是组成河床表面的静止泥沙。

在水流作用下，沿河底滚动、沿动或跳跃前进的泥沙，称推移质（也称底沙）。它只能沿河床滑动、滚动及跳动前进，在床面附近2~3倍粒径的区域内运动。推移质运动具有明显的间歇性，运动时为推移质，静止时为床沙。

悬移质是指悬浮于水中，随水流前进的泥沙。这类泥沙一般粒径较细，其沉降速度比水流的垂向脉动速度小，在紊动扩散作用下可以悬浮在水中，被水流挟带前进，远离床面，其运动速度与水流基本一致，维持泥沙悬浮的能量来自水流的紊动动能。

两类泥沙其运动方式既有区别，又有联系。同一泥沙在较缓水流作用下，可以表现为推移质；在较强水流作用下，可以表现为悬移质。

2）河床演变

河床演变概念有两种理解：一是指河道从河源至河口、河谷各个部分的形成和发展；另一是指近代冲积河道的变化和发展。

河床演变一般表现为纵向变形、横向变形、单向变形及复归性变形。冲淤作用导致流程方向上河床高程的变化称纵向变形，与水流垂直的水平方向的变形，则称横向变形。这两种变形，在一般情况下，都是交织在一起的。按河床演变发展进程，分为在相当长时期内河床单一地朝某一方向发展的单向变形，如有些河流多年来河床一直不断淤积抬高；河床周期性往复发展的复归性变形，如浅滩在枯水期冲刷，在洪水期淤积，如此周期重复演变。此外，还有一些局部变形。

河道输沙不平衡是河床演变的根本原因。当上游来沙量大于本河段的水流挟沙力时，水流没有能力把上游来沙全部带走，产生淤积，河床升高。当上游来沙量小于本河段水流的挟沙力时，便产生冲刷，河床下降。在一定条件下，河床发生淤积时，淤积速度逐渐减少，直至淤积停止，河床发生冲刷时，冲刷速度逐渐减低，直至冲刷停止。这种现象称为河床和水流的自动调整作用。

（3）江河中泥沙、漂浮物及冰冻

江河中的泥沙和漂浮物对取水工程的安全和水质有很大影响。特别是我国西北和西南地区，泥沙及水草较多的江河上，常常由于泥沙和水草堵塞取水头部，严重影响取水，甚至造成停水事故。因此，在设计取水构筑物时，必须了解江河的最高、最低和平均含沙量、泥沙颗粒的组成及分布规律、漂浮物的种类、数量和分布，以便采取有效的防沙防草措施。

我国北方大多数河流在冬季均有冰冻现象，河流冰冻过程对取水构筑构的正常运行有很大的影响。冬季流冰期，悬浮在水中的冰晶及初冰，极易附着在取水口的格栅上，增加水头损失，甚至堵塞取水口，故需考虑防冰措施。河流在封冻期能形成较厚的冰盖层，由于温度的变化，冰盖膨胀所产生的巨大压力，易使取水构筑物遭到破坏。冰盖的厚度在河段中的分布并不均匀，此外冰盖会随河水下降而塌陷，设计取水构筑物时，应视具体情况确定取水口的位置。春季流冰期冰块的冲击、挤压作用往往较强，对取水构筑物的影响很大；有时冰块堆积在取水口附近，可能堵塞取水口。因此，为了正确地考察取水工程设施情况，需搜集以下冰情资料：

1）每年春季流冰期出现和持续的时间，流冰在河流中的分布运动情况，最大冰层面积、厚度及运动情况；

2）每年河流的封冻时间、冰层厚度及其在河段上的分布规律；

3）每年冬季流冰期出现和持续时间，水内冰、底冰的组成、大小、粘结性、上浮速度及其在河流中的分布，流冰期气温及河水温度变化情况；

4）其他特殊情况。

2. 取水构筑物设计原则

（1）取水构筑物必须保证在各种季节，都能按规范要求取足相应保证率的设计水量。

（2）取水水质应符合有关水质标准要求。

（3）取水构筑物的布置应符合城市近期及远期总体规划要求。

（4）取水构筑物不得影响河流航运（如航行零水位以下吃水深度要求），必须满足防洪规范的标准和要求，设计洪水重现期不得低于100年。

（5）在取水工程设计中，凡有条件的情况下，应尽量设计成节能型（加重力流输水）。

（6）在黄河河道上设置取水构筑物时，必须得到有关部门的认可和批准；在通航河道上，应根据航运部门的要求在取水构筑物处设置相应的标志。

（7）在黄河下游淤积河段设置的取水构筑物，应预留设计使用年限内的总淤积高度，同时考虑淤积引起的水位变化。

3. 取水位置的选择

地表水取水位置直接影响取水的水质和水量、取水安全可靠性、投资、施工、运行管理以及河流的综合利用。因此，正确选择取水位置是地表水取水构筑物设计中的一个关键问题。选择地表水取水构筑物位置时，应遵循以下原则：

（1）具有较好的水质

1）河流易受生活污水和生产废水的污染，因此供生活用水的取水构筑物应设在城市和工业企业的上游，取水水源应选在污水排放口上游100m以上或下游1000m以下的地方，并应划出水源保护范围。如岸边有污水排放，水质不好，则应伸入江心水质较好处取水。

供生活饮用水的地表水取水构筑物，应选城镇和工业企业上游的清洁河段。

2）取水点应选择在水流畅通和靠主流深水地段，避开河流中的回流区或死水区，以防止水中杂草、泥沙等的进入和堵塞。

3）农药的污染、有害废料堆场等都可能污染水源，选择取水构筑物时亦应予以考虑。

4）在沿海地区受潮汐影响的河流上设置取水构筑物时，应考虑到海水入侵的影响。

（2）具有稳定的河床和河岸，靠近主流，有足够的水深

取水河段的形态特征和岸形条件是选择取水点的重要因素。取水口应选在比较稳定、含沙量不太高的河段，并能适应河床的演变。

1）在弯曲河段上，河流的凹岸是比较理想的取水点。但凹岸易冲刷，需要一定的护岸工程。由于横向环流进入弯道后逐渐加强，在凹岸顶点环流最强，冲刷最剧烈，形成顶冲点，故选择取水构筑物位置时，最好避开水流顶冲点，而设置在顶冲点稍上游或下游15~20m处、同时冰水分层的河段。一般说来顶冲点的上游较为理想。

2）在河流凸岸，岸坡平缓，容易淤积，深槽主流离岸较远，一般不宜设置取水构筑物。但若在凸岸的起点，主流尚未偏离时，或者在凸岸的起点或终点，主流虽已偏离，但离岸不远有不淤积的深槽时，仍可设置取水构筑物。取水构筑物宜设在顺直河段河床稳定、深槽主流近岸处，即河流较窄、流速较大，水较深的地点，一般水深大于2.5~3.0m。

3）在有边滩、沙洲的河段上取水时，应注意了解边滩、沙洲形成的原因，移动的趋势和速度。取水构筑物不宜设在可移动的边滩、沙洲的下游附近，以免日后被泥沙堵塞。

4）在有支流入口的河段上，易产生大量的泥沙沉积。取水构筑物应离开支流出口处上下游有足够的距离，上游应不小于50m，下游应不小于400m。

（3）具有良好的地质、地形及施工条件

取水构筑物应设在地址构造稳定、承载力高的地基上，不宜设在断层、流沙层滑坡、风化严重的岩层、岩溶发育地段、地震区不稳定的陡坡或山脚下。取水构筑物也不宜设在有宽广河漫滩的地方，以免进水管过长。

从施工条件角度，交通运输要方便，有足够的施工场地，土石方量，水下工程量要少以节约资金、缩短工期。

（4）尽量靠近主要用水区

选择取水构筑物位置时，应考虑城镇规划以及整个给水系统的布置，尽可能靠近主要用水区，以节约输水管线的长度，减少输水的基建投资和运行费用。此外应尽量避免穿越河流、铁路等障碍物。

（5）注意河流上的人工构筑物或天然障碍物

河流上常见的人工构筑物（如桥梁、码头丁坝、拦河坝等）和天然障碍物（如陡崖和石嘴），往往引起河流水流条件的改变，从而使河床产生冲刷、淤积和变形，故在选择取水构筑物位置时，必须加以注意。

（6）避免泥沙、漂浮物、冰凌、冰架、支流和咸潮等的影响

北方地区，取水构筑物应设在河流水内冰较少和不受流冰冲击的地点，而不宜设在易于“产生水内冰的急流、冰穴、冰洞及支流出口的下游，尽量避免将取水构筑物设在流冰易于堆积的浅滩、沙洲、回流区和桥孔的上游附近。在水内冰较多的河段，宜设在冰水分层地段，以便从冰层下取水。

在冰水分层的河段，当取水量大，河水含沙量高，主河道游荡，冰情严重时，可设置两个取水口。

2.2.2 高水位差取水构筑物

我国有不少河流的某些河段，流量、水位变幅较大，详表2-2。

我国部分河流流量和水位的变化情况　　表2-2

河流名称	流量（m^3/s）		水位（m）	
	最大洪流量	最小枯水量	频率为1%的洪水位	保证率为97%的枯水位
长江（重庆）	83100	1900	204.78	171.45
长江（宜昌）	70600	2770	55.50	38.30
长江（武昌）	76100	4830	27.17	10.32
长江（黄石）	75700	5930	25.80	8.21
沱江（白马）	5630	8.2	307.60	284.90
釜溪河（自贡）	4000	0.59	286.70	272.00
金沙江（尤街）	1790	1360	943.21	926.76
嘉陵江（重庆）	2900	1710	214.00	176.79
来水（鲤鱼江）	9500	17.3	138.0	126.24
湘江（株洲）	15200	140	44.20	29.95
资水（金竹山）	11700	27.10	183.62	168.24
黄河（龙门）	2100	73	385.83	371.84
太子河（本溪）	1430	1.31	159.28	150.00
邕江（南宁）	15200	113	77.58	60.88
柳江（柳州）	33480	93	103.24	80.86
北江（韶关）	1220	41	48.50	39.19

上述洪枯水位变差大的江河中，其取水构筑物形式，有固定式和移动式两种。固定式取水构筑物，由于河流水位变差大，泵房多采用竖井式。

1. 固定式取水构筑物

固定式取水构筑物由进水间和泵房组成，取水设施将河水引入吸水间，经取水泵站将水提升到输水管线，送至自来水厂或用户。固定式取水构筑物具有取水可靠、维护管理较简单、适用范围广等优点，但水下工程量较大、施工期较长、投资较大。设计时应考虑远期发展的需要，土建工程一般按远期设计，一次建成，水泵机组设备等可分期安装。固定式取水构筑物主要分为岸边式和河床式两种。

（1）岸边式取水构筑物

建在岸边，直接从江河岸边取水的构筑物，称为岸边式取水构筑物。其特点是便于分层设置进水孔，在洪、枯水期都能取得较好的水质和便于清理格栅。适用条件是：

1）河水主流靠近取水岸，或靠取水岸有稳定的主流深槽，即岸边有足够的水深，能保证在最低水位时安全取水。

2）具有稳定的河床和河岸，避免取水构筑物建成后，改变主流位置，而使取水地段产生淤积。

3）岸边为地质条件较好的陡坡，如岩石陡坡，这样，取水构筑物设在陡岸可减少连接堤岸的工程量，同时岸堤对河流水力条件影响较小，不致引起河床变形。

4）水中泥沙、漂浮物和冰凌较严重的河流上不宜采用自流管取水时。

按照进水间与泵房的相对位置，岸边式取水构筑物分为合建式和分建式两类。

① 合建式岸边取水构筑物

合建式取水构筑物是进水间与泵房合建在一起，设在岸边，如图 2-1 所示。河水经进水孔进入进水间的进水室，之后经格网进入吸水室，最后由水泵抽升至自来水厂或用户。在进水孔上设有格栅，用以拦截水中粗大的漂浮物和鱼类。设在进水间中的格网用以拦截水中细小的漂浮物。

合建式的优点是布置紧凑，总建筑面积小，水泵吸水管路短，运行管理方便，适用于河岸坡度较陡、岸边水流较深且地质条件较好、水位变幅及流速较大的河流，应用较广泛。缺点是土建结构较复杂，施工较困难。当地基条件较好时，进水间与泵房的基础可以建在不同的标高上，呈阶梯式布置［图 2-1（*a*）］。这种布置可以利用水泵吸水高度以减小泵房深度，有利于施工和降低造价，但水泵启动时需要抽真空。当地基条件较差时，为避免产生不均匀沉降，或因供水安全性要求高，水泵需自灌启动时，则宜将进水间与泵房的基础建在同一标高上［图 2-1（*b*）］，但是泵房较深，土建费用较高，通风和防潮条件差，操作管理不很方便。

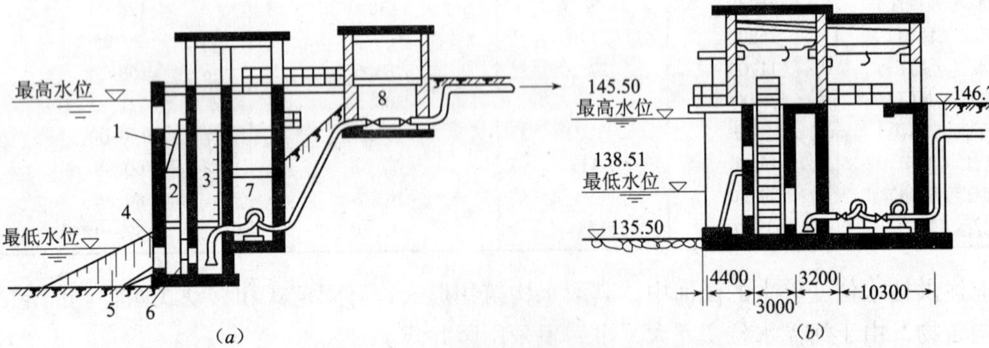

图 2-1　合建式岸边取水构筑物

（*a*）底板呈阶梯式布置；（*b*）底板呈水平布置

1—进水间；2—进水室；3—吸水室；4—进水孔；5—格栅；6—格网；7—泵房；8—阀门井

为了缩小泵房面积，减小泵房深度，降低泵房造价，可采取立式泵或轴流泵取水的方式（图 2-2）。这种方式是在泵房上层设置电机，以利于操作，保持较好的通风条件，缺点是立式泵安装较困难，检修不方便。

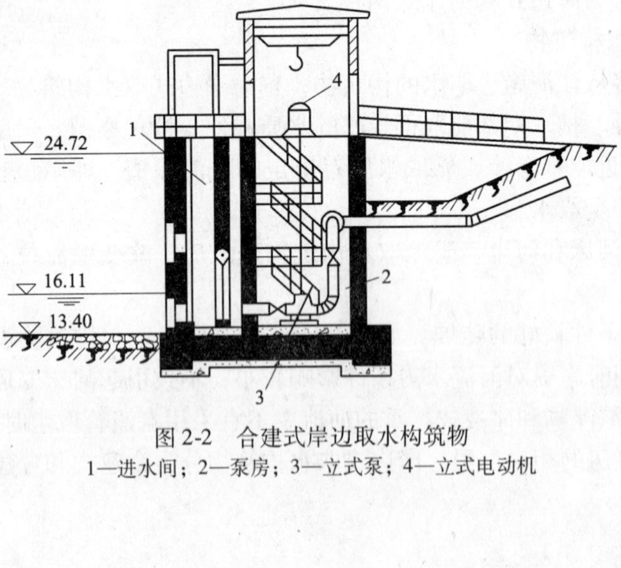

图 2-2　合建式岸边取水构筑物

1—进水间；2—泵房；3—立式泵；4—立式电动机

在水位变化较大的河流上，水中漂浮物不多，取水量不大时，也可采用潜水泵取水。潜水泵及其电机可以设在岸边进水间内，当岸坡地质条件好时亦可设在岸边斜坡上。这种取水方式结构简单，造价低。但因水泵电机淹没在水下，故检修较困难。

② 分建式岸边取水构筑物

当岸边地质条件较差，进水间不宜与泵房合建时，或者分建对结构和施工有利时，则宜采用分建式（图2-3）。进水间设于岸边，泵房则建于岸内地质条件较好的地点，但不宜距进水间太远，以免吸水管过长。进水间与泵房之间大多采用引桥连接，有时也采用堤坝。分建式土建结构简单，施工较容易，但操作管理不便，吸水管路较长，水头损失增加，运行安全可靠性不及合建式。

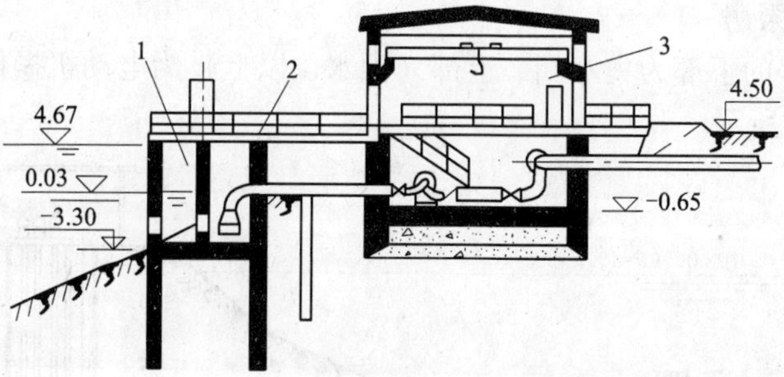

图2-3 分建式岸边取水构筑物
1—进水间；2—引桥；3—泵房

（2）河床式取水构筑物

在河心设置进水孔，从河心取水的构筑物称之为河床式取水构筑物，由泵房、进水间（河床式取水构筑物，将进水间称之为集水间或集水井）、进水管（即自流管或虹吸管）和取水头部等组成。集水间与泵房可以合建，也可以分建。河床式取水构筑物适合在河床稳定、河岸较平坦、枯水期主流离岸较远、岸边水深不够或水质不好、而河中又具有足够的水深或较好的水质时采用。

按照进水管形式的不同，河床式取水构筑物分为以下几类：

1）自流管式

因敷设自流管时，开挖土石方量较大，所以当自流管埋深不大时，或者在河岸可以开挖隧道，可以敷设自流管时可以采用自流管式，如图2-4所示，河水通过自流管进入集水间。由于自流管淹没在水中，河水靠重力自流，工作较可靠。在河流水位变幅较大，洪水期历时较长，水中含沙量较高时，为了避免在洪水期引入底层含沙量较多的水，可在集水间壁上开设进水孔或设置自流管（图2-4），以便在洪水期取上层含沙量较少的水。分层取水对降低进水含沙量有一定作用，但需结合具体情况采用。若某些河流（如山区河流）水位变化频繁，高水位历时不长，则由于操作不便，且在水位陡降时，如不能及时开启自流管上的闸门，还易造成断水等原因，不宜采用分层取水。河流含沙量分布比较均匀时，分层取水意义不大。

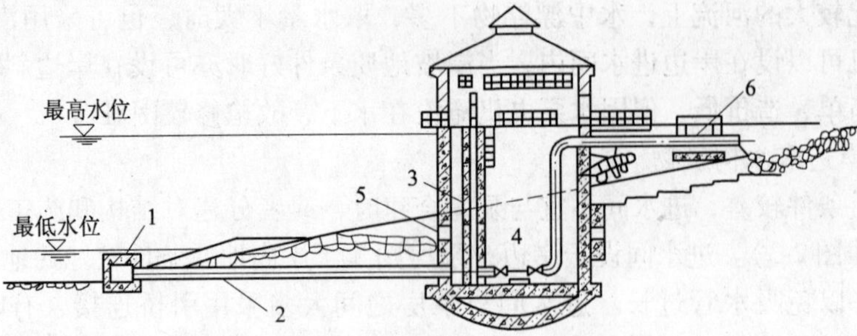

图 2-4 自流管取水构筑物
1—取水头部；2—自流管；3—集水间；4—泵房；5—进水孔；6—阀门井

2）湿井式取水泵房

湿井式取水泵房的下部为集水间，上部（洪水位以上）为电动机操作室，采用防沙深井泵取水，如图 2-5 所示。

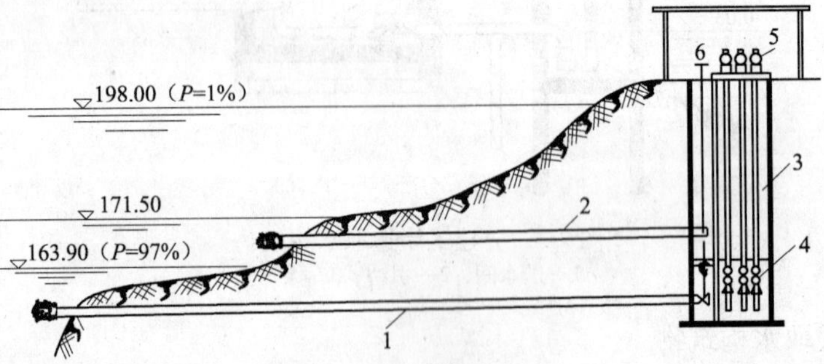

图 2-5 湿井式取水泵房
1—低位自流管；2—高位自流管；3—集水间；4—深井泵；5—电动机；6—操作室

这种形式的泵房在我国西南地区采用较多，适用于水位变幅大于 10m，尤其是骤涨骤落（水位变幅速度大于 2m/h）、水流流速较大的情况。

3）虹吸管式

在河滩宽阔，河岸较高，且为坚硬岩石，埋设自流管需开挖大量土石方，或管道需要穿越防洪堤时采用虹吸管取水构筑物，如图 2-6 所示。河水通过虹吸管进入集水间中，之后由水泵抽走。虹吸管高度最大可达 7m，与自流管相比，虹吸管取水的优点是提高了埋管的高程，大大减少水下土石方量，缩短工期，节约投资。但虹吸管对管材及施工质量要求较高，运行管理要求严格，并需保证严密不漏气；并需设置真空设备，工作可靠性不及自流管。

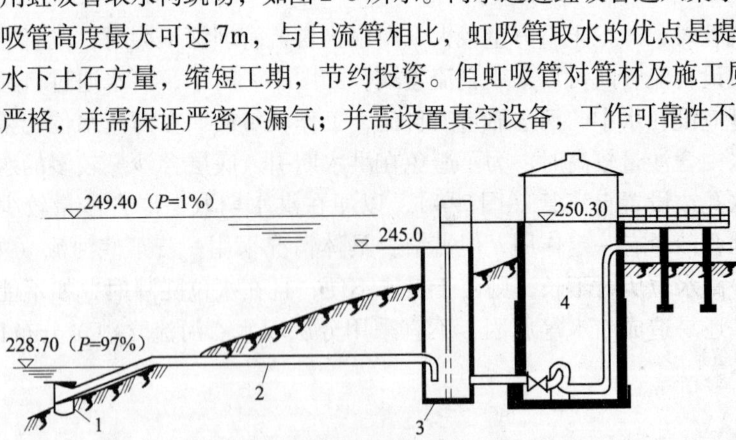

图 2-6 虹吸管取水构筑物
1—取水头部；2—虹吸管；3—集水间；4—泵房

4）直接吸水式

直接吸水式取水构筑物不设集水间，水泵吸水管直接伸入河中取水，如图2-7所示。由于可以利用水泵吸水高度以减小泵房深度，又省去了集水间，故具有结构简单、施工方便、造价较低等特点，中小型取水工程采用较多。在不影响航运时，水泵吸水管可以架空敷设在桩架或支墩上，但因未设集水间格网，吸水头部容易被杂草或其他漂浮物堵塞，故只在水中漂浮物不多，吸水管不长时采用。

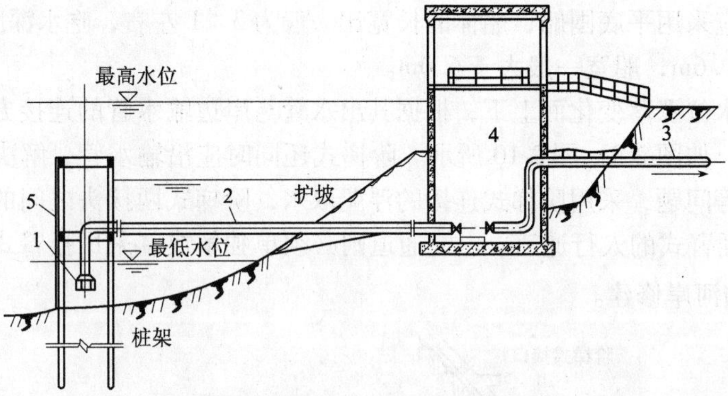

图2-7　直接吸水式取水构筑物

1—取水头；2—吸水管；3—出水管；4—泵房；5—栅条

5）桥墩式

桥墩式取水构筑物建在水中，在进水间的壁上设置进水孔，如图2-8所示。由于取水构筑物建在江内，缩小了水流过水断面，易冲刷附近河床，因此，基础埋深较大，施工复杂。此外，还需设置较长的引桥与岸边连接，故只宜在含沙量较高的河流，取水量较大，岸坡平缓，岸边不建泵房条件的情况下采用。

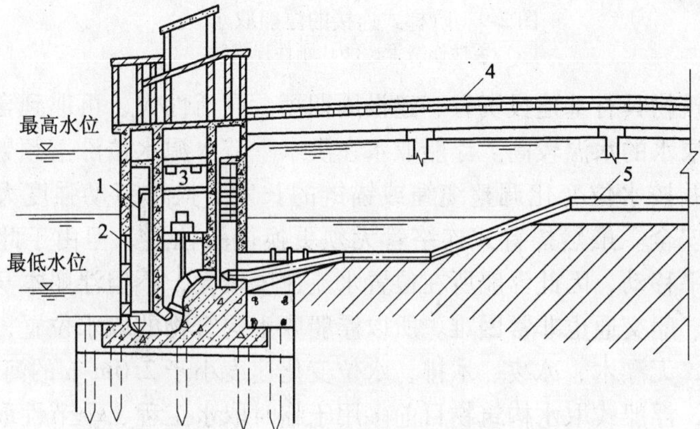

图2-8　桥墩式取水构筑物

1—集水间；2—进水孔；3—泵房；4—引桥；5—出水管

2. 移动式取水构筑物

在下述情况下，可采用移动式取水构筑物：

1）在水流不稳定，河势复杂的河流上取水，修建固定式取水构筑物往往需要进行耗资巨大的河道整治，对于中小型水厂建设比较困难。

2）当某些河流水深不足时，修建取水口会影响航运。

3）有时修建固定式取水构筑物水下工程量大，施工困难，投资较高，而当地施工条件及资金不允许等。

移动式取水构筑物分为浮船式和缆车式两类。

（1）浮船式取水构筑物

浮船式取水构筑物一般应选择在河床较为稳定、河岸坡度大于20°，一般应在30°左右的位置。浮船应采用平底囤船，船体的长宽比一般为3：1左右，吃水深度多为1.0m以内，干舷应大于0.6m，船宽一般大于6.0m。

浮船随水源水位涨落变化而上下，根据其出水管与岸边输水管的连接方式，常见的有阶梯式和摇臂式，如图2-9、图2-10所示。阶梯式还同时应沿输水管，解决人行梯级、接管平台、电缆沟等问题，采用阶梯式连接的浮船取水，阶梯式两接头之间的高差，一般采用1.0~2.0m。摇臂式的人行通道、电缆通道则必须单独解决。采用摇臂式连络管，可在坡度为60°左右的河岸修建。

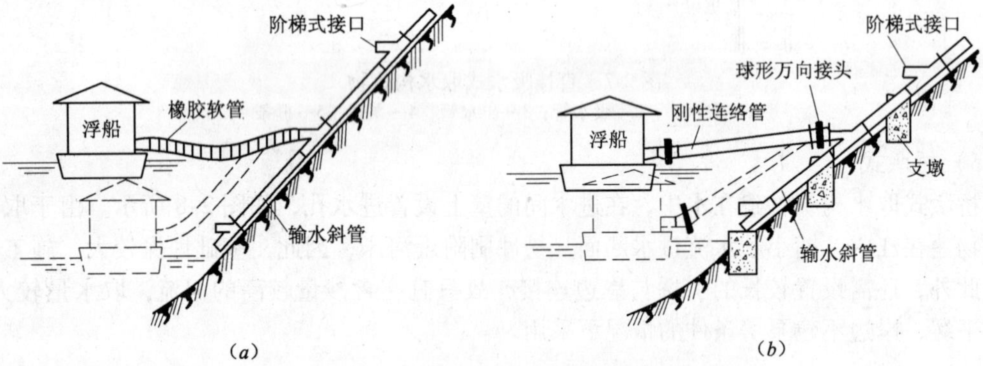

图2-9 阶梯式连接的浮船取水
（a）柔性连络管；（b）刚性连络管

浮船式取水构筑物具有基建投资省、建设周期短、灵活性大、可取到含泥沙量低的表层水等特点，但表层水的水温较高。浮船取水在洪水季节水源水位涨落频繁，因此也需频繁更换接头位置，并按水位变化调整缆绳或锚链的长度，操作劳动强度大，并需停泵断水，从而影响供水安全。虽然摇臂式连络管无须更换接头位置，但由于此时浮船离岸较远，浮船又难以水平移动，因此浮船所在位置水流速度较大，不但浮船本身固定困难，安全性较差，并且岸、船交通也非常困难。所以浮船取水构筑物的取水位置，应选择水流平缓，风浪小无旋流，无漂木、冰凌、木排，水位变化速度小于2.0m/h的河段。

鉴于以上原因，浮船式取水构筑物目前多用于临时取水工程、季节性取水工程和中小型取水工程项目。

（2）缆车式取水构筑物

缆车式取水构筑物是将水泵安装在泵车上，泵车沿在斜坡上铺设的轨道，依靠岸顶上卷扬机上下移动，以适应水源水位涨落的变化的一类取水设施，如图2-11所示。该取水构筑物应选择在河床较为稳定、河岸坡度不大于30°，以20°~25°较为适合的位置。

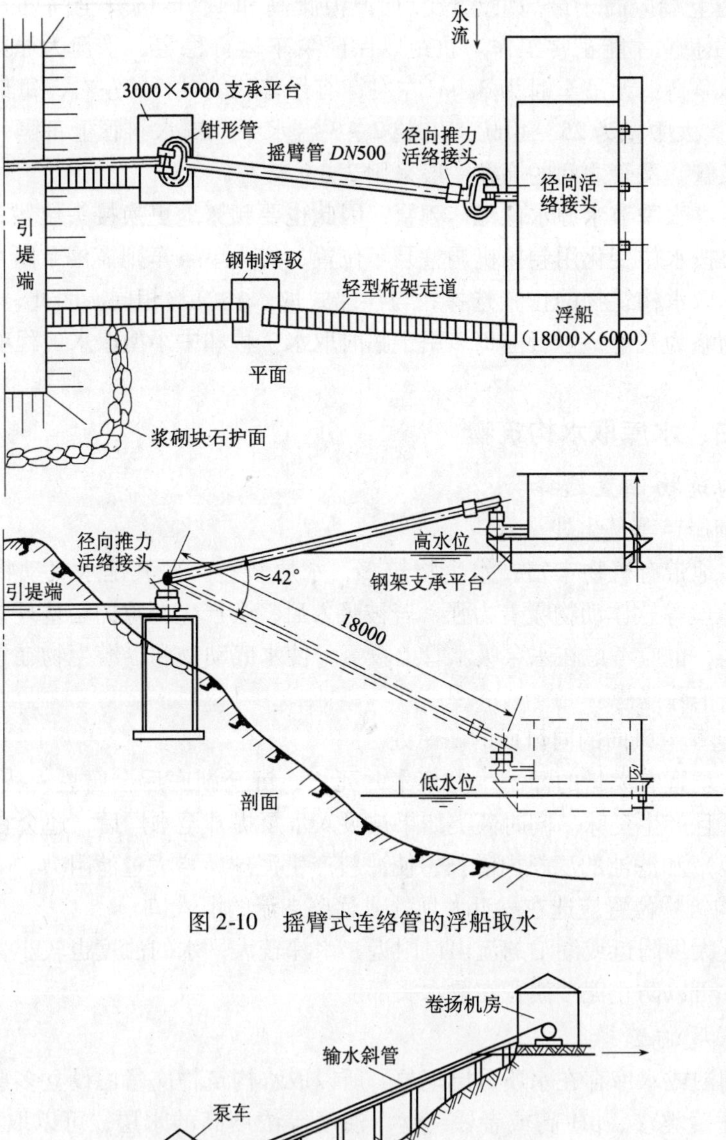

图 2-10 摇臂式连络管的浮船取水

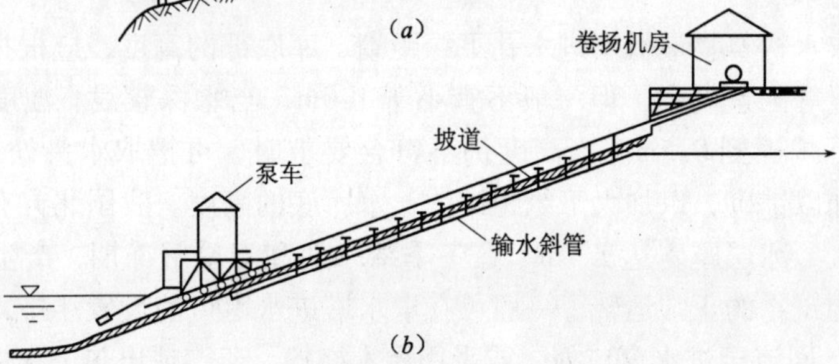

图 2-11 架空斜桥式和斜坡式坡道的缆车式取水构筑物

(a) 架空斜桥式；(b) 斜坡式

缆车轨道的上端应高于最高洪水位、加波浪爬高和1.5m的安全高度。下端必须使水泵在规定的枯水位才能正常工作。轨距以保证泵车运行稳定、平衡为原则，一般采用1.5~4.0m泵车净高：无吊车时为3.0m左右，有吊车时为4.5m左右，每部泵车面积小型为20m^2以下；大中型为25~40m^2，安装2~3台水泵。输水斜管上每隔一定距离设正三通或斜三通叉管，叉管之间的高差一般采用2.0m左右。

缆车取水在洪水季节水源水位涨落频繁，因此也要频繁地更换接头位置，操作劳动强度大。同时还要按水位变化用卷扬机调整泵车位置，如为单泵车则需停泵断水，影响供水安全。所以缆车取水构筑物的位置选择，与浮船式取水构筑物相同。因此，较浮船取水，缆车取水构筑物略为安全，但目前仍多用于临时取水工程和中小型取水工程项目。

2.2.3 湖泊、水库取水构筑物

1. 取水构筑物位置选择

（1）避开湖岸芦苇丛生处

一般在这些地带有机物丰富，水生物较多，水质较差，尤其是水底动物（如螺、蚌等）较多，而螺丝等软体动物吸着力强，若被吸入后将会产生严重的堵塞现象。即使在非芦苇丛生的湖区，也应考虑在水泵吸水管上投氯，使水底动物和浮游生物在进入取水构筑物时即被杀死，消除隐患。

（2）避开夏季主风向的向风面的凹岸处

因为在这些位置有大量的浮游生物聚集并死亡，沉至湖底后会腐烂，从而恶化水质，增加水的色度，且产生臭味。同时藻类如果被吸入水泵提升至水厂后，还会在沉淀池（特别是斜管沉淀池）和滤池的滤料内滋长，使滤料产生泥球，增大过滤阻力。

（3）取水构筑物位置应选在靠近大坝处或远离支流的汇入口

因为在靠近大坝附近或湖泊的流出口附近，水深较大，水的浊度也较小，也不易出现泥沙淤积现象，可以防止泥沙淤积在取水头部。

2. 取水深度的选择

由于深水湖泊或水库存在水质分层现象，所以取水构筑物应考虑设立多层取水孔。分层取水可以避开藻类多、pH高或者铁、锰、浊度等浓度高的水层，可以取得水质较好、水温较为合适的水；湖泊、水库结冰期还可以避开冰层吸取下层的水。分层取水可以降低药耗、氯耗，改善水质。

湖泊、水库取水构筑物最低层进水孔下缘距湖、库底部的高度，应根据湖、库底部泥沙沉积和变迁情况等因素确定，但一般不宜小于1.0m，当水深较浅、浊度不高且取水量不大时，其高度可减少到0.5m。当高度仍不符合要求时，可把取水头处及其周围的湖、库底高程降低并加以铺砌，以加大下缘距湖泊、水库底的高度。我国北方有些地区冰封时间长达7个月之久，冰层厚度达1.7m。在冬季结冰期和春季解冻期，产生的冰凌常常会堵塞或影响取水构筑物的正常运转。一般可在取水塔进水窗口前设置浮排，或利用工业生产热水（冷却水）回流至进水窗口处，或采用橡木格栅、蒸汽或电热进水格栅等。也可采用压缩空气鼓泡法，在取水塔竖井四周，距外壁1.5m处及冰面下2.0m处设置直径为100mm的压缩空气管，通入3.9×10^5Pa的压缩空气，每管的破冰作用半径约为1.5m。

3. 取水构筑物的类型

（1）隧洞式取水和引水明渠取水

在水深大于10m以上的大型水库和湖泊中取水，而且取水量大时采用隧洞式取水和引水明渠取水。

隧洞式取水构筑物可采用水下岩塞爆破法或盾构法施工。这就是在选定的取水隧洞的下游一端先行挖掘修建引水隧洞，在接近湖底或库底的地方须留一定厚度的岩石，即岩塞，最后采用爆破的办法，一次炸除预留的岩塞形成取水口。这一方法，在国内外均获得采用。

此外，我国不少取水工程，如岳阳电厂的芭蕉湖取水工程，宣威电厂的钱屯水库取水工程等还采用了引水明渠的取水方式。

（2）分层取水的取水构筑物

在深水湖泊和水库中取水，为了取得低浊度、无色、无嗅的原水，可采用分层取水的取水构筑物。

深水湖泊或水库在不同季节和不同水深的水质相差较大。例如，在夏秋季节，表层水藻类较多，在秋末这些漂浮生物死亡沉积于库底或湖底，因腐烂而使水质恶化发臭。在汛期、暴雨后的地面径流带有大量泥沙流入湖泊水库，使水的浊度骤增，显然泥沙含量越靠湖底库底越高。如抚顺的大伙房水库，水深0.6m处浊度为16NTU，在水深22.6m处，浊度高达160NTU。

鉴于上述原因，在深水湖泊和水库中取水，应同时设置几排不同水深的取水口，以便随季节变化从不同的水深处取到较好水质的水。

（3）自流管式取水构筑物

在浅水湖泊和水库取水，一般采用自流管或虹吸管把水引入岸边深挖的吸水井内，然后水泵的吸水管直接从吸水井内抽水，泵房与吸水井既可合建，也可分建。图2-12为自流管合建式取水构筑物。

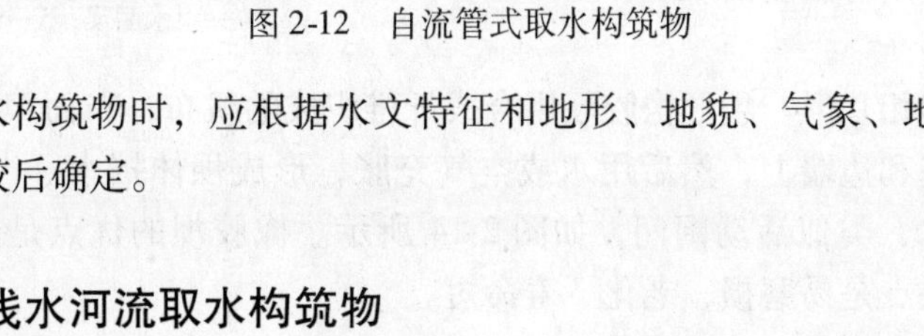

图2-12 自流管式取水构筑物

具体选择取水构筑物时，应根据水文特征和地形、地貌、气象、地质、施工等条件，通过技术经济比较后确定。

2.2.4 山区浅水河流取水构筑物

1. 山区浅水河流的特点

（1）流量和水位变化幅度很大，水位猛涨猛落，但洪水持续时间不长。在枯水期内流量很小，水层很浅。有时出现多股细流，甚至地面断流。暴雨之后，山洪暴发，洪水流量可为枯水流量的数十、数百倍或更大。

(2) 水质变化剧烈。枯水期水流清澈见底。暴雨后，水质骤然浑浊，含沙量大，漂浮物多。雨后水质又恢复清澈。河床常为沙、卵石或岩石组成。

(3) 河床坡度陡、比降大、洪水期流速大、推移质多，粒径大，有时甚至出现1m以上的大滚石。北方某些山区河流冬季潜冰（水内冰）期较长。

2. 山区浅水河流取水方式的特点

山区浅水河流具有与一般平原河流不同，故取水方式也有所不同。

(1) 由于山区河流枯水期流量很小，因此取水量所占比例往往很大，有时高达70%～80%。

(2) 由于平枯水期水层浅薄，因此取水深度往往不足，需要修筑堤坝至高水位，或者采用底部进水等方式解决。

(3) 出于洪水期推移质多、粒径大等原因，修建取水构筑物时，要考虑能将推移质顺利排除，不致造成淤塞或冲击。

根据山区河流取水的特点，取水构筑物常采用低坝式（活动坝和固定坝）或底栏栅式。当河床为透水性良好的砂砾层，含水层较厚，水量较丰富时，亦可采用大口井或渗渠取地下渗流水。

3. 低坝取水

低坝有固定式和活动式两种。

固定式低坝取水枢纽由拦河低坝、冲砂闸进水闸或取水泵站等部分组成，布置如图2-13所示。固定式拦河坝一般做成溢流坝形式，坝高1～2m。坝身一般用混凝土成浆砌块石建造。为了防止溢流坝在溢流时河床遭受冲刷，在坝下游一定范围内需用混凝土或浆砌块石铺筑护坝。护坝上有时设有齿槛、消力墩等辅助消能设施。

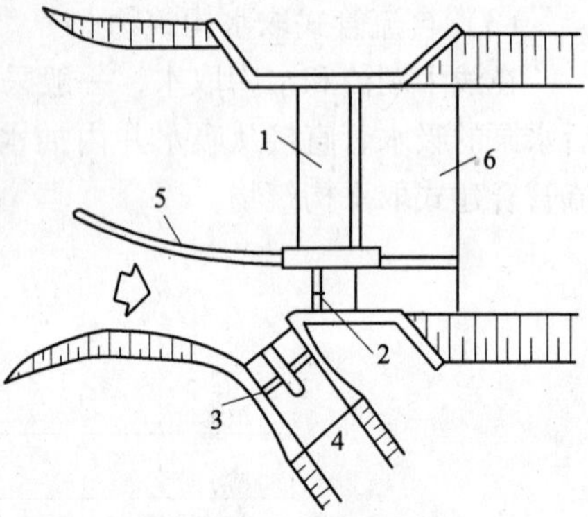

图2-13 低坝取水布置
1—溢流坝（低坝）；2—冲砂闸；3—进水闸；4—引水明渠；5—导流堤；6—护坦

活动坝在洪水期可以开启，所以能减少上游淹没的面积，并且便于冲走坝前沉积的泥沙，因此采用较多。低水头活动坝种类较多，设有活动闸门（平板闸门或弧形闸门）的水闸是其中常用之一，既能挡水，也能引水和泄水。近年来逐渐采用橡胶坝、浮体闸、翻板闸等新型活动坝。

(1) 橡胶坝

橡胶坝有袋形相片形。袋形橡胶坝用合成纤维织成的帆布，布面塑以橡胶粘合成一个坝袋，锚固在坝基和边墙上，然后用水或空气充胀，形成坝体挡水。当水或空气排除后，坝袋坍落便能泄水，类似活动闸门，如图2-14所示。橡胶坝的优点是施工简单，节约投资，管理方便；缺点是易磨损、老化、寿命短。

(2) 浮体闸

浮体闸适用于杂质、泥沙较小的河流。如图2-15所示，它是由一块可以转动的主闸板，两块可以折叠的上、下副闸板，用铰连接起来和闸底板、闸墙，用橡皮等止水设备封闭而成的一个可以折叠的密闭体。主闸板是空心的钢丝网水泥结构，其质量比同体积的水轻。当间腔内充水时，主闸板便绕后铰旋转上升，并带动副闸板同时上升，起挡水作用。当闸腔内的水排出时，上、下副闸板受到上游水压的作用而绕其连接铰折叠，带动主板同时降落，便能泄水。其优点是不需启闭机、工作桥和中墩、投资少、节约材料；管理方便；缺点是闸门检修、闸前淤积，闸腔排泥不易解决。

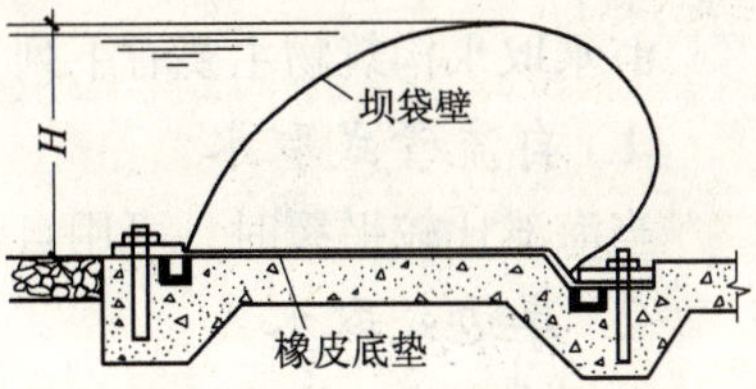

图 2-14　袋形橡胶坝断面

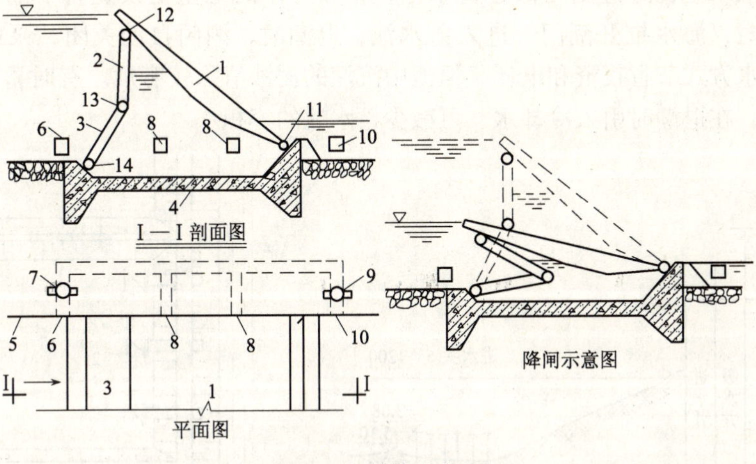

图 2-15　浮体闸布置

1—主闸板；2—上副闸板；3—下副闸板；4—闸板底；5—闸墙；6—进水口；7—进水闸门；8—闸腔进出水口；9—放水闸门；10—放水口；11—后铰；12—顶铰；13—中铰；14—前铰

4. 底栏栅取水构筑物

底栏栅取水构筑物是通过坝顶带栏栅的引水廊道取水的构筑物。由栏河低坝、底栏栅、引水廊道、沉砂池、取水泵站组成。在栏河低坝上设有进水底栏栅及引水廊道。河水流经坝顶时，一部分通过栏栅流入引水廊道，经沉砂池去除大颗粒泥沙后，再由水泵抽走。其余的河水经坝顶溢流，并将大粒径泥沙、漂浮物及冰凌带至下游。

当取水量大，推移质很多时，可在底栏栅一侧设置冲砂室和进水闸（或岸边进水口）解决，如图 2-16 所示。冲砂室用以排泄坝上游沉积的泥沙。进水闸用以在栏栅及引水廊道检修时，或冬季河水较清时进水。底栏栅式取水构筑物应设在河床稳定、顺直、水流比较集中的河段，并避开受山洪影响较大的区域。

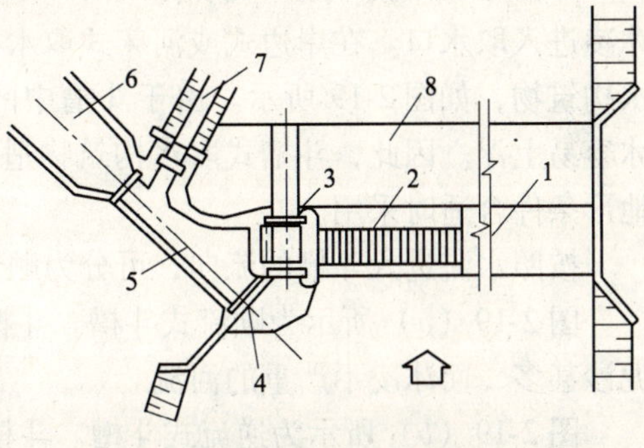
图 2-16　底栏栅式取水构筑物布置

1—溢流坝；2—底栏栅；3—冲砂室；4—进水闸；5—第二冲砂室；6—沉砂池；7—排砂渠；8—防洪护坝

2.2.5 海水取水构筑物

海水取水构筑物主要有下列三种形式：

1. 自流管式取水

当海滩比较平缓时，可用自流管或引水渠引水，如图 2-17 所示。

2. 岸边式取水

在深水海岸，岸边地质条件较好，风浪较小，泥沙较少时，可以选择岸边式取水构筑物，从海岸边取水，或者采用水泵吸水管直接伸入海岸边取水。

3. 潮汐式取水

潮汐式取水是在海边围堤修建蓄水池，在靠海岸的池壁上设置若干潮门，如图 2-18 所示。涨潮时，海水推开潮门，进入蓄水池；退潮时，潮门自动关闭，泵站自蓄水池取水。这种取水方式节省投资和电耗，但池中沉淀的泥沙清除较麻烦。有时蓄水池可兼作循环冷却水池，在退潮时引入冷却水，可减少蓄水池的容积。

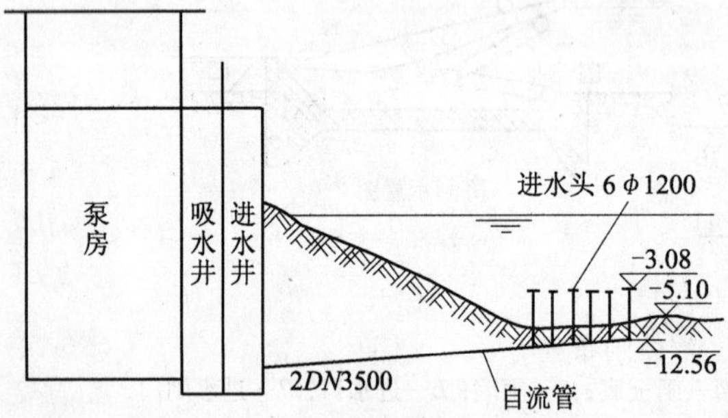

图 2-17 自流管式取水构筑物

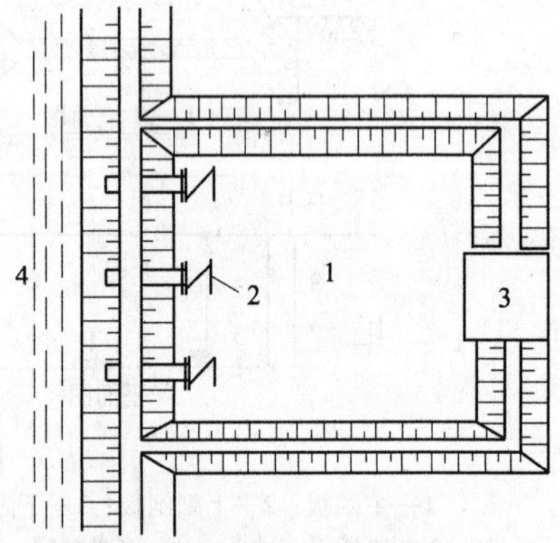

图 2-18 潮汐式取水构筑物

1—蓄水池；2—潮门；3—取水泵房；4—海湾

2.2.6 斗槽式取水构筑物

斗槽是在河流岸边用堤坝围成的，或者是在岸内外挖的进水槽，目的在于减少泥沙和冰凌进入取水口。在岸边式或河床式取水构筑物之前设置“斗槽”进水，称之为斗槽式取水构筑物，如图 2-19 所示。由于斗槽中的流速较小，水中泥沙易于在斗槽中沉淀，水内冰容易上浮。因此，斗槽式取水构筑物适合在河流含沙量大，冰絮较严重，取水量较大，地形条件合适时采用。

按照水流进入斗槽的流向，可分为顺流式、逆流式和双流式。

图 2-19（*a*）所示为顺流式斗槽。斗槽中水流方向与河水流向基本一致，它适用于含泥沙甚多，而冰凌不严重的河流。

图 2-19（*b*）所示为逆流式斗槽。斗槽中水流方向与河水流向基本相反，它适用于冰凌严重，而泥沙较少的河流。

图 2-19（*c*）所示为双流式斗槽，适用于河流含沙量很大而冰凌严重时采用。当洪水季节含沙量大时，可开上游端闸门顺流进水。当冬季冰凌严重时，可开下游端闸门，逆流进水。

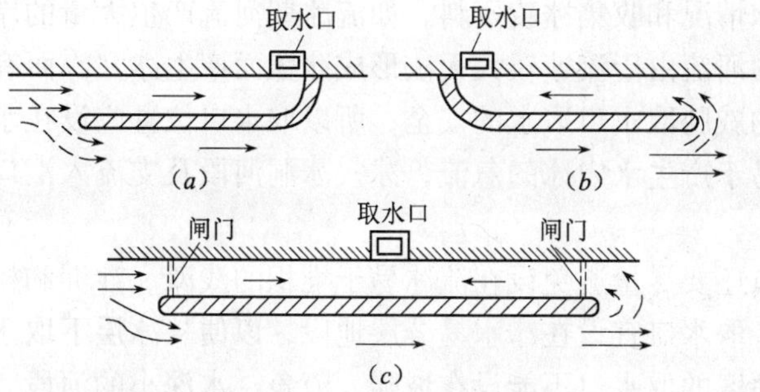

图 2-19 斗槽式取水构筑物
(a) 顺流式斗槽；(b) 逆流式斗槽；(c) 双流式斗槽

根据斗槽式取水构筑物的设计经验，该类构筑物能减少泥沙及防止冰凌的危害。如：建在黄河某工程的双向斗槽式取水构筑物，在冬季运行期间，水由斗槽式下游闸孔进水，斗槽内约99%面积被冰冻，冰厚达40～50cm，冰水在冰盖下流入泵房进水间，而槽内无冰凌现象。

2.2.7 寒冷地区取水构筑物

1. 寒冷地区取水构筑物主要形式及其取水口位量选择

(1) 取水构筑物主要形式

除受冰冻影响外，寒冷地区取水构筑物设计中应考虑的问题与一般地区取水构筑物基本相同。

1) 取水构筑物首先要考虑工作安全可靠以保证连续供水和取得较好的水质。

2) 除了根据长期的观测资料，正确选择取水口位置外，还应考虑取水量和水质要求、河床地形及地质要求、河床冲淤变化规律、水深与水位变幅、航运和施工条件，更要注意冰冻的影响。

3) 通过工程方案的技术经济比较确定取水构筑物的类型，在确保安全可靠的前提下，力求做到技术先进，施工方便，经济合理。

寒冷地区取水构筑物的主要形式为固定式取水构筑物，以河床式取水构筑物居多。取水形式有自流管式取水、水泵吸水管直接取水、虹吸管取水，其取水头部主要形式为自流式的各种形式的淹没式取水箱。取水箱外形有船形、圆形、棱形、方形，多是两侧或四周设带格栅的进水窗进水，或通过埋在碎石卵石级配的带孔眼（圆形或方形孔）进水箱取水。

水库取水是寒冷地区最好的取水形式。这种取水形式可以分层取水，防止或减少冰絮漂浮物，也可降低进水浊度。隧洞式取水口采用岩塞爆破施工，投资少，效率高，适用于已建水库取水。取水口可在冲砂闸上方做进水闸将水引入取水泵房吸水井，也可在冲砂间上游岸边建取水泵房，将河水引入集水井或取水箱，不论采取那种形式均应采取防冰、排冰的措施。

(2) 取水口位置选择

在北方寒冷地区的河流上设置取水口应重视河流冰凌这一特有的水文特征。由于各地水文和气象条件不同，河流的冻结冰厚、解冻情况差异亦很大。因此选择取水口位置时，必须了解河流的结冰情况和收集冰凌资料，如流冰期河流产生大量的岸底冰和水内冰，经常堵塞取水口，有的河流由于流速较大无法形成冰盖而产生冰穴，而有的河流产生冰坝及冰塞等。以上情况均威胁取水口取水的安全，所以取水口位置应设在水内冰较少和不受冰块冲击的地点，在易于产生水内冰的急流，冰穴冰洞河段及支流入汇口的下游处均不宜设置取水口。

寒冷地区取水口还要尽量避免设在流冰易于堆积的浅滩、沙洲和桥孔的上游附近，在水内冰较多的河段，取水口宜设在冰水易分层地段，以便从冰层下取水，而不宜设在冰水混杂的地段。严寒地区的取水口不能设在坡陡、流急、水深小的河段。要求流速不宜过大（宜为2~3m/s），水深不宜过小（0.5~0.6m），否则在这种河段水内冰不能浮起，结不成冰盖，不封冻，大量的冰花呈冰絮状或冰球，威胁取水安全。

取水构筑物淹没进水孔上缘在最低水位下的深度应根据河流的水文、冰情和漂浮物等因素通过水力计算确定。

严寒地区要求各种取水口上缘距冰盖距离不小0.5~1.0m。因此，多数情况下，冰盖距最低河水位距离为0.3~0.5m，取水口下缘距河床底不小于0.5~0.8m，在河床推移质泥沙量较大时，此距离还应适当加大。

2. 寒冷地区设计取水构筑物应注意的问题

（1）漂浮物及冰凌严重的河流最好选用岸边取水，不宜选用自流管式、水泵直吸式及虹吸管式取水。但岸边取水构筑物在进水口处要采取防冰破冰措施。

（2）在北方严寒地区的河流取水，为防止流冰期冰块的撞击，可在取水构筑物上游设置破冰凌设施，如导凌排等。

（3）逆流斗槽取水构筑物适于寒冷地区取水。逆流进入斗槽内的水流方向与河流水流方向相反，河流中水流顺着堤坝流到斗槽进口处时，由于水流的惯性作用，使斗槽进口处产生抽吸作用，使该进水口处水位低于河流水位，进入斗槽的是大量河流底层水，因此当冬春季冰破严重时，逆流斗槽能减少漂浮物及冰凌进入斗槽内的数量，同时，由于斗槽中流速较小，部分潜冰上浮，从而可以获取冰凌较少的原水。所以在泥沙含量不大而冰情十分严重的河流中取水，以选用逆流式斗槽为宜。

第3章　小城镇地下水资源与取水

3.1 地下水资源概述

3.1.1 地下水资源的循环及其在我国的分布

1. 地下水资源形成

地下水是指埋藏在土壤、岩石的孔隙、裂隙和溶隙中各种不同形式的水。随着社会经济的飞速发展，水资源与能源、人口、生态环境等已成为世界各国普遍关注的重大问题。在我国，水资源已成为城市建设规划、工农业生产布局及国土整治规划的制约条件之一。而地下水资源是我国水资源的重要组成部分，特别是在地表水资源相对贫乏的干旱、半干旱地区，地下水在保证居民生活用水、社会经济发展和生态环境平衡等方面起着不可替代的作用。

自然界中的水存在于大气层（大气圈）、地表（水圈）及地壳（岩石圈），分别称为大气水、地表水和地下水。三者是互相联系的一个整体，并且在一定的条件下互相转化。它们之间的联系，从宏观上看，表现为水的水文循环；海洋和陆地表面的水由太阳热作用蒸发成水汽进入大气，大气中的水汽随气团移至上空并凝结成降水而落到地面（部分直接降到海面），大气降水一部分形成地表径流入海，一部分蒸发直接返回大气，另一部分渗入地下被含水层贮存、调节或转输，形成所谓的地下水。地下水又由于地下自然径流、植物蒸散或人类活动而重返地表或大气，处于动态平衡状态，这种循环对地下水的形成具有决定性的意义。

2. 地下水的循环

地下水循环是指地下水的补给、径流和排泄过程。地下水是自然界水循环的组成部分，不论是全球的大循环还是陆地的小循环，地下水的补给、径流、排泄都是其中的一部分。大气降水或地表水渗入地下补给地下水，地下水在地下形成径流，又通过潜水蒸发、流入地表水体及泉水涌出等形式排泄。这种补给、径流、排泄不断往复，形成了地下水的循环。

地下水补给—径流—排泄的方向主要有两种，一是垂直方向循环，即大气降水、地表水渗入地下，形成地下水，地下水又通过包气带蒸发向大气排泄，如潜水的补给与排泄；二是水平方向循环。含水层上游得到补给形成地下水，在含水层中长时间长距离地径流，而在下游的排泄区排出地表，如承压水的补给与排泄。实际上，在陆地的大多数情况下，二者兼有之，只不过不同地区以某种方向的运动为主而已。

地下水的天然补给量有：大气降水的入渗、地表水的入渗、地下水上游的侧向流入；人工补给地下水有：农田灌溉水的入渗、人工回灌地下水等。天然的地下水排泄方式有：

地下水潜水蒸发、泉水排出、地下水流向河渠、地下水向下游径流流出等；人工排泄方式主要是打井挖渠开采地下水。地下水的循环直接影响着地下水的贮存和径流以及地下水的资源量。

人工开采水量是地下水排泄的最主要因素之一。当过量开采地下水，使地下水排泄量远大于补给量时，地下水平衡就会遭到破坏，造成地下水位长期下降。只有合理开发地下水，当开采量等于地下水总补给量与总排泄量差值时，才能保证地下水的动态平衡，使地下水处于良性循环状态。但通过多年观测发现，地下水循环具有较强的调节能力，存在着年际间的“排—补—排—补”的周期性变化。只要不是超量开采地下水，在枯水年就可以允许地下水有较大幅度的下降，待到丰水年地下水可得到补充，恢复到原来的平衡状态。这就体现出了地下水资源的可恢复性。

地下水的循环可以促使地表水与地下水的相互转化。在天然状态下，在枯水季节，河流水位低于地下水位，河道成为地下水排泄通道，地下水转化成地表水；在洪水期，河流水位高于地下水位，河道中的地表水渗入地下补给地下水。在大的区域内，河流上游是地下水补给河水，而下游则是河水补给地下水。平原区浅层地下水，通过蒸发进入大气，又以降水的形式形成地表水，并渗入地下形成地下水。在人类活动的影响下，这种转化往往会更加频繁和深入。

3. 地下水资源分布

我国可更新的淡水资源量为$8700\times10^8m^3/a$，微咸水$200\times10^8m^3/a$，地下水淡水开采资源为$2900\times10^8m^3/a$（其中宜井区的地下水开采资源约$2390\times10^8m^3/a$）。微咸水开采资源$120\times10^8m^3/a$。平原区（含盆地）地下水储存量约23亿m^3。

我国地下水分布区域性差异显著。北方十五个省（区），总面积约占全国面积的60%，地下水资源资源量约占全国地下水资源总量的30%，但地下水开采资源约占全国地下水开采资源量的49%。就区域水文地质条件而言，中部的秦岭山脉是我国地下水不同分布规律的南北界线。南北分布不同的地下水类型，在东西方向上又有明显的变化。

（1）我国南部和北部即昆仑山—秦岭—淮河一线以北大型盆地，是松散沉积物孔隙水的主要分布区。盆地面积较大，松散沉积巨厚，蕴藏有较丰富的地下水，而南部的广大地区，多为小型山间盆地，分布面积小，沉积较薄。除南北分布明显不同外，我国北方各大型盆地中的松散沉积孔隙水分布，自西向东又有明显差异，在西部各内陆盆地中，由于盆地四周高山区年降水量大、终年积雪融化，使得盆地边缘山前地带巨厚的砂砾石层蓄水与径流条件良好，成为良好的地下水补给源；而盆地中部多为沙丘所覆盖，气候干旱，极为缺水；盆地东部分布着辽阔的黄淮海平原、松辽平原及长江三角洲平原为目前我国地下水资源开发利用程度较深的地区。该地区沉积层巨厚、地下水蕴藏丰富、富水程度相对均匀。在东部和西部之间的黄河中游地区分布着黄土高原黄土孔隙水。

（2）基岩裂隙水分布面积较广，在北方侵入岩裂隙水分布面积大，南方除在东南沿海丘陵地区分布外，其余呈零星分布。从东西方向上看，东部沿海及大、小兴安岭等广大地区，表层风化裂隙的风化壳厚度一般约10~30m，因此地下水主要贮存于浅部，其富水程度较弱，仅风化程度较强，构造破碎剧烈的地带蕴藏有丰富的地下水。

在西北干旱地区的高山地带，山区降水量大，对基岩裂隙水的渗入补给量较大，这对山区供水和盆地周边山前地带地下水的补给具有重要意义。

（3）在阿尔泰山和大兴安岭北端的南纬度地区有多年冻土分布，并随着我国西部地区地势由东向西逐步增高，西部青藏高原出现世界罕见的中低纬度高原多年冻土区地下水。

3.1.2 地下水资源类型及特点

自然界的地下水因其成因、贮存范围、埋藏条件、运动状态、水力特征、化学成分等的不同，而具有各自不同的特点。因此，采用的勘探手段、地下水取水构筑物的形式、地下水资源计算评价方法，也不尽相同。可见，对地下水的分类及其特征的研究是地下水资源取水工程的重要课题。

地下水资源包括上层滞水、潜水（无压地下水）、承压水（自流水）。

1. 上层滞水

上层滞水指存在于包气带中局部隔水层或弱透水层上具有自由水面的重力水，如图3-1所示。

上层滞水距地表近，补给区和分布区一致。接受当地大气降水或地表水的补给，以蒸发的形式排泄。上层滞水一般含盐量低，但易受污染。上层滞水分布范围有限、厚度小、水量小、具有明显的季节性，只能作为小型或暂时性的供水水源。

2. 潜水

饱水带中自地表向下第一个具有自由水面的含水层中的重力水，称为潜水，如图3-1所示。它多贮存在第四系松沉积地层中，也可形成于裂隙性或可溶性基岩中。

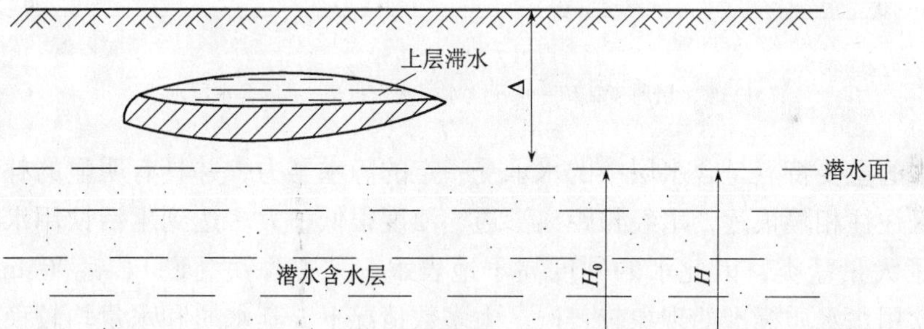

图 3-1　上层滞水和潜水

Δ—潜水埋藏深度；H_0—潜水含水层厚度；H—潜水位

潜水在重力作用下自水位高处向水位低处流动，形成潜水流。如遇大面积的不透水底板呈下凹状态，潜水面坡度近于零，潜水几乎静止不动，可形成潜水湖。潜水与承压水相比较，主要表现出以下两大基本特点：

（1）由于潜水面上没有稳定的隔水层，潜水面通过包气带中的孔隙与大气相连通，潜水面上任一点的压强等于大气压强，所以潜水面不承受静水压力。而且一般情况下，潜水分布区与补给区基本一致。

(2) 潜水含水层通过包气带与地表水及大气圈之间存在密切联系，因此受外界气象、水文因素的影响很大，动态变化比较大，呈现明显的季节变化。丰水季节潜水补给充足，贮量增加，潜水面上升，厚度增大，埋深变浅，水质冲淡，矿化度降低；枯水季节，补给量减少，潜水位下降，埋深加大，水中含盐量浓度增大，矿化度提高。

3. 承压水

充满埋藏于地下一定深度两个隔水层之间的含水层中具有静水压力的地下水，称为承压水，如图3-2所示。承压水共有上下两个隔水层，上面的称为隔水顶板，下面的称为隔水底板。顶、底板之间的垂直距离为含水层厚度。当水井揭穿顶板后，水位将升到含水层顶板以上某高度后稳定下来，稳定水位高出含水层顶板底面的距离称承压水头，当承压水头足够大时，水能喷出地表形成自流井。

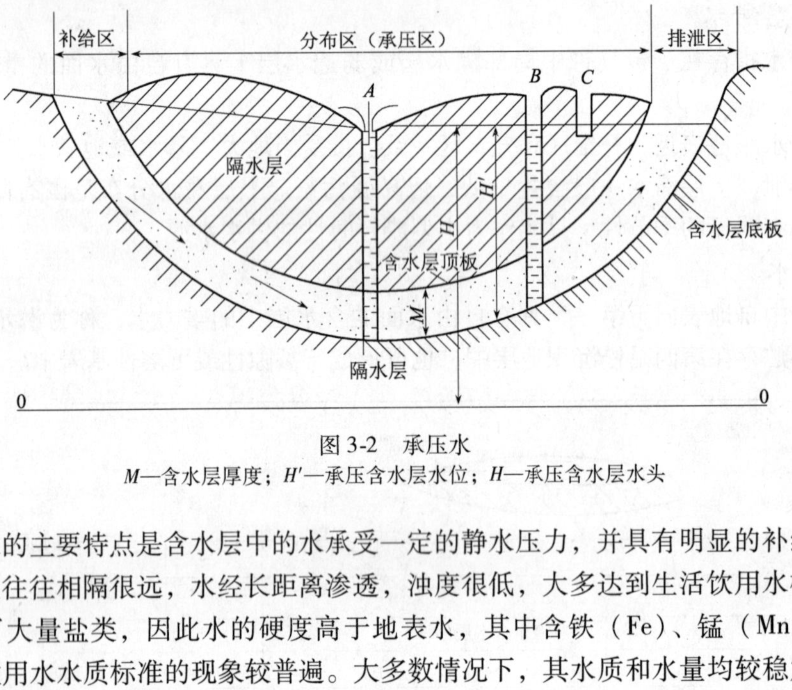

图3-2 承压水

M—含水层厚度；H'—承压含水层水位；H—承压含水层水头

承压水的主要特点是含水层中的水承受一定的静水压力，并具有明显的补给区，承压区和排泄区往往相隔很远，水经长距离渗透，浊度很低，大多达到生活饮用水标准。但它也常溶解了大量盐类，因此水的硬度高于地表水，其中含铁（Fe）、锰（Mn）、氟（F）的量超过饮用水水质标准的现象较普遍。大多数情况下，其水质和水量均较稳定，且适宜作为城镇给水水源。

3.1.3 地下水资源的化学特性

大部分地区的地下水由于受形成、埋藏和补给等条件的影响，具有水质澄清、水温稳定、分布面广等特点。尤其是承压地下水（层间地下水），其上覆盖不透水层，可防止来自地表的渗透污染，具有较好的卫生条件。但地下水径流量较小，矿化度和硬度较高，部分地区可能出现矿化度很高或其他物质如铁、锰、氟、氯化物、硫酸盐、各种重金属或硫化氢的含量较高的情况。

1. 地下水化学类型

我国地域辽阔，地质及自然条件复杂，且其组合也多种多样，致使不同地区的地下水化学成分千差万别。我国浅层地下水化学类型，以矿化度指标划分可分成六种类型，即淡水、咸水、盐水、卤水、浓卤水及特种水，见表 3-1。由于我国各盆地地下水具有从浅部到深部矿化度逐渐增高、水化学类型由重碳酸盐型过渡到硫酸盐及氯化物型的水化学垂直分布的特点，因此以矿化度为主要指标，结合地下水化学类型及微量元素的含量，也可以将盆地地下水分成五个水化学带，即淡水带、咸水带、盐水带、卤水带及浓卤水带。

我国浅层地下水化学类型 **表 3-1**

类型	化学成分形成作用	矿化度（g/L）		水化学类型	用途
淡水	溶滤	<1		HCO_3-Ca	适于饮用及工农业用水
咸水	溶滤—盐化作用为主	1 ~ 10	1 ~ 3	HCO_3 · SO_4-Na HCO_3 · Cl-Na · Ca Cl · HCO_3-Ca · Mg	在缺水区仍可作饮用水及畜牧用水
			1 ~ 5	SO_4 · Cl-Na · Ca Cl · SO_4-Ca · Mg	在干旱区可供畜牧用水
盐水	浓缩	10 ~ 50		Cl-Na	
卤水	浓缩	50 ~ 20		Cl-Na	
浓卤水	浓缩	>200		Cl-Na	
特种水	藏北湖区矿化度不等的硫酸、氯化物类型的水属于此类				

2. 地下水水质

地下水水质是指水和其中所含的物质组分所共同表现的物理、化学和生物学的综合特征。各项水质指标则表示水中的种类、成分和数量，是判断水质的具体衡量标准。地下水中物质成分来源主要是由贮存于岩石圈中的地下水不断与岩土发生化学反应，并在大气圈、水圈和生物圈进行水量交换而形成的，人类活动对地下水所含物质组分的改变与影响呈日益加剧的趋势。

2006 年，对北京、辽宁、吉林、黑龙江、上海、江苏、海南、甘肃、青海、宁夏 10 个省（自治区、直辖市）776 眼地下水监测井的监测资料进行了评价。评价结果表明，水质适合于各种使用用途的Ⅰ~Ⅱ类水井占监测井总数的 10.1%，适合集中式生活饮用水水源及工农业用水的Ⅲ类水井占 28.6%，适合除饮用外其他用途的Ⅳ~Ⅴ类水井占 61.3%。

3.2 地下水取水

3.2.1 地下水水源的选择

根据我国的工程实践经验，选择地下水水源时应注意以下原则：

首先，应选水质良好、便于防护、水量充沛可靠的水源。对水源水质而言，生活饮用水源要符合《城市供水水质标准》（CJ/T 206—2005）中关于水源水质的规定；工业企业生产用水的水源水质则随生产性质与生产工艺要求而定。对于水源水量而言，设计保证率除满足当前生活、生产需要外，还应考虑发展的需要。地下水源的取水量应不大于其允许开采贮藏量，严禁盲目开采。

其次，符合卫生要求的地下水，可优先考虑作为生活饮用水源。考虑开采和卫生条件，采用地下水源时，通常按“泉水、承压水、潜水”的顺序考虑。对工业企业生产用水而言，如水质、水量符合要求，经充分的技术经济论证及有关部门批准后，也优先考虑采用地下水源。

采用不同类型的水源所需费用变化情况很复杂，所以在工程实际中，当考虑建立较大规模的地下水源时应结合具体条件进行深入的技术经济分析。例如，当取水规模很小时，地下水源的单位投资低于同等规模地表水源取水构筑物的单位投资；反之，则高于同等规模地表水源的单位投资；另一方面，从整个系统分析，采用地下水源时可能会引起系统投资的节约。但是考虑到，当地下水源比较分散、地下水取水构筑物的使用年限短、井泵的效率较低，由此而增加的运行管理费用可能超过因采用地下水源而节约的运行管理费用（如处理、输配水系统的运行管理费）时，应通过常年费用分析法等手段进行适当的技术经济比较后作出正确的判断。根据我国的工程实践经验，当取水规模超过一定范围后采用地下水源很可能是不经济的。从技术上讲，采用地下水源，由于水源过多且过于分散，给水系统的组成和管理可能较为复杂。此外，如果再考虑各种自然、规划条件，特别是城市工业与农业在用水和用地上的矛盾，情况也会相当复杂。

选择水源时须全面考虑统筹安排。正确处理给水工程同有关部门，如工业、农业、水力发电、航运、环境保护等方面的关系，以求合理地综合开发利用水资源。

除上述方面外，选择水源时还应密切结合工业总体布局、城市近远期规划要求并考虑取水工程本身和其他各种具体条件，如水文地质、地形、人防卫生、施工、运行管理等有很大的实际意义。

3.2.2 地下水取水构筑物概述

由于地下水的类型、埋藏深度、含水层性质各不相同，所以开采收集地下水的方法也就不同，取水构筑物的类型也各异。开采收集地下水的构筑物有管井、大口井、辐射井、复合井及渗渠等。用于开采和集取地下水的取水构筑物很多，每种形式的取水构筑物，又因水文地质条件、施工方法、抽水设备、材料不同而有各种各样的构造。

1. 地下水取水构筑物的设计

（1）设计原则

1）设计前应进行供水水文地质勘察工作，之后按照我国《供水水文地质勘察规范》（GB 50027—2001）地下水取水构筑物设计，特别是大型地下水工程，应在取得勘探阶段的资料后进行。

当水源地的水文地质条件简单，现有资料较多，且需水量较小，可直接按勘探开采井设计施工。

2）地下水取水构筑物设计与施工，应取得当地有关管理部门的批准。

3）地下水的开采量（包括水源地已开采量），应小于水源地的地下水允许开采量。

4）地下水取水构筑物的设计出水量，应以枯水季节为准。

5）在地下水开采漏斗范围内，应尽量避免污染地下水水质的设施。

（2）设计资料收集与现场踏勘

1）设计资料收集

设计前需收集的资料有：供水水文地质勘察报告书首先应收集以下资料：当地的水

文资料，包括河流的流量、流速、水位、含沙量、河道的变迁和淤积等；当地的气象资料，包括气温、湿度、降雨量、蒸发量、北方地区的冻土深度等；水源地地下水的开采现状和开采动态、已有地下水取水构筑物的运行情况和运行参数、地下水长期观测资料等；水源地及周边的污染源情况等。

2）现场踏勘

设计前现场踏勘的目的在于：实地核实引用的设计资料；了解现场施工条件，如现场的施工用水、用电、运输、器材供应等；继续收集水源地及周边的有关资料。

2. 地下水取水构筑物的类型

由于地下水类型、埋藏深度、含水层性质等各不相同，开采和汲取地下水的方法和取水构筑物形式也各不相同。取水构筑物有管井、大口井、辐射井、复合井及渗渠等类型，最为常见的是管井。管井用于开采深层地下水，深度多在 200m 以内，但最大深度也可超过 1000m。大口井广泛应用于汲取浅层地下水，含水层厚度在 5 ~ 20m 之间。辐射井由集水井和若干水平铺设的辐射形集水管组成，一般用于取集含水层厚度较薄而不能采用大口井的情况。当含水层厚度薄、埋深大、不能用渗渠开采时，也可采用辐射井，故辐射井适应性较强，但施工较困难。复合井是大口井与管井的组合，上部为大口井，下部为管井。复合井适用于地下水位较高、厚度较大的含水层，在一些需水量不大的小城镇和不连续供水的铁路给水站中被较多地应用。有时在已建大口井中再打入管井成为复合井以增加井的出水量和改善水质。渗渠可用于取含水层厚度在 4 ~ 6m、地下水埋深小于 2m 的浅层地下水，也可取季节性河流河床地下水或地表渗透水，在我国东北和西北地区应用较多。

3.2.3 管井

1. 管井的形式与构造

管井又称机井，是地下水构筑物中应用最广的一种，适用于各种岩性、埋深、厚度和多层次的含水层。但细粉砂地层中易堵塞、漏砂；含铁的地下水中，易发生化学沉积。按其过滤器是否贯穿整个含水层，分为完整井和非完整井，如图 3-3 所示。

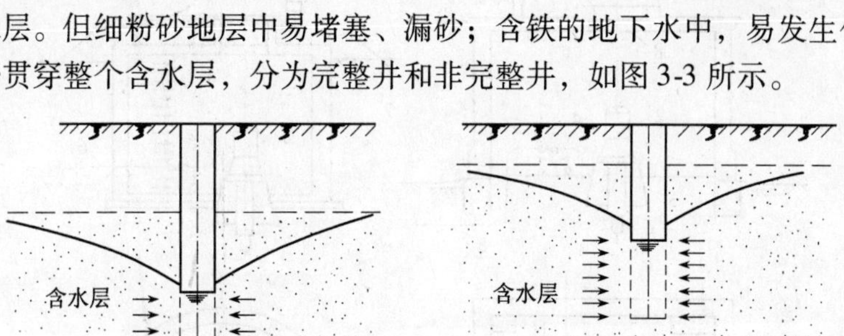

图 3-3　管井
(a) 完整井；(b) 非完整井

管井由井室、井壁管、过滤器及沉淀管等组成，其构造如图 3-4 所示，其井壁和含水层中进水部分为管状结构。

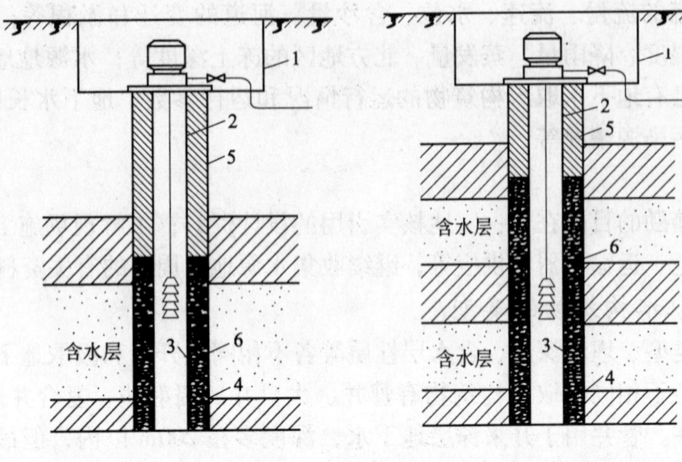

图 3-4 管井的一般构造

(a) 单层过滤管井；(b) 多层过滤管井

1—井室；2—井壁管；3—过滤器；4—沉淀管；5—黏土封闭；6—规格填砾

(1) 井室

井室位于最上部，用来保护井口免受污染，放置设备，进行维护管理。因此对于有抽水设备的井室，需有一定的采光、采暖、通风、防水及防潮设施。

井室形式的决定因素有抽水设备（主要因素）、气候、水源地卫生条件。

自流井或虹吸方式取水的管井，无需在井口设置抽水设备，井室多设于地面下，其结构类似于一般给水阀门井。

深井水泵的管井，井室一般为深井泵站。深井泵站有地面、半地下或地下三种形式。地面式和地下式深井泵站的布置见图 3-5。

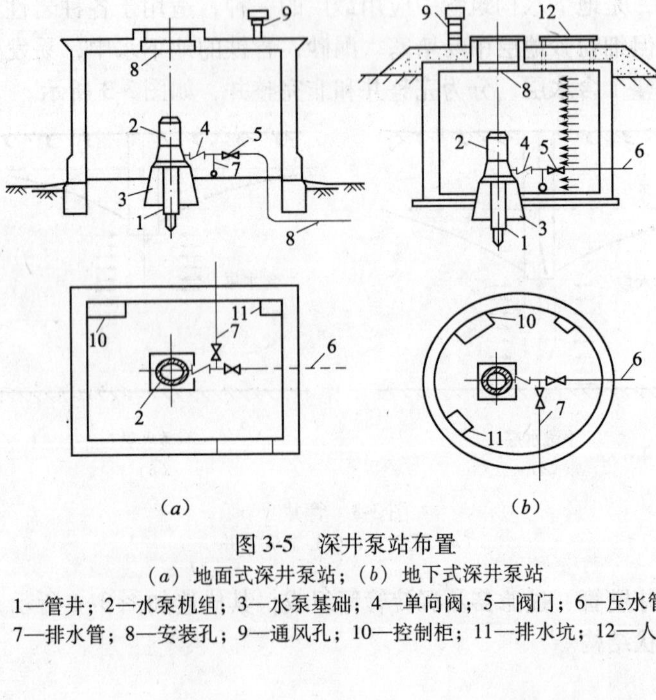

图 3-5 深井泵站布置

(a) 地面式深井泵站；(b) 地下式深井泵站

1—管井；2—水泵机组；3—水泵基础；4—单向阀；5—阀门；6—压水管；7—排水管；8—安装孔；9—通风孔；10—控制柜；11—排水坑；12—人孔

当管井采用深井潜水泵时，还可简化井室构造，如图3-6所示。

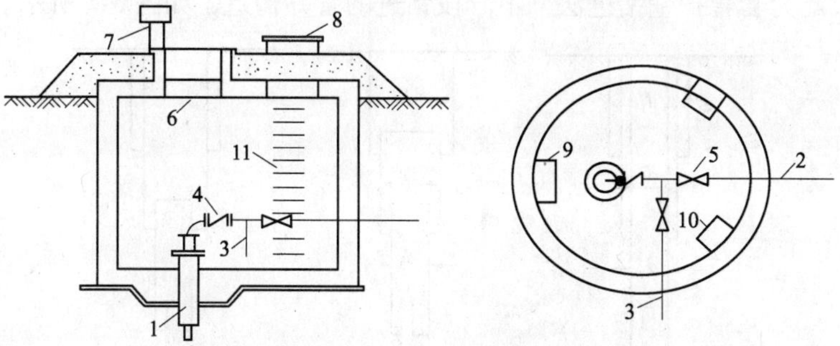

图3-6　地下式深井泵站

1—管井；2—压水管；3—排水管；4—单向阀；5—阀门；
6—安装孔；7—通风孔；8—人孔；9—控制柜；10—排水坑；11—攀梯

采用卧式水泵的管井，其井室可以与泵站分建或合建。前一种情况的井室形式类似于自流井井室；后一种情况的井室，即为卧式泵站，构造按一般泵站要求确定。装有空气扬水装置的管井，井室与泵站分建。

（2）井壁管

设置井壁管的作用是加固井壁、隔离水质不良的或水头较低的含水层。井壁管应有足够的强度，使其能够经受地层和人工填充物的侧压力，且应不弯曲，内壁光滑、圆整以利安装抽水设备及井的清洗、维修。

井壁管可以是钢管、铸铁管、钢筋混凝土管、石棉水泥管、塑料管等。一般情况下，钢管适用的井深范围不受限制，但随着井深的增加应相应增大壁厚。铸铁管一般适用于井深小于250m范围，它们均可用管箍、丝扣或法兰连接。钢筋混凝土管应用深度不得大于150m，常用管顶预埋钢板圈焊接连接。井壁管直径应按水泵类型、吸水管外形尺寸等确定。当采用深井泵或潜水泵时，井壁管内径应大于水泵井下部分最大外径100mm。

井壁管的构造与施工方法、地层岩石稳定程度有关，一般有两种情况：

1）分段钻进时井壁管的构造

分段钻进法，如图3-5（a）所示。开始时钻进到h_1的深度，孔径为d_1，之后下入井壁管管段1，这一段管也称导向管或井口管，用以保持井的垂直钻进和防止井口坍塌。然后将孔径缩至d_2，继续钻进到h_2深度，下入管段2。接着再将孔径减小到d_3继续钻进到含水层底板，下入管段3，放入过滤器4。最后，将管段3拔起使过滤器露出，并在井内切短管段3。同样，也将管段2在井内切短。井壁管最后的构造如图3-5（b）所示。两井壁管段应重叠3～5m，用水泥封填其环形空间。每段井壁管的长度由钻机能力和地层情况决定，一般约为几十米至百米，有时可达几百米。相邻两段井壁管口径相差约50mm。因此，此类井壁管的构造适用于深度很大的管井。

2）不分段钻进时井壁管的构造

在井深不大的情况下，不进行分段钻进，而采用一次钻进的方法，称泥浆护壁钻进法；当井孔地层较稳定时，在钻进中一般利用泥浆或清水对井壁施加静压力，使井孔保持稳定，称清水护壁钻进法。在钻到设计深度后，取出钻杆钻头，将井管一次下入井孔内，然后在过滤器与井孔之间填砾石，并用黏土封闭。当井孔地层不稳定时，则随钻进同时下套管，以防井孔坍塌。当钻到设计深度后，将井管一次下入套管内，并填砾。最后拔出套管，并封闭。此为套管护壁钻进法。不分段钻进的管井构造，如图3-7所示。

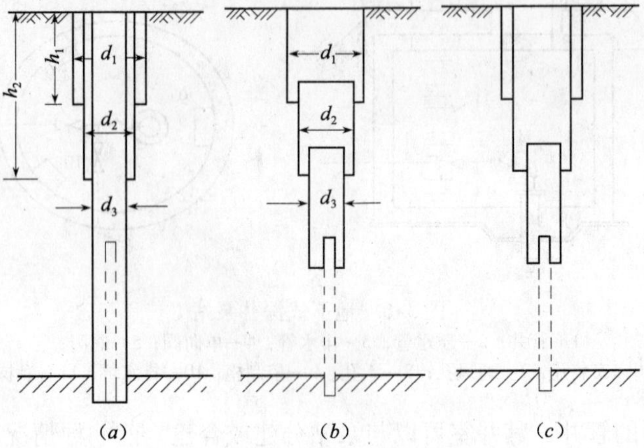

图3-7　分段钻进时井壁管的构造

3）过滤器

过滤器是管井最重要的组成部分，安装于含水层中，用以集水和保持填砾与含水层的稳定。过滤器应有足够的强度和抗蚀性；具有良好的透水性；能保持人工填砂和含水层的渗透稳定性。

常用过滤器有：钢筋骨架过滤器，圆孔、条孔过滤器，缠丝过滤器，包网过滤器，填砾过滤器，砾石水泥过滤器。

4）沉淀管

沉淀管接在过滤器的下面，用以沉淀进入井内的细小砂粒和自地下水中析出的沉淀物，其长度根据井深和含水层含砂可能性而定，一般为2～10m，可按井深确定。

2. 管井的井群系统

井群系统应用在规模较大的地下水取水工程中，按取水方法和集水方式可分为：

（1）自流井井群：用管道直接引水至清水池，经加压即可送入给水管网。适用于静水位高出地表，呈自流状态的承压含水层。

（2）虹吸式井群：它由虹吸管引水入集水井，再用泵送入清水池或管网，无需对每个取水井安装抽水设备，改造费用低、管理方便。但由于虹吸管的负压工作条件，为防止管外空气的渗入和减少管内水中溶解气体的析出量，要求施工中保证整个管路的严密性和增加虹吸管的埋深，由虹吸管的水头损失、地下水的静水位和最大水位降等来确定。为利于排除积气，要求地面平坦、坡度小于1%。因受虹吸高度的限制，虹吸式井群只适用于静水位接近地表的含水层。

（3）卧式泵取水井群：适宜于井内最低的动水位距地面深6～8m的情况。当井距不大，可直接用吸水管或者连接管和各井相连吸水，具有虹吸式井群特点；井距较大或单井产水量较大时，应在每个井位安装卧式水泵。

（4）深井泵取水井群：能抽取埋深较大的地下水，故应用广泛。

井群的布置，应进行水文地质计算，经技术经济比较后确定。遇地下水补给来源充足的大厚度含水层或多层含水层时，可设计分段或分层取水井组；与河流连通性良好的含水层，可设计傍河井群；岩溶地区地下水特别富集时，可设计同深度井组。

3. 管井的平面布局

(1) 管井的平面布局

开采井的平面布局主要有以下几种类型：

1）直线布井方式，主要适用于傍河水源地，可沿河布置一排或两排的直线井群，井位交错布置。

2）梅花形布井方式，主要适用于远河的潜水及多个含水层的地下水开采地段。

3）扇形布井方式，在基岩地区，由于岩石富水性极不均匀，地下水多是网状及脉状等窄条带径流。为了最大限度地开采地下水，常根据径流带的宽窄，在横截面上布置了三五成群呈扇形的井群，对水源地开采。

4）平均布井方式，主要应用了面状分布、均质的松散含水层，井与井之间通常采用等距排列的平均布井方法。

需要指出的是：在岩层导、储水性能分布极不均匀的基岩裂隙水分布区，水井的平面布局主要受富水带分布位置的控制，应该把水井布置在补给条件最好的强含水裂隙带上，而不必拘束于规则的布置形式。

(2) 水井的垂向布局

对于厚度不大（小于30m）的孔隙含水层和多数的基岩含水层（主要含水裂隙段的厚度亦不大），一般均采用完整井形式（即整个含水层厚度）取水，因此不存在水井在垂向上的多种布局问题。而对于大厚度（大于30m）的含水层或多层含水组，是采用完整井取水，还是采用非完整井井组分段取水，两者在技术、经济上的合理性则需要深入讨论。

对于多层含水层可以采用在垂向上分层取水，既可达到取不同含水层的目的，也便于管理。例如渭南傍河水源地就采用垂向井组方式分别开采45m以下浅潜水、45～90m浅层承压水、90～180m中层承压水和180～300m深层承压水。

对于大厚度单层含水层，可采用非完整井组分段取水，当采用非完整井组分段取水时，过滤器长度与安装部位对井的出水量影响至关重要。

过滤器一般设在含水层中部，厚度较大的含水层，可将过滤管与井壁管间隔排列，在含水层中分段设置，以获得较好的出水效果。多层承压含水层，应选择在含水性最强的含水段安装过滤器。潜水含水层，岩性为均质，应在含水层底部的1/3～1/2厚度内设过滤器。

大厚度含水层中的分段取水一般是采用井组形式，每个井组的井数决定于分段（或分层）取水数目。一般多由2～3口水井组成，井组内的3个孔可布置成三角形或直线形。由于分段取水时在水平方向的井间干扰作用甚微，所以其中井间距离一般采用3～5m即可。当含水层颗粒较细或水井封填质量不好时，为防止出现深、浅水井间的水流串通，可把孔距增大到5～10m（图3-8）。

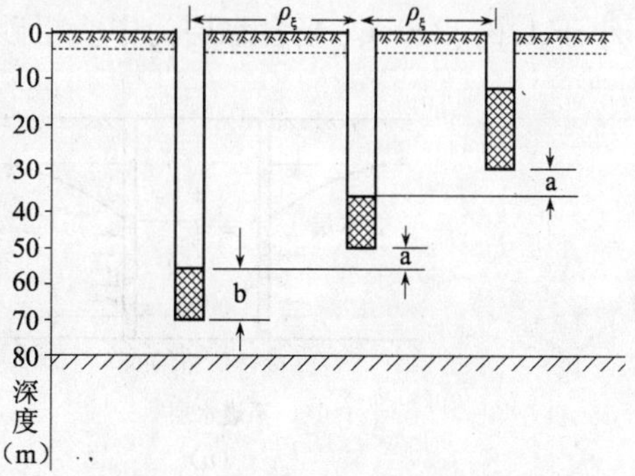

图3-8　分段取水井组布置示意图

分段取水设计时，应正确决定相邻取水段之间的垂向间距（如图3-8中的a段），其取值原则是：既要减少垂向上的干扰强度，又能充分汲取整个含水层厚度上的地下水资源。

（3）水井的井数和井距

水井（或井组）的数量与井距，应在满足需水量要求的前提下，本着技术、经济、安全的原则来确定。井数主要取决于允许开采量（或设计总需水量）、井间距和单井出水量的大小。井间距取决于井间干扰强度，一般要求井间水量减少系数不超过20%～25%。

集中式供水水井的数量和井距的确定，首先根据水源地的水文地质条件、井群的平面布局形式、需水量大小及允许水位降等已给定的条件，拟定数个不同开采方案；然后选择适宜的公式，计算每一个布局方案的水井总出水量及其水位降深；最后通过技术经济比较，选取出水量和水位降均满足设计要求，井数少、井间干扰强度符合要求，建设投资和开采成本最低的方案。

3.2.4 大口井

1. 大口井的形式及选用

大口井因井口较大而得名，具有出水量大、使用年限长、施工方便等优点，当地下水位埋藏较浅、含水层不厚、但富水性较好时采用，是广泛用于开采浅层地下水的取水构筑物，多用在中小城镇、铁路、农村。大口井直径一般在5～8m，最大的不易超过10m。井深在15m以内，农村或者小型给水系统也有采用直径小于5m的大口井，城市或大型给水系统也有采用直径8m以上的大口井，由于施工条件的限制，我国大口井多用于开采埋深小于12m，厚度在5～20m的含水层。

大口井分为完整式和非完整式，如图3-9所示。完整式大口井贯穿整个含水层，仅从井壁进水，可用于颗粒粗、厚度为5～8m、埋深浅的含水层。但这种形式的大口井，井壁的进水孔易堵塞，影响进水效果，故应用不多。大多数大口井为非完整式，其未贯穿整个含水层，井壁、井底均可进水，具有进水范围大、集水效果好等优点。大口井类型选择取决于水源地的水文地质条件，选择时主要根据含水层厚度而定。根据我国大口井运行情况调查，井壁进水的完整大口井堵塞严重，运行时间不长进水孔即多被堵塞，而井底进水的大口井大多运行良好，所以，含水层如不是很薄，应尽量选择非完整井。一般含水层厚度超过10m，均采用井底进水或井底井壁同时进水的非完整井，井底应距含水层不透水底板不小于1.0～2.0m。当含水层为中、粗砂时，可加设辐射管以增加大口井的出水量。

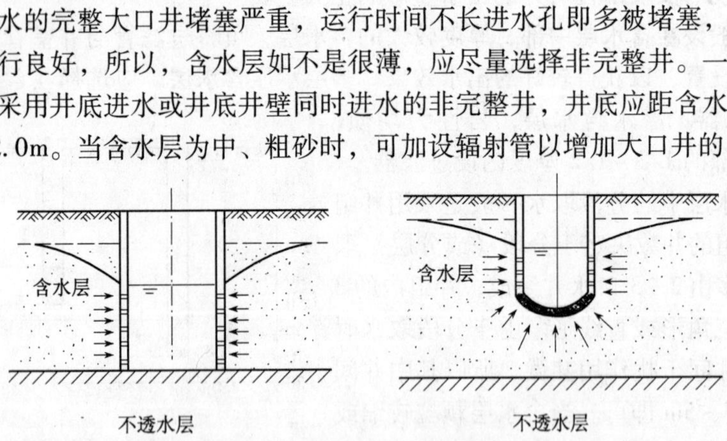

（*a*）　　（*b*）

图3-9 大口井
（*a*）完整式；（*b*）非完整式

大口井的优点是构造简单，取材容易，使用年限长，容积大能兼起调节水量；缺点是深度不大，对水位变化适应性差，应用时须留意地下水位的变化趋势。

2. 大口井的构造

大口井主要由井筒、井口及进水部分组成，一般构造如图 3-10 所示。

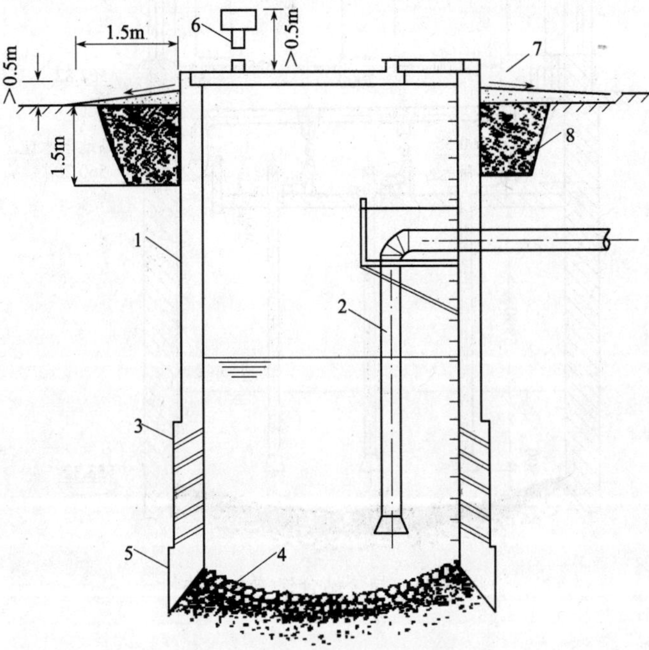

图 3-10　大口井的构造

1—井筒；2—吸水管；3—井壁透水孔；4—井底反滤层；5—刃脚；6—通风管；7—排水坡；8—黏土层

(1) 井筒

井筒材料应根据含水层特点选用，一般采用钢筋混凝土，也可就地取材采用砖石，或无砂混凝土。井法施工时，井筒下端应用钢筋混凝土做刃脚，其高度为 1.2 ~ 1.5m，刃脚应凸出井筒 50 ~ 100mm。井壁进水的完整井和井壁井底同时进水的非完整井，井筒均应设进水孔。

大口井外形通常为筒形。筒形井筒易于保证垂直下沉，受力条件好，节省材料；对周围地层扰动很少，利于进水。但筒形井筒紧贴土层，下沉摩擦力较大。深度较大的大口井常采用阶梯圆形井筒，此类井筒是变断面结构，结构合理，具有圆形井筒的优点，下沉时可减小摩擦力。

(2) 井口

井口为大口井露出地表的部分。为避免从井口或沿井壁侵入地表污水而污染地下水，井口应高出地表 0.5m 以上，并在井口周边修建宽度为 1.5m 的排水坡。如覆盖层是透水层，排水坡下面还应填以厚度不小于 1.5m 的夯实黏土层。有的与泵站分建，如图 3-10 所示，只设井盖，井盖上部设有人孔和通风管，通风管应高于设计洪水位。在低洼地区及河滩上的大口井，为防止洪水冲刷和淹没人孔，应用密封盖板；在井口以上部分，有的与泵站合建在一起，如图 3-11 所示，其工艺布置要求与一级泵站相同。

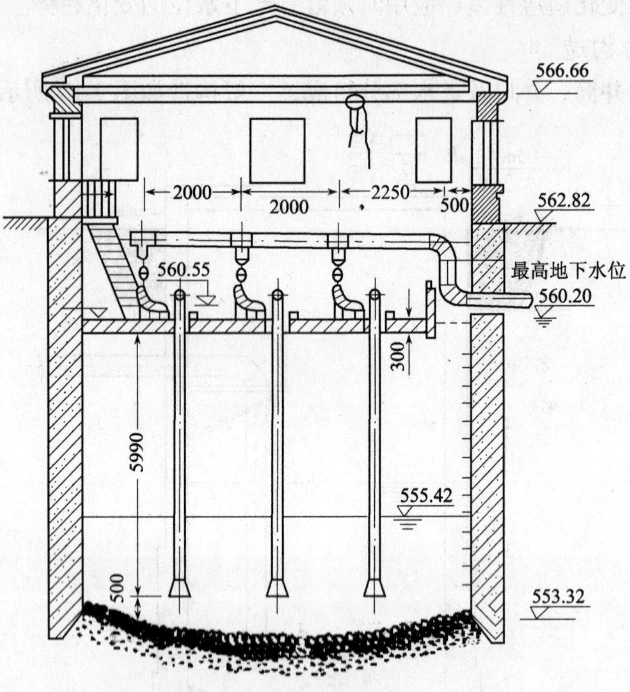

图 3-11 与泵站合建的大口井

（3）进水部分

进水部分包括井壁进水孔（或透水井壁）和井底反滤层。

1）井壁进水孔：常用的进水孔有水平孔和斜孔两种，如图 3-12 所示。

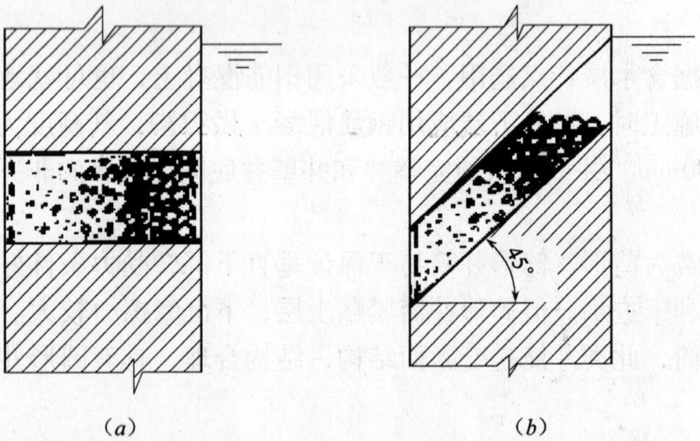

图 3-12 大口井井壁进水孔形式

（a）水平式；（b）斜形式

水平孔施工较容易，采用较多，一般为 100 ~ 200mm 直径的圆孔或 100 × 150 ~ 200 × 250（mm）矩形孔，交错排列于井壁，其孔隙率约为 15%。为保持含水层的渗透性，孔内装填一定级配的滤料层，孔的两侧设置格网，以防滤料漏失。水平孔不易按级配分层填加滤料，或用预先装好滤料的钢丝笼填入进水孔。

斜形孔多为圆形，孔倾斜度不超过45°，孔径100～200mm，孔外侧设有格网。斜形孔滤料稳定，易于填装、更换，是一种较好的进水孔形式。

2）透水井壁：透水井壁由无砂混凝土制成。透水井壁有多种形式。如：有以50×50×20（cm）的无砂混凝土砌块构成的井壁；有以无砂混凝土整体浇制井壁。如果并联的高度较大，还可在中间部分适当的位置设置圈梁，以加强井壁强度。

无砂混凝土大口井制作方便，结构简单，造价低，但在细粉砂地层和含铁地下水中易堵塞。

3）井底反滤层：除大颗粒岩层及裂隙含水层外，在一般含水层中部应铺设反滤层。反滤层滤料自下而上逐渐变粗，每层厚度为200～300mm，一般为3～4层，如图3-13所示。含水层为细、粉砂时，层数和厚度应适当增加。由于刃脚处渗透压力较大，易涌砂，靠刃脚处滤层厚度增加20%～30%。

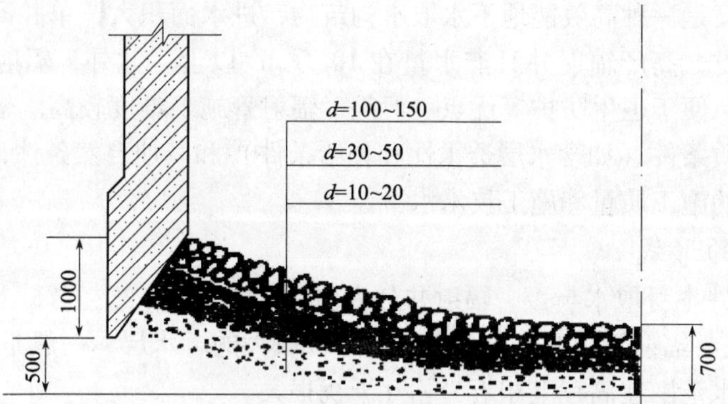

图3-13　井底反滤层

井底反滤层滤料与井壁进水孔相同。

大口井能否达到应有的出水量，主要因素是井底反滤层，因孔壁进水孔易堵塞，主要依靠井底进水。如滤层铺设不均或滤料不合格都有可能导致堵塞和翻砂。

3. 大口井的设计要点

大口井设计中应注意以下问题：

（1）应选在地下水补给丰富、含水层透水性良好、埋藏浅的地段。

取集河床地下水的大口井应选在稳定的河漫滩地段或一级冲积台地上，所处河段应稳定并具有较好的水力条件，如非壅水的顺直河段，为了采集水质较好的水，不能距水抹线太近，应保持25m以上距离。

（2）在考虑大口井基本尺寸时，应考虑井径对出水量的影响。

出水量与井径存在直线关系。因此，在施工允许的条件下，适当增加井径是增加水井出水量的途径之一。同样，在出水量不变的条件下，采用较大直径的大口井，也可减小水位降落值，降低取水的电耗；还能降低进水流速，延长大口井的使用寿命。

（3）因大口井井深不大，地下水位的变化对井的出水量和抽水设备的正常运行有很大影响。

对于开采河床地下水的大口井，因河水位变幅大，更应注意这一情况。为此，在计算井的出水量和确定水泵安装高度时，均以枯水期最低设计水位为准，抽水试验也应在枯水期进行为宜。此外，还应注意到地下水位区域性下降的可能性，以及由此引起的影响。

（4）对于布置在岸边或河漫滩依靠河水补给的大口井，应考虑含水层堵塞引起出水量的降低。目前对此问题的研究尚未开展，生产中暂采用与渗渠相同的淤塞系数。

3.2.5 辐射井

辐射井是由集水井与若干辐射状铺设的水平或倾斜的集水管组合而成。一般不能用大口井开采的、厚度较薄的含水层或是不能采用渗渠开采的厚度薄、埋深大的含水层，均可用辐射井开采，辐射井是一种适应性较强的取水构筑物。此外，较其他取水构筑物，辐射井更适宜开发位于咸水上部的淡水透镜体。

辐射井同时又是一种高效能地下水取水构筑物，进水面积大，单井产水量居各类地下水取水构筑物之首，高产辐射井日产水量在10万m^3以上。此外，辐射井还具有管理集中、占地面积小、便于卫生防护等优点。但是，辐射管施工难度较高。辐射井的产水量不仅取决于水文地质条件（如含水层透水性和补给条件）和其他自然条件，而且在很大程度上决定于辐射管的施工质量和施工技术水平。

1. 辐射井的形式

（1）按集水井本身取水与否，辐射井分为两种形式：

1）集水井底与辐射管同时进水。适用于厚度较大的含水层，一般是5～10m。但集水井与集水管的集水范围在高程上相近，相互干扰很大。

2）井底封闭，仅由辐射管集水，如图3-14所示。辐射管施工和维修均较方便，适用于较薄含水层（≤5m）。

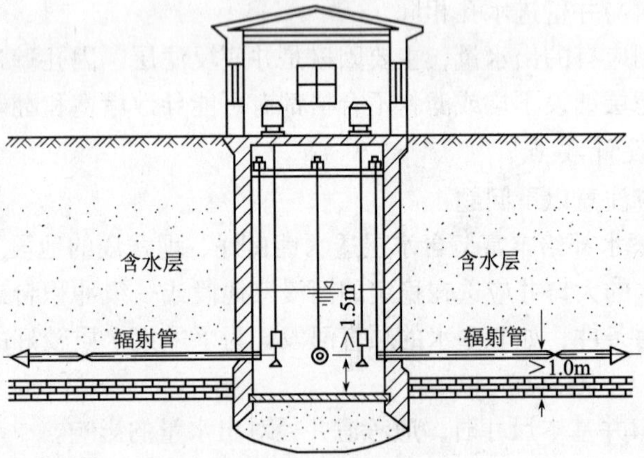

图3-14 单层辐射管的辐射井

（2）按水的补给情况，辐射井分为：

1）集取地下水的辐射井［图3-15（*a*）］。

2）集取河流或其他地表水体渗透水的辐射井［图3-15（*b*）、（*c*）］。

3）集取岸边地下水和河床地下水的辐射井［图3-15（*d*）］。

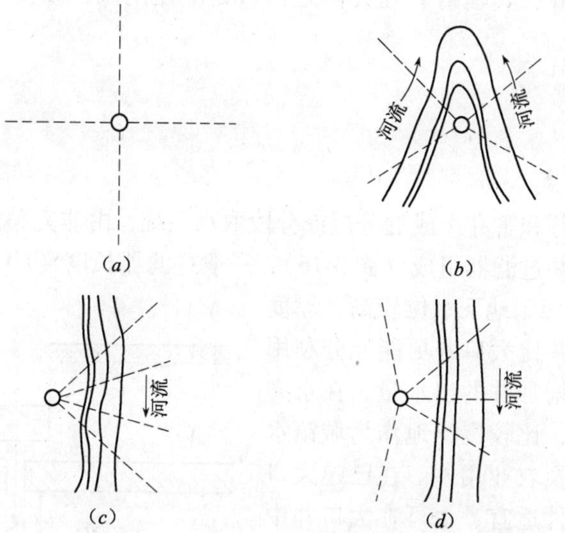

图 3-15 按补给条件分类的辐射井

（3）按辐射管铺设方式，辐射井分为：

1）单层辐射管的辐射井。

2）多层辐射管的辐射井。

2. 辐射井的构造

（1）集水井

集水井的作用是汇集辐射管来水、安放抽水设备以及为辐射管施工提供场所；对于不封底的集水井还兼有取水井的作用。据上述要求，集水井直径不应小于3m。集水井通常都采用圆形钢筋混凝土井筒，沉井法施工。我国多数辐射井都采用不封底的集水井，以扩大井的出水量，但不封底的集水井对辐射管施工及维护均不方便。

（2）辐射管

辐射管的配置可分为单层或多层，根据补给情况每层采用 4 ~ 8 根。为便于进水，最下层距含水层底板应不小于1m。最下层辐射管还应高于集水井井底 1.5m，以利于顶管施工。为减小互相干扰，各层应有一定间距。当辐射管直径为 100 ~ 150mm 时，层间间距采用 1 ~ 3m。

辐射管直径一般为 75 ~ 100mm。当地层补给条件好、透水性强、施工条件许可时，宜采用大管径。辐射管长度一般为 30m 以内。当设在无压含水层中时，迎地下水水流方向的辐射管宜长一些。辐射管具体的直径和长度，视水文地质条件和施工条件而定。

为利于集水和排砂，辐射管应有一定坡度向集水井倾斜。

辐射管一般采用厚壁钢管（壁厚 6 ~ 9mm），以便于直接顶管施工。当采用套管施工时，亦可采用薄壁钢管、铸铁管及其他非金属管。辐射管进水孔有条形孔和圆形孔两种，其孔径或缝宽应按含水层颗粒组成确定。圆孔交错排列、条形孔沿管轴方向错开排列。孔隙率一般为 15% ~ 20%。为防止地表水沿集水井外壁下渗，除在井口外围填黏土外，最好在靠近井壁 2 ~ 3m 的辐射管上不穿孔眼。

对于封底的辐射井，其辐射管在井内之出口处应设闸阀，以便于施工、维修和控制水量。

3.2.6 复合井

1. 复合井的形式

复合井是由大口井和管井组成的分层或分段取水系统，由非完整式大口井和井底以下设有的一根至数根管井过滤器组成（图3-16），一般过滤器长度（L）与含水层厚度（M）之比小于0.75。它适用于地下水位较高、厚度较大的含水层。复合井比大口井更能充分利用厚度较大的含水层，增加井的出水量。在水文地质条件适合的地区，比较广泛地作为城镇水泥、铁路沿线给水站及农业用井。在已建大口井中，如水文地质条件适宜，也可在大口井中打入管井过滤器改造成复合井，以增加井的出水量和改善水质。模型试验资料表明，当含水层厚度较厚或含水层透水性较差时，采用复合井水量增加较为明显。

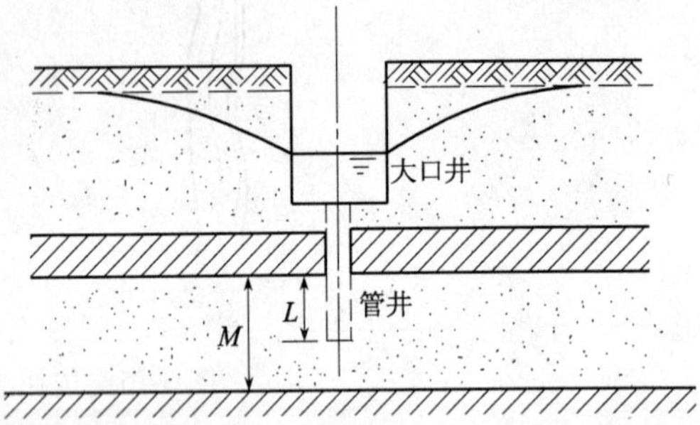

图3-16 复合井

2. 复合井的构造

复合井的大口井部分的构造与大口井相同。增加复合井的过滤器直径，可增加管井部分的出水量，但管井部分的水量增加对大口井井底进水量的干扰程度也将增加，故过滤器直径不宜过大，一般以200～300mm为宜。

当含水层较厚时，以采用非完整过滤器为宜。适当增加过滤器数目可增加复合井出水量。但从模型试验资料可知，过滤器数目增至三根以上时，复合井出水量增加甚少，故是否必须采用多过滤器复合井，应通过技术经济比较确定。

3.2.7 渗渠

渗渠是截取浅层地下水或河床渗透水的一种地下水取水构筑物，是单位取水量造价最高的地下水取水构筑物。在含水层厚度很薄，地下水调蓄能力小，采用管井和大口井均不适宜的情况下，采用以河水补给为主的渗渠，可取得较好的效果。

1. 渗渠的布局

（1）渗渠位置的选择

渗渠位置的选择不仅要考虑水文地质条件，还要考虑河流水文条件，一般原则有：

1）水流较急，有一定冲刷能力的直线或凹岸非淤积河段，并尽可能靠近主流；

2）含水层较厚，颗粒较粗，并不含泥质的地段；

3）河水清澈，水位变化较小，河床稳定的河段。

（2）布置方式

渗渠的布置方式应根据补给状况等考虑，一般可分为平行河流、垂直河流和平行与垂直河流组合布置三种形式，前两种布置形式见图3-17。

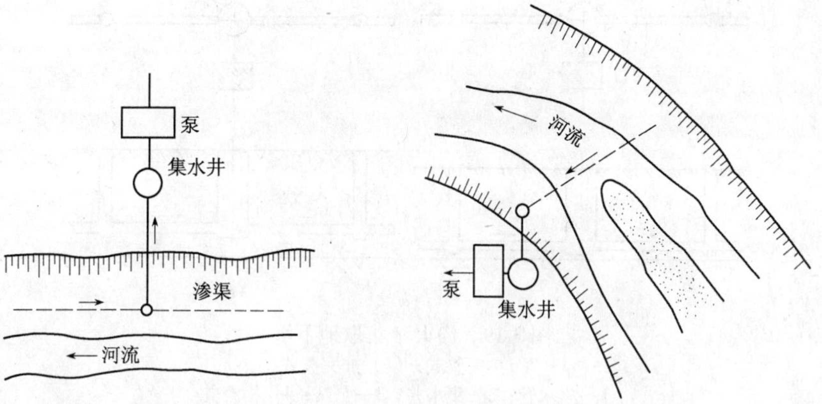

图 3-17　渗渠布置
(*a*) 平行于河流；(*b*) 垂直于河流

1）平行于河流布置

当河床潜流水和岸边地下水均较充沛且河床稳定时，可采用平行于河流沿河漫滩布置的渗渠［图 3-17（*a*）］，集取河床潜流水和岸边地下水。采用此方式布置的渗渠，在枯水期时可获得地下水的补给，故有可能使渗渠全年产水量均衡，并且施工和检修均较方便。

2）垂直于河流布置

在岸边地下水补给较差，河流枯水期流量很小，河流主流摆动不定，河床冲积层较薄时，宜采用垂直于河流布置［图 3-17（*b*）］。

当河岸含水层地下水补给条件差，而河床下堆积物较厚且透水性较好时，可采用垂直河流布置渗渠，主要是集取河床渗透水。垂直河流布置渗渠具有出水量大的优点，但存在反滤层易堵塞，施工、检修困难等缺点。渗渠结构为河床下渗渠类型。

3）平行和垂直组合布置

平行和垂直组合布置形式（图 3-18）具有能充分截取潜流水和岸边地下水，产水量较稳定的优点。渗渠兼有河滩下渗渠与河床下渗渠两种结构类型。

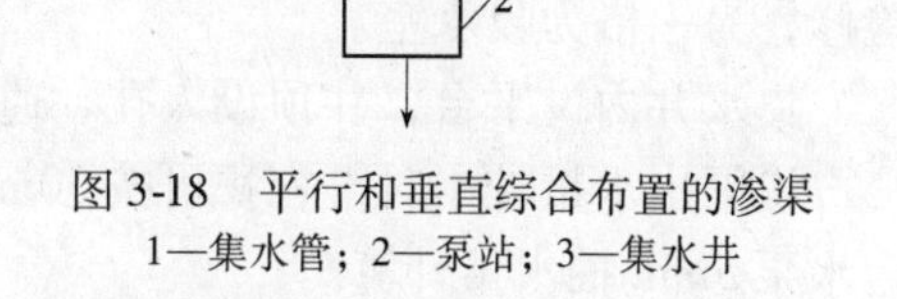

图 3-18　平行和垂直综合布置的渗渠
1—集水管；2—泵站；3—集水井

2. 渗渠结构

渗渠由渠槽、水平集水管及集水井、检查井组成（图 3-19）。

（1）渠槽

在河滩下渗渠类型情况下，渠槽底部宽度主要根据设计滤层的层数和各滤层的厚度确定。边坡根据含水层的性质确定。对河床下渗渠，一般按大于集水管外径 1 ~ 1.5m 确定，渠槽底部宽度宜小于 1.7m。

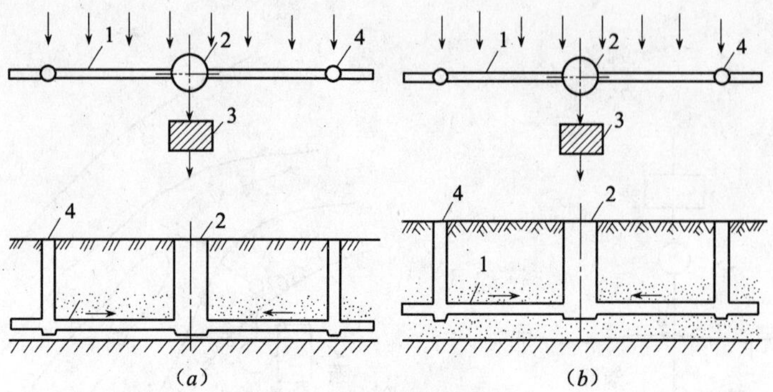

图3-19 渗渠（集取地下水）
（a）完整式；（b）非完整式
1—集水管；2—集水井；3—泵站；4—检查井

（2）集水管

1）集水管材料，通常用钢筋混凝土管、混凝土管；出水量小时，可用铸铁管。

2）集水管进水孔形状多采用圆孔或条孔。圆孔直径或条孔的宽度应小于内层滤料粒径。孔眼断面形状宜做成内大外小的倒梯形。孔隙率应根据采用的管材不同，在保证集水管强度的条件下尽量加大。进水孔一般交错布置于集水管上部1/3～1/2圆周部分，孔眼净距按结构强度确定，一般为孔眼直径的2～2.5倍。

3）集水管的长度和断面尺寸

集水管的长度和断面尺寸，应根据水力计算确定。集水管的内径一般为0.6～1.0m，当集水管很长时，应按出水量不同改变集水管断面尺寸，每条集水管的最大长度不超过500～600m。

4）集水管基础

含水层不厚，应尽量采用完整式渗渠，将集水管1/3部分直接嵌入基岩内。在非完整式渗渠情况下，当采用钢筋混凝土管时，一般采用混凝土基座或枕基；采用铸铁管时，可不做基座而直接用卵石或块石卡住管的两侧。

5）集水井

集水井一般采用钢筋混凝土结构，平面做成矩形或圆形。渗渠出水量较大时，可分成两格，接进水管的一格为沉砂室，水平流速采用0.01m/s，进水管入口处宜设闸门以利于检修，另一格为吸水室。

集水井内设平台，井顶设人孔、通风管等。

渗渠出水量较小时，容积可按30min以下的出水量计；出水量较大时，可按不小于一台水泵5min抽水量计算。

6）检查井

为便于检修、清通，集水管端部、转角、变径处以及每50～150m均应设检查井。洪水期能被淹没的检查井井盖应密封，用螺栓固定，防止洪水冲开井盖涌入泥砂，淤塞渗渠。

检查井一般采用圆形钢筋混凝土结构，直径1～2m，井底设0.5～1.0m深的沉砂坑。地面式检查井，井顶应高出地面0.5m，井应有防冲设施；地下式检查井，应安装封闭式井盖。

第4章 小城镇节水技术与管理

4.1 概述

4.1.1 节约用水的概念与作用

未来20年，我国城镇化将成为农村经济发展的最主要动力，为实现“到2020年我国城镇化水平达到50%以上”这一目标要求，小城镇的功能定位和规模，必须面向未来，加强小城镇基础设施建设，完善社会功能。加强小城镇基础设施建设，就是要坚持先规划、后建设的原则，加强供电、供水、交通、能源、信息等建设。增强小城镇供水保障能力。需要实施节流优先、治污为本、多渠道开源的小城镇水资源可持续利用战略，以水资源利用效率为中心，把节水放在突出位置，建立节水型小城镇。

表达节水的概念有两个，“Saving Water”：指较为具体的节约用水；“Water Conservation”：含义比较广泛，不同的学者或研究机构有不同的理解，但都倾向于采用经济的、社会的和技术的手段，以满足社会利益为目标，提高水资源的利用效率，保持水资源的永续利用。

由于所强调“节约用水”的角度、实现“节约用水”的前提、所要达到的目标以及采取的具体措施等诸方面的认识与理解不同，对于“节约用水”或“合理用水”的概念和内涵产生了不同的阐述和定义。1978年，美国内务部将节约用水定义为：有效利用水资源，供水设施与供水系统布局合理、减少需水量；同年，美国水资源委员会认为：节约用水是减少需水量，调控需水时间，改善供水系统管理水平，增加可利用水量，1979年又提出：减少水的使用量，减少水的浪费与损失，增加水的重复利用和回用。1983年，美国政府对于节约用水的内涵重新给予说明：“减少需水量，提高水的使用效率并减少水的损失和浪费，为了合理用水改进土地管理技术，增加可供水量”。

我国对于“节约用水”的内涵有多种不同的解释。1997年，我国《节水型城市目标导则》中对节水作了如下定义：“节约用水指通过行政、技术、经济等管理手段加强用水管理，调整用水结构，改进用水工艺，实行计划用水，杜绝用水浪费，运用先进的科学技术建立科学的用水体系，有效地使用水资源，保护水资源，适应城市经济和城市建设持续发展的需要”。这里，节约用水的含义已经超越了节省用水量的意义，它内容更广泛，还包括有关水资源立法、水价、管理体制等一系列行政管理措施。《城市与工业节约用水理论》一书中对“节约用水”内涵的定义是：在合理的生产力布局与生产组织前提下，为最佳实现一定的社会经济目标和社会经济的可持续发展，通过采用多种措施，对有限的水资源进行合理分配与可持续利用（其中也包括节省用水量）。

根据对已有的“节约用水”内涵的说明与定义的理解与分析，基于地域性经济、技术和社会的发展状况，认为“节约用水”重要的是要强调如何有效利用有限的水资源，实现区域水资源的平衡。毫无疑问，如果不考虑地域性的经济与生产力的发展程度，脱离技术发展水平，很难采取经济有效的措施，以保证“节约用水”的实施。也就是说，“节约用水”或“合理用水”的关键在于根据有关的水资源保护法法规，通过广泛的宣传教育，提高全民的节水意识。引入多种节水技术与措施、选取高效的节水器具与设备，降低生产或生活过程中水资源的利用量，实现环境、生态、经济效益的一致性与可持续发展的目标。

综上，“节约用水”可定义为：在合理的生产力布局与生产组织的前提下，为实现一定的社会经济目标，通过采取多种措施，对有限的水资源进行合理分配与优化利用（其中也包括节省用水）；提高用水效率，减少水的无效损耗。

节水不同于简单、消极地节省用水，是依赖科技进步，通过降低单位目标的耗水量，实施水资源的可持续利用。节水效益的对比应限定在相同用水对象，仅以经济效益来反映不同用水对象消耗的水的价值，目前还不能全面、准确地反映问题实质。不同的产业，相同的用水量产生的经济效益具有很大的差别，如工业用水的经济效益明显高于农业，工业挤占部分农业用水是现阶段国民经济发展的必然现象，属于产业结构调整。同样，为了提高经济效益，近年来积极开展农业产业结构调整，用水效益随之显著提高。

“节约用水”定义中的减少用水量和需水量，是指用水对象在一个完整周期内的总用水量减少。对于生产用水而言，这个周期是指开始投入，实现产出目标后直至下一周期的投入之前。对于农业来说，这个周期应从上茬作物收获日直至本茬作物收获日，总用水量应包含灌溉水与非灌溉水。

节水是一个世界性的问题，即使是水资源相对丰富的国家，如美国，也经常发生供水短缺问题。自20世纪30年代至90年代，美国用水人口增加了1倍，而水资源产量却没有增加，1990年前后，约22%的大型给水系统出现了供水不足的现象。供水不足带来的损失是巨大的，世界有些城市为了满足干旱期间的城市用水，不得不关闭城市周围的农场，工业生产因此受到影响。如美国加利福尼亚州的一次干旱中，仅一个县就损失数亿美元。目前我国每年除因缺水造成了工业产值的损失外，农业损失更是不计其数。另外，全球范围内的气候异常及水体污染，特别是人为造成的水污染，更加剧了水资源危机。因此，节水具有以下几点重要的意义：

（1）可减少当前和未来的用水量，维持水资源的永续利用；

（2）节约当前给水系统的运行和维护费用，减少自来水厂的建设数量或建设投资；

（3）减少污水处理厂的建设数量或延缓污水处理构筑物的扩建，使现有系统可以接纳更多用户的污水，从而减少受纳水体的污染，节约建设资金和运行费用；

（4）增强对干旱的预防能力，短期节水可以带来立竿见影的效果，而长期节水则因大大降低了水的消耗且能提高正常时期的干旱防御能力；

（5）通过用水审计及其他措施，可以调整地区间的用水差异，避免产生用水不公及其他与用水相关的社会问题，具有一定的社会意义；

（6）对野生生物、湿地和环境美化、维护河流生态平衡等方面产生环境效益。

4.1.2 节水型社会

1. 节水型社会建设的现状

(1)“十五”期间节水型社会建设成就

1)政府高度重视节水型社会建设工作。“十五”期间,国家制定了一系列促进节约用水的方针政策,各地、各有关部门采取有效的措施,积极开展节约用水工作,有力地促进了水资源利用效率和效益的提高,节水型社会建设取得了阶段性进展。

2)发展观念发生深刻转变。以科学发展观为指导,确立了建设资源节约型、环境友好型社会的发展战略,进一步明确了经济增长方式主要由资源投入带动转向主要依靠提高资源利用效率的发展思路。用水观念发生深刻转变,从浪费水资源、污染水环境的粗放式用水,向节约水资源和提高水资源利用效率的集约型发展思路转变;从强调供水管理向加强需水管理转变;从向大自然无节制地索取,向人与自然和谐相处,实现水资源的可持续利用转变。

3)法规政策和节水标准逐步完善。修订了《水法》,制定颁布了《取水许可和水资源费征收管理条例》,加大了推行用水总量控制和定额管理的力度,农业、工业和城市节水技术标准体系逐步完善,发布实施了火力发电、石油石化、钢铁、纺织、造纸、化工、食品等高用水行业的取水定额国家标准,23个省(自治区、直辖市)发布了用水定额;国家先后发布了两批《当前国家鼓励发展的节水技术、设备(产品)目录》,鼓励发展节水高效的高新技术产业;开展了节水产品认证,将节水产品纳入了政府采购目录;实行了建设项目水资源论证制度,限制在缺水地区盲目建设高耗水项目;对主要江河湖库水域进行了水功能区划,核定了重要江河的水域纳污能力,提出了限制排污总量意见。

4)节水改造和设施建设力度加大。各级政府和社会各界加大了对节水设施的投入力度。“十五”时期,农业节水灌溉投资达826亿元,启动了306座大型灌区的节水改造,实施了99个中型灌区节水改造项目,建设600个节水增产重点县和1000多个节水示范项目;发展节水灌溉工程面积约7400万亩,全国累计达到3.2亿亩;建设了一大批旱作节水农业示范基地,建成1000万亩左右旱作节水农业核心示范区;深耕深松、蓄水保墒、覆盖保水、农田护坡拦蓄保水等高效旱作节水农业技术及非充分灌溉节水灌溉方式得到广泛应用。完成20万人口以上城市供水管网改造4400km,管网漏失率平均下降约2%,年漏失水量减少10亿m^3。建成污水处理厂281座,形成日处理能力4912万m^3,污水再生利用量达17亿m^3;沿海地区年海水直接利用量达330亿m^3,替代淡水17亿m^3,日海水淡化能力达到12万m^3。

5)用水效率不断提高。“十五”期间,全国万元GDP用水量从562m^3(采用第一次全国经济普查数据修订后数据,下同)下降到371m^3(2000年可比价)。农田实灌亩均用水量从479m^3下降到448m^3,灌溉水有效利用系数从0.43提高到0.45;万元工业增加值用水量从291m^3降低到169m^3(当年价),火电、钢铁、石油石化、造纸等高用水行业主要产品单位取水量平均下降20%~40%左右;城镇用水效率有所提高,用水过快增长的速度得到一定程度控制。

6)节水型社会建设试点稳步推进。“十五”期间,先后确立国家和省级节水型社会建设试点100多个，重点推动了河西走廊、东部沿海、南方水污染严重地区和南水北调东中线受水区节水型社会建设试点。节约用水宣传教育广为开展，全民节水意识有了较大提高。水价形成机制不断完善，大部分地区改革了水价定价模式和计收方式；改革了水利工程供水水价计收方式，实行“容量水价”和“计量水价”相结合的两部制水价、丰枯不同水价等；农业用水推行了用水计量收费和面向农民的终端水价制度，末级渠系水价管理得到加强。

（2）存在的主要问题

1）经济结构和产业布局考虑水资源承载能力不够。部分地区在经济社会发展过程中考虑水资源承载能力不足，经济增长方式粗放，经济结构不合理，产业布局和城市发展与水资源和环境的承载能力不协调，在一些水资源短缺和生态环境脆弱地区盲目建设高耗水、重污染的项目，“高消耗、高污染、低效率、低产出”问题突出，破坏了生态环境，加剧了水危机。

2）促进节约用水的法规体系不完善。全国性节约用水管理条例尚未出台，现行节水法规的配套措施不健全，只有少数省（区、市）出台了地方性节水管理办法，难以有效规范和监督管理经济社会用水活动；节水执法监督检查薄弱，取水、用水和排水计量和监测设施不健全；大部分江河尚未建立以流域为单元的用水总量控制指标和省区水量分配方案，难以控制过量超用水资源；各类用水技术标准体系不完善，缺乏严格的用水管理制度；废污水排放管理制度不完善，监督管理薄弱。

3）促进水资源高效利用的激励机制不完善。我国水资源有偿使用制度尚不健全，尚未建立水资源价值核算体系，市场在水资源配置中的基础作用未得到充分发挥，无偿使用水资源、浪费水资源严重；一些地区合理的水价形成机制尚未形成，供水水价和再生水的价格严重背离价值，难以调节用水行为；水资源开发利用主体缺乏节约保护资源的内在动力和激励机制，造成在缺水的同时用水浪费严重。缺乏推广应用节水产品（设备）的激励政策。

4）节水设施建设和技术研发及推广力度不够。我国大部分水资源开发利用的基础设施，特别是农业用水设施，因建设标准较低、配套不完善，维修更新不及时，造成设施老化失修、利用效益低下，难以适应水资源高效利用的要求。由于缺乏扶持政策，水价偏低，开发难度大，投入不足，使节水设备和新技术研发与推广的内在动力不足；节水技术创新能力薄弱，缺乏经济实用和自主知识产权的节水关键技术。

5）全社会节水意识亟待加强。一些地区和民众对我国资源环境的严峻形势认识不足，水忧患意识不强，对建设节水型社会的紧迫性和意义认识不足，一些地区没有把节水型社会建设纳入到本地区经济社会发展规划和重要议事日程中，节水工作不到位、投入不落实、措施不得力；节约用水宣传和社会监督力度不够，激励公众参与节水型社会建设的机制不健全，全民节水意识有待加强。

2. 节水型社会建设的目标与任务

（1）指导思想与基本原则

1）指导思想。全面贯彻科学发展观，落实节约资源基本国策，以提高水资源利用效率和效益为核心，以水资源统一管理体制为保障，以制度创新为动力，以转变经济增长方式、调整经济结构、加快技术进步为根本，转变用水观念、创新发展模式，充分发挥市场对资源配置的基础性作用，建立政府调控、市场引导、公众参与的节水型社会体系，综合采取法律、经济、科技和行政等手段，促进经济社会发展与水资源相协调，为全面建设小康社会提供水资源保障。

2）基本原则。坚持以人为本，促进协调发展。合理配置水资源，协调生活、生产、生态用水，优先保障居民基本生活用水；创新发展模式，转变增长方式，改变用水观念，提高用水效率，实现人与自然的和谐，促进经济、资源、环境协调发展。

坚持制度创新，规范用水行为。通过改革体制、健全法制、完善机制，建立完善的促进水资源高效利用的制度，规范用水行为，实现水资源的有序开发、有限开发、有偿开发和高效利用。

坚持政府主导，全民共同参与。发挥政府的宏观调控和主导作用，将节水型社会建设纳入国民经济和社会发展规划，落实目标责任并建立绩效考核制度；充分发挥市场在资源配置中的基础性作用，逐步形成市场引导的节水机制；鼓励社会公众广泛参与节水型社会建设，形成自觉节水的良好风尚。

坚持节水减污，促进循环使用。源头控制与末端控制相结合，以节水促减污，以限排促节水；按照减量化、再利用、资源化的要求，建立全社会的水资源循环利用体系，抑制用水过快增长，减少废污水排放量，提高水资源利用效率，改善水环境和生态恶化的状况。

坚持科技创新，促进高效利用。充分发挥科技的先导作用，用先进的节水技术改造现有的水资源利用工程设施；大力研发推广节水新技术、新设备、新产品和新材料，淘汰落后、低效的用水设备和技术，促进水资源高效利用。

坚持统筹规划，加强分类指导。以流域为单元，在统筹规划的基础上，明晰各级行政区域的初始水权，实施用水总量控制和定额管理；加强分类指导，根据区域水资源条件和经济社会发展状况，因地制宜地采取合理的节水措施，推进节水型社会建设。

(2) 主要目标

按照科学发展观的要求，贯彻落实节约资源的基本国策，逐步建成制度完备、设施完善、用水高效、生态良好、发展科学的节水型社会。到 2010 年，节水型社会建设要迈出实质性的步伐、取得明显成效，水资源利用效率和效益显著提高，单位 GDP 用水量比 2005 年降低 20% 以上。“十一五”期间节水型社会建设主要指标见表 4-1。

“十一五”期间节水型社会建设主要指标 **表 4-1**

节水指标	2010 年	属性[①]
单位 GDP 用水量（m^3/万元）	<240	预期性指标
农田灌溉水有效利用系数	0.50	预期性指标
单位工业增加值用水量	<115	约束性指标
城市供水管网漏损率	<15	预期性指标

① 指标属性分为预期性和约束性两类。

(3) 主要任务

建立健全以水资源总量控制与定额管理为核心的水资源管理体系、与水资源承载能力相适应的经济结构体系、水资源优化配置和高效利用的工程技术体系以及自觉节水的社会行为规范体系。

建立健全节水型社会管理体系。完善促进节约用水的法律法规体系，通过制度建设规范用水行为。开展流域管理体制改革试点，完善流域管理与区域管理相结合的水资源管理体制。研究提出水资源宏观分配指标和微观取水定额指标，推进国家水权制度建设，全面实行区域用水总量控制与定额管理。严格取、用、排水的全过程管理，实行源头控制与末端控制相结合的管理；强化取水许可和水资源有偿使用；全面推行计划用水，加强用水计量与监督管理；加强水功能区和退排水管理，建立健全节水型社会管理体系。

完善节水激励政策。发挥市场机制在资源配置中的基础性作用，利用经济杠杆对用水需求进行调节，注重运用价格、财税、金融等手段促进水资源的节约和高效利用，实现水资源的合理配置。扩大水资源费征收范围、提高水资源费征收标准；稳步推进水价改革，建立合理的水价形成机制，形成"超用加价，节约奖励"的机制，促进节约用水，保护水资源。

建立与水资源承载能力相协调的经济结构体系。落实节约资源和保护环境的基本国策，逐步建立与水资源和水环境承载能力相适应的国民经济体系。建立自律式发展的节水机制，在产业布局和城镇发展中充分考虑水资源条件；控制用水总量，转变用水方式，提高用水效率，减少废污水排放，降低经济社会发展对水资源的过度消耗和对水环境与生态的破坏。

对水资源短缺地区要实行严格的总量控制，控制需求的过快增长，通过节约用水和提高水的循环利用，满足经济社会发展的需要。现状水资源开发利用挤占生态环境用水的地区，要通过节约使用和优化配置水资源，逐步减少经济发展挤占生态环境的水量，修复和保护河流生态和地下水生态；对水资源丰富地区，要按照提高水资源利用效益的要求，严格用水定额，控制不合理的需求，通过节水减少排污量，保护水环境；在生态环境脆弱地区，要按照保护优先、有限开发、有序开发的原则，加强对生态环境的保护，严禁浪费资源、破坏生态环境的开发行为。

完善水资源高效利用的工程技术体系。加大对现有水资源利用设施的配套与节水改造，推广使用高效用水设施和技术，完善水资源高效利用工程技术体系，逐步建立设施齐备、配套完善、调控自如、配置合理、利用高效的水资源安全保障体系，保障经济社会可持续发展。通过工程措施合理调配水资源，发挥水资源的综合效益；对地表水与地下水，本地水与外调水，新鲜水和再生水进行联合调配。通过采取调整用水结构、提高地下水水资源费征收标准等多种调控手段，促进水资源配置结构趋于合理，逐步控制地下水超采。

加大力度推进大中型灌区的续建配套和节水改造，加强小型农田水利基础设施建设，完善灌溉用水计量设施。因地制宜，在有条件的地区积极采取集雨补灌、保墒固土、生物节水、保护性耕作等措施，大力发展旱作节水农业和生态农业。加快对高用水行业的节水技术改造，采用先进的节水技术、工艺和设备，提高工业用水的重复利用率，逐步淘汰技术落后、耗水量高的工艺、设备和产品。新建、扩建、改建建设项目应按照要求配套建设节水设施，并与主体工程同时设计、同时施工、同时投产。加快对跑、冒、滴、漏严重的城市供水管网的技术改造，降低管网漏失率；提高城市污水处理率，完善再生水利用的设施和政策，鼓励使用再生水，扩大再生水利用规模；加强城镇公共建筑和住宅节水设施建设，普及节水器具，推广中水设施建设。

建立自觉节水的社会行为规范体系。建设节水型社会是全社会的共同责任，需要动员全社会的力量积极参与。加强宣传教育，营造氛围，充分利用各种媒体，大力宣传我国水资源和水环境的形势以及建设节水型社会的重要性，宣传资源节约型、环境友好型社会建设的发展战略，节约用水的方针、政策、法规和科学知识等，使每一个公民逐步形成节约用水的意识，养成良好的用水习惯。强化节水的自我约束和社会约束，建设与节水型社会相符合的节水文化，倡导文明的生产和消费方式，逐步形成“浪费水可耻、节约水光荣”的社会风尚，建立自觉节水的社会行为规范体系。

要逐步建立和完善群众参与节水型社会建设的制度。通过建立机制、积极引导，鼓励成立各类用水户协会，参与水量分配、用水管理、用水计量和监督等工作；要规范用水户管理制度，形成民主选举、民主决策、民主管理、民主监督的工作机制。

3. 总体布局

(1) 规划节水量

节约用水是实现水资源供需平衡的重要环节，也是实施水资源合理配置的重要内容。根据全国水资源综合规划有关成果，1980 年以来全国总用水量年均增长率约为 1.2%，按照“十一五”规划纲要确定的发展目标，如果未来需水按目前用水增长情况外延式增长，在正常来水情况下，2010 年全国需水量将达到 7340 亿 m^3，而届时即使在充分采取各种可能开源措施的情况下，全国可供水量也只能达到 6430 亿 m^3，因此必须加大节约用水的力度，抑制需水的过度增长。

根据对各地区节水量和可供水量的研究，到 2010 年，通过规划的节水措施约可减少年需水量 690 亿 m^3，将外延式发展情况下的 7340 亿 m^3 需水量降低到 6650 亿 m^3，届时供需缺口可从现状的 350 亿 m^3 降低到 220 亿 m^3，在基本保障经济社会发展及退减部分挤占的河道湖泊生态用水的同时，有效缓解部分地区的供需矛盾。在 690 亿 m^3 需求减少量中，通过优化产业结构和推进增长方式转变等措施，可减少水资源需求增量 338 亿 m^3；通过各类节水工程建设，年节水量 352 亿 m^3，其中农业节水工程 200 亿 m^3，占工程节水量的 57%；工业节水工程节水量 134 亿 m^3，占 38%；城镇生活节水工程节水量 18 亿 m^3，占 5%。全国及各区域 2010 年工程措施节水量见表 4-2。

2010 年全国及各区域工程措施节水量（亿 m^3） **表 4-2**

区 域①	城镇生活	工 业	农业灌溉	合 计
全 国	18	134	200	352
东北地区	1.6	11.9	25.6	39.1
黄淮海地区	2.9	18.3	21.5	42.7
长江中下游地区	6.9	56.4	51.9	115.2
华南地区	2.9	25.1	44.4	72.4
西南地区	2.5	12.1	21.1	35.7
西北地区	1.2	10.2	35.5	46.9

① 各区域范围见“（2）区域重点”。

(2) 区域重点

我国各地经济社会发展水平、水资源条件及承载能力差异较大，节水型社会建设的侧重点也有所区别。总体而言，北方水资源紧缺和生态脆弱地区，要根据水资源和水环境承载能力实行严格的用水总量控制，以水定发展规模；加大产业结构调整力度，严格控制高用水和高污染项目；推广先进的节水工艺、技术和设备。南方水资源丰富地区，要从重视水资源开发利用向重视水资源节约、保护和优化配置转变，要加强用水定额管理，控制单位产品和服务的取水量，严格控制废污水排放。

根据经济社会发展的总体布局和区域水资源及其开发利用特点，因地制宜地确定以下不同区域节水型社会建设发展方向和重点。

1）东北地区

包括辽宁、吉林和黑龙江3个省。该区土地资源丰富，水资源分布不均，北丰南欠，东多西寡，人均水资源约1400m^3。辽河流域和辽宁沿海城市群水资源短缺、水污染、地下水超采和海水入侵等问题突出，解决这些问题是该区节水型社会建设的重点。

东北老工业基地产业结构调整中要把节约用水和保护环境作为重要的任务。要加大以节水为重点的企业技术改造力度，着力用高新技术改造传统老工业，大力推广先进适用的节水技术，集中力量支持一批重点行业和重点企业的节水改造。沿海城市要抓好海水利用等非常规水源的开发利用。

东北地区是我国主要商品粮和大豆生产基地，要大力发展现代高效节水农业。继续加大力度对现有大中型灌区进行以节水为重点的续建配套和节水改造，新建灌区要按照节水要求进行建设；地广人稀和西部水资源紧缺地区要推行保墒固土、雨水利用、旱地坐水种等抗旱补水技术；以地下水为主要水源的小型灌区以管道输水为主，适度应用喷微灌技术。要合理开发北部和东部地区丰富的水资源，建设必要的水资源配置工程，缓解区内中部地区水资源短缺的局面。

到2010年，通过节水工程措施，东北地区年节水量39亿m^3，其中农田灌溉节水26亿m^3，占66%；工业节水12亿m^3，占30%；城镇节水1.6亿m^3，占4%。

2）黄淮海地区

包括北京、天津、河北、山西、山东和河南6个省（市）。该区人均水资源仅350m^3，是全国人均水资源量最少的地区，现状用水已接近或超过水资源可利用量。水资源紧缺、水环境恶化已成为该区经济社会发展的重要制约因素。

要严格实行用水总量控制和定额管理。加快对高用水行业的节水技术改造，加大产业结构调整力度，促进优化升级，重点发展低用水高附加值产业。调整产业布局，鼓励大型高用水企业向水资源相对丰富地区和沿海地区搬迁，严格控制建设新的高用水和高污染工业项目。加强水污染防治，提高污水处理率和再生利用率，鼓励非常规水源利用，沿海地区要积极发展海水利用。

黄淮海地区是我国粮食主产区之一，应根据水资源条件，压缩耗水量大的作物种植比例，发展耐旱高产小麦品种，发展生态农业，减少农业面源污染。要继续加强大中型灌区续建配套与节水改造及节水增效示范项目建设，大力推广以渠道防渗、管道输水、深耕深松、蓄水保墒、覆盖保水等为主的节水技术；井灌区积极推广管道输水，适度推广喷微灌等节水灌溉技术；山区要依托小水窖等集雨补灌、保墒固土、农田护坡拦蓄保水等工程建设，发展多种形式的节水技术；城市郊区蔬菜、花卉、果树、苗木等高效农业、创汇农业的灌溉要以喷灌、微灌为主。

结合南水北调工程建设，合理调配地表水、地下水，本地水、外调水和再生水，加强受水区节水防污和生态修复，采取有力措施逐步退减挤占的河道湖泊生态环境水量，合理调整地下水开采布局，退减地下水超采量，逐步实现地下水采补平衡。

到2010年，通过节水工程措施，黄淮海地区年节水量43亿m^3，其中农田灌溉节水22亿m^3，占50%；工业节水18亿m^3，占43%；城镇节水2.9亿m^3，占7%。

3）长江中下游地区

长江中下游地区包括上海、江苏、浙江、安徽、江西、湖北和湖南7个省（市），水资源相对丰富，但水质型缺水、水污染、湖泊富营养化问题突出，部分地区已危及城乡居民饮水安全。

长江中下游地区应节水与防污并重，要注重通过节水减污；强化用水定额管理，建立合理的水价形成机制，控制单位产品取水量；加快产业结构调整和促进产业升级，大力发展循环经济，推行清洁生产；进一步加强水污染的防治，实行严格的排污控制，建立和完善水环境和水资源保护的长效机制；提高工业废污水处理标准，实现工业废污水全面达标排放；加快城镇污水处理设施和垃圾处理设施的建设，最大限度地减少污水和垃圾对水环境的污染和破坏；开展农业面源污染的监控和治理，大力发展生态农业，科学合理使用化肥、农药，推广生态养殖，鼓励畜禽粪便综合利用，减少农业、农村对水资源的面源污染。

长江中下游地区是我国粮、棉、油和果、茶、桑生产基地，应加强对耕地的保护，大力发展农业节水灌溉，加强大中型灌区节水改造；完善灌区用水计量系统，加强灌区管理，提高水资源调控能力；在优先发展高效输配水技术的同时，要高度重视改进田间灌水技术；鼓励发展和应用适宜的节水灌溉技术和精准控制灌溉技术等；发展与应用生物、农艺节水技术，水田区要普遍推广控制灌溉技术。

到2010年，长江中下游地区通过节水工程措施年节水量115亿m^3，其中农田灌溉节水52亿m^3，占45%；工业节水56亿m^3，占49%；城镇节水6.9亿m^3，占6%。

4）华南沿海地区

华南沿海地区包括福建、广东、广西和海南4个省（区），总体上水资源丰富，但部分地区季节性缺水严重，珠江三角洲水污染问题突出。

华南沿海地区要加快健全用水管理制度，加强用水定额管理；深化水价改革，完善水价制度，形成以经济手段为主的节水机制；积极促进产业升级，限制高污染、低产出产业的发展；加大水污染防治力度，加强对河流湖泊排污的管制，实现工业废水全面处理和达标排放，尽快改善重点流域和城市的水环境质量；控制化肥和农药的使用，减少农业面源污染，逐步改善水环境。

在农业经济作物区推广喷、微灌等节水技术，水稻区推广渠道防渗和水稻控制灌溉技术；丘陵山区利用小水源或提水设施发展旱作物喷、微灌；适度兴建新水源工程，扩大节水灌溉面积；海岛地区和沿海缺水城市要积极开发利用海水等非常规水源。

到2010年，华南沿海地区通过节水工程措施年节水量72亿m^3，其中农田灌溉节水44亿m^3，占61%；工业节水25亿m^3，占35%；城镇节水2.9亿m^3，占4%。

5）西南地区

西南地区包括重庆、四川、贵州、云南和西藏五个省（区、市）。该区多属高山与高原，水资源相对丰富，但田高水低，水资源开发难度大。重庆市、四川成都平原、云南滇中地区是该区节水型社会建设的重点。

西南地区大部分属江河上游区，要加强对水资源开发利用的管理和保护，合理进行工农业生产布局；积极发展高科技产业和特色产业，严格限制高污染产业发展，重点对化工、造纸等高用水行业进行节水技术改造，提高工业用水效率。

因地制宜进行灌区配套与节水改造，以小型农村水利建设为重点。对水源条件较好的丘陵区和山间平原，加强坡地整治、生物埂和田间“三沟三池”配套建设，有条件地区可利用自然水头发展自压喷灌、微灌；水稻区推广以渠道防渗为主的节水灌溉技术，完善田间节水工程措施；岩溶地区重点实施旱坡地治理，加强小、微型人造集雨蓄水工程建设，推广旱作节水农业技术和湿润灌溉等控制灌溉技术；在贫水山丘区积极发展集雨节灌工程，提高灌溉保证率，增强抗旱能力，发展生态农业。

到2010年，西南地区通过节水工程措施年节水量36亿m^3，其中农田灌溉节水21亿m^3，占59%；工业节水12亿m^3，占34%；城镇节水2.5亿m^3，占7%。

6）西北地区

西北地区包括内蒙古、陕西、甘肃、青海、宁夏和新疆六个省（区），大部分地区生态环境十分脆弱，目前已有一部分河流的生态环境用水被挤占，土地荒漠化等问题突出。内陆河地区和黄河宁蒙地区是该区节水型社会建设的重点。

西北地区要以保护生态环境为重点，严格按照水资源可利用量对用水总量进行控制，加强用水定额的管理，提高用水效率；在保证居民用水和基本生态环境用水的前提下，合理配置，以水定发展，控制经济社会用水量过度增长；严格控制盲目发展高用水和高污染工业项目，加强对现有高用水行业和企业的节水技术改造，推广先进节水工艺、技术和设备。

合理安排农业布局和种植业结构，限制和压缩高耗水、低产出作物种植面积，综合运用农艺、生物和工程等节水措施；加大现有灌区的节水改造力度，发展节水灌溉，渠灌区继续抓好以渠道防渗为主的节水改造；井灌区和扬水灌区大力发展管道输水，适度推广喷灌、微灌、膜下滴灌；自流灌区要发展渠道防渗和田间节水灌溉技术，逐步推广管道输水和大型喷灌机喷灌。有条件的山地缺水区要积极推广覆盖集雨、保护性耕作、深松蓄水保墒等旱作节水技术。

节约用水要与水资源合理配置以及保护生态相结合，对内陆河上下游水量实行水资源统一调配，在保障基本生活用水的前提下，合理配置水资源，避免因上游过量用水而导致下游生态恶化；加强节水防污和生态修复，对生态用水已经被挤占的地区，要采取有力措施逐步恢复和增加生态用水；加强重点区域水污染防治，加强长江、黄河源头区原生态系统的保护。

到2010年，西北地区通过节水工程措施年节水量为45亿m^3，其中农田灌溉节水36亿m^3，占76%；工业节水10亿m^3，占22%；城镇节水1.2亿m^3，占2%。

4. 非常规水源利用

在科学合理开发利用地表水、地下水的同时，开发利用海水、再生水、矿井水、雨水等非常规水源，增加可供水量，缓解水资源瓶颈制约。

（1）海水与苦咸水利用

落实《海水利用专项规划》，在沿海地区和苦咸水资源丰富地区，通过政策引导，依靠科技进步，建设海水直接利用和海水、苦咸水淡化工程，推进海水、苦咸水利用。

重点任务是新增海水直接利用量200亿m^3以上，总量达到550亿m^3。海水淡化规模达到80万～100万m^3/d，年替代水资源量31.3亿m^3。

（2）再生水利用

落实《"十一五"全国城市污水处理及再生利用设施建设规划》，加大污水处理再生利用。根据再生水水源、潜在用户地理分布、水质水量要求和输配水方式，合理确定污水再生利用的规模、用水途径、布局和建设方式。城市污水再生利用设施的规划建设应遵循统一规划、分期实施，集中利用为主、分散利用为辅，优水优用、分质供水，注重实效、就近利用等原则。优化城市供水系统与配水管网，通过试点推动建立与城市水系统相协调的城市再生水利用管网系统。完善污水处理再生利用技术标准，在工业、农业、城市绿化、市政环卫、生态景观等行业以及公共建筑生活杂用水等扩大使用再生水。积极研究开发占地面积小、自动化程度高、操作维护方便、高效的污水处理和再生利用技术。

重点任务是全国城镇集中污水处理能力达到1亿m^3/d，年处理量达到302亿m^3。

（3）矿井水利用

重点做好缺水地区煤矿、铁矿等主要采区的矿井水利用工作，把矿井水利用规模与矿区及周围生活、生产和生态用水有机结合起来。坚持政府支持和市场开发相结合，通过市场化运作，促进矿井水利用的产业化发展。

（4）雨洪水利用

重点在北方水资源短缺地区和南方部分丘陵区，推广雨水集蓄利用技术。建设集雨水窖、水池、水柜、水塘等小型雨水集蓄工程，用于作物浇灌及家庭、公共场所和企业用水。推广雨水集蓄回灌技术，通过城市绿地、可渗透地面、排水沟等渗透补充地下水，或排入沿途大型蓄水池。推广生态环境雨水利用技术，与天然洼地、公园河湖等湿地保护相结合，利用可渗透排水沟和地面雨水径流下渗，建设雨水利用生态小区。

重点任务是在农村地区推广水窖、水池、水柜、水塘等小型雨水集蓄工程，解决人畜饮水和旱作补水灌溉。

城市建设中保留和开辟城市绿地、可渗透地面、排水沟等渗透补充地下水，推广生态环境雨水利用技术。

加强雨洪水拦蓄和调度以及基础设施建设。

提高水工程的调度管理水平，以及洪水利用程度。

（5）加强雨洪水利用基础设施建设

修建拦蓄洪水的水利工程和水保工程，通过合理拦蓄洪水增加水资源的利用量或补充地下水。通过除险加固、加高水库大坝和科学提高汛限水位，增加水库蓄水量，提高洪水安全利用程度。加强蓄滞洪区等蓄洪滞洪工程安全建设，调洪补水，回补缺水地区地下水。提高洪水的预报调度技术水平，在保障防洪安全的前提下实现洪水安全利用。

5. 节水型社会制度建设

节水型社会建设的核心是制度建设。"十一五"期间，要深化体制改革，加强制度建设，逐步形成有利于节约用水和水资源高效利用与有效保护的水管理体制及机制。

(1) 完善水资源管理体制

完善流域与区域相结合的水资源管理体制。明确流域和行政区域的管理职权，开展流域水资源管理体制改革试点，探索建立各方参与、民主协商、共同决策、分工负责的流域议事决策机制和高效的执行机制。完善流域与区域相结合的水资源管理体制，加强流域水资源统一规划、统一配置、统一调度，合理划分流域管理与行政区域管理和监督的职责范围和事权。

加强行政区域内水资源综合管理。实现水资源评价、规划、配置、调度、节约、保护的综合管理。建立健全县乡两级节水机构，推进综合管理，提高管理水平。

(2) 建立健全用水总量控制和定额管理制度

确定流域和行政区域用水总量控制指标。制定主要江河特别是北方河流的水量分配方案，明确流域和各行政区域用水总量控制目标。"十一五"期间，基本完成国家确定的重要江河、湖泊和其他跨省、自治区、直辖市的江河、湖泊水量分配方案，确定流域内各省（自治区、直辖市）的用水总量控制指标。在此基础上，逐步完成其他江河、湖泊水量分配方案。各省（自治区、直辖市）要根据本行政区域的总量控制目标，逐级分配用水总量控制指标。

建立年度水量分配方案。根据水量分配方案和水资源实际情况，动态制定年度水量调度计划。流域年度水量分配方案，由流域管理机构会同有关省（自治区、直辖市）水行政主管部门制定。地方行政区域的年度水量分配方案，由地方水行政主管部门依据上一级地方水行政主管部门或者流域管理机构下达的年度水量分配方案制定。

全面制定用水定额。完善用水定额标准及管理体系，在开展水平衡测试和分析现状用水水平的基础上，各省（自治区、直辖市）人民政府组织有关行业主管部门，按照职责分工，结合节水型社会建设的发展需要，科学制订本行政区域内用水定额，由省级人民政府公布。重点区域和重点领域的用水定额和节水标准要率先制定。

全面推进计划用水。逐步扩大计划用水的实施范围，根据水量分配方案、流域和区域年度水量分配方案和各地来水的实际情况，按照统筹协调、综合平衡、留有余地的原则，取水许可部门向取水户下达用水计划，保障合理用水，抑制不合理需求。进一步加强城市重点用水户的计划用水管理，通过价格杠杆促进节约用水。

(3) 完善取水许可和水资源有偿使用配套制度

配套完善取水许可制度。尽快出台《取水许可与水资源费征收管理条例》实施细则。严格申请受理、审查决定的管理程序，加强取用水的监督管理和行政执法。探索依法有偿转让取水权。

全面推行水资源论证。对关系到水资源配置格局的有关规划开展水资源论证工作，对产业发展政策、产业结构及产业和城镇布局等有关的规划，应根据水资源和水环境承载能力分析进行水资源论证，结合水资源条件和水环境状况提出水资源和水环境的规划目标和规划内容。对于基本建设项目，要全面推行水资源论证制度。

全面实施水资源有偿使用制度。制定水资源费征收使用管理暂行办法，加大水资源费征收力度，加强水资源费征收使用的监督管理。与取水许可制度实施范围相应，扩大水资源费征收范围，适时调整水资源费征收标准，对超计划或超定额取用水累进收取水资源费。

（4）建立健全节水减排机制

健全水功能区管理制度。制定水功能区管理条例，依法划定水功能区。根据水资源保护目标，核定水域纳污总量，制定分阶段控制方案，依法提出限排意见。建立跨省界河流断面水质考核制度。划定地下水功能区，制定地下水保护规划，全面完成地下水超采区的划定工作，完善监督管理制度，通过节水和合理配置水资源逐步压缩地下水超采量，开展全国地下水保护试点工作。科学划定和调整饮用水水源保护区，切实加强饮用水水源保护。

完善入河排污口监督管理。加强排污口的监督管理。新建、改建、扩建入河入湖排污口要进行严格论证，强化对主要河流和湖泊的管制，坚决取缔饮用水水源保护区内的直接排污口。

完善取用水户退排水监督管理。依据国家排污标准和入河入湖排污口的排污控制要求，合理制定取用水户退排水的监督管理控制标准。对取用水户退排水加强监督管理。严禁直接向江河湖海排放超标工业污水。严禁利用渗坑向地下退排污水。

（5）完善水价形成机制

按照补偿成本、合理收益、优质优价、公平负担的原则，完善水价形成机制。以节水和合理配置水资源、提高用水效率、促进水资源可持续利用为核心，充分体现我国水资源紧缺状况，使水价能够全面反映水资源保护、开发利用的成本，补偿供水、污水处理的合理成本。合理确定各类用水的水资源费征收标准。未开征污水处理费的地方，要限期开征；已开征的地方，要尽快将污水处理费征收标准提高到弥补污水处理设施运行成本、合理赢利的水平。

实行差别水价。对不同水源和不同类型用水实行差别水价，使水价管理走向科学化、规范化。逐步推进水利工程供水两部制水价、城镇居民生活用水阶梯式计量水价、生产用水超定额超计划累进加价，缺水城市要实行高额累进加价，适当拉开高用水行业与其他行业用水的差价。同时，保证城镇低收入家庭和特殊困难群体的基本生活用水。水源丰枯变化较大、用水矛盾突出的地方，要实行丰枯水价。

促进水价改革，提高水费征收率。合理确定水利工程、城市供水及再生水水价，充分发挥价格杠杆在水需求调节、水资源配置和节约用水方面的作用。改革水费计收方式，扩大水费征收范围，提高水费征收率。

推进农业用水计量收费，完善农业水费计收办法，推行到农户的终端水价。综合考虑供水成本、农民承受能力和粮食安全等因素，积极稳妥地推进农业用水价格改革，将农业供水各环节水价纳入政府价格管理范围。深化灌区水管单位改革，精简机构和人员，扩大用水户参与，依法保障农民及广大用水户对水价制定的知情权、参与权和监督权，着力降低供水成本。

6. 重点工程项目

为确保实现规划节水目标，按照突出重点、明确导向的原则，在工业、农业、城市及非常规水源利用、节水型社会建设、能力建设等方面实施一批重点节水工程项目。工程项目实施后每年可节水269亿m^3，其中利用非常规水源替代新水70亿m^3。经测算，实施这些工程项目合计需要投资1372亿元。

关于资金筹措，通过国家、地方、企业、社会多方筹集，采取企业自筹、银行贷款、社会融资、利用外资、地方配套、国家补助等多种方式，建立多元化、多渠道、多层次投入保障体系。对规划中的重点工程项目，主要以企业作为基本的投资主体，向市场融资。在强化地方和企业投资责任的同时，国家安排一定比例的资金给予适当补助。

（1）农业节水重点工程项目

重点实施大中型灌区续建配套与节水改造项目，优先安排粮食主产区、严重缺水地区和生态脆弱地区灌区改造。根据《全国节水灌溉规划》和《"十一五"全国大型灌区续建配套与节水改造规划》，以及《全国农业综合开发重点中型灌区节水配套改造建设规划》，重点安排大型灌区节水改造、中型灌区节水改造、井灌区节水改造、节水灌溉示范、雨水集蓄和旱作节水灌溉示范、牧区节水灌溉饲草料基地示范、养殖业节水示范共7类，投资合计533亿元，每年可节水134亿 m^3，见表4-3。

"十一五"期间农业节水重点工程项目建设情况 **表4-3**

序号	项目名称	项目数	主要内容	年节水量（亿 m^3）	投资（亿元）
1	大型灌区节水改造①	428	对428处大型灌区3.46万km骨干渠道、8.85万座（处）各类渠系建筑物、678座（处）水源及渠道工程进行续建配套和节水改造，基本完成主要粮产区和北方水资源紧缺地区225个大型灌区的节水改造，推广输水防渗和喷微灌技术	70.0	251.0
2	中型灌区节水改造	480	对主要粮产区480处中型灌区3.15万km骨干渠道、7.14万座（处）各类渠系建筑物、1495座（处）水源及渠道工程进行续建配套与节水改造，推广输水防渗和喷微灌技术	35.0	152.0
3	井灌区节水改造	—	对冀鲁豫主要粮、棉、油和经济作物主要产区，更新和修复机井30.4万眼，恢复和完善井灌面积3500万亩，并全部建成节水灌溉工程	21.0	59.0
4	节水灌溉示范	1000	在粮食主产区、现代农业区等地区进行节水灌溉技术示范规模化建设试点，推行农业用水总量控制与定额管理，推广灌溉新技术和优质农作物品种	6.0	25.0③
5	雨水集蓄与旱作节水灌溉示范	—	在黄土高原丘陵沟壑区、华北半干旱山丘区、西南山丘区等，发展集雨场面积13.14亿 m^2，蓄水工程容积11.66亿 m^3，发展补灌面积1320万亩，节水灌溉面积330万亩，解决770万人和775万头牲畜的饮用水源，重点建设一批节水灌溉示范项目	6.0②	30.0③
6	牧区节水灌溉饲草料基地示范	—	在全国建设一批牧区节水灌溉饲草料基地示范项目，重点建设一批节水灌溉示范项目	2.0②	8.0③
7	养殖业节水示范	—	在沿海和内陆渔业主产区建设一批工厂化循环水养殖和节水池塘养殖示范场	2.0	8.0③
小计				134.0	533.0

① 其中19处已列入首都水资源、塔河流域、黑河流域3个专项规划，7处基本完成。大、中型灌区节水改造投资仅列骨干工程估算投资；
② 增加的供水量，未计入节水量；
③ 表示节水型社会建设"十一五"规划投资。

(2) 工业节水重点工程项目

在优化调整区域产业布局的基础上，鼓励企业进行生产工艺节水改造，重点对火力发电、石油石化、钢铁、纺织、造纸、化工、食品等高用水行业进行改造，减少用水量，提高废水处理回用能力。有条件的要积极利用海水、再生水和矿井水。安排重点工程项目324项，投资合计143亿元，每年可节水31亿 m^3，见表4-4。

"十一五"期间工业节水重点工程项目建设情况 **表4-4**

序号	项目名称	项目数	主 要 内 容	年节水量（亿 m^3）	投资[①]（亿元）
1	火力发电行业节水	58	含电力生产供应等行业，主要在晋、鲁、粤等23个省级区建设以循环水系统改造、除灰系统改造、废污水回收再生利用、空冷机组建设为主的58项节水工程项目	8.3	33.9
2	石油石化行业节水	25	含石油和天然气开采、石油加工等行业，主要在黑、苏、鲁等10个省级区建设以循环水系统改造、冷凝水回收利用改造、废污水回收再生利用为主的25项节水工程项目	2.7	10.6
3	钢铁行业节水	27	含黑色金属矿采选业、黑色金属冶炼及压延等行业，主要在冀、豫、川等20个省级区建设以循环水系统改造、干法息焦、废污水回收再生利用为主的27项节水工程项目	5.1	17.8
4	纺织行业节水	21	含纺织、服装和鞋帽、皮毛制品等行业，主要在浙、鲁、豫等12个省级区建设以循环水系统改造、新制浆技术节水节能示范、废水深度处理回用示范为主的21项节水工程项目	1.5	9.7
5	造纸行业节水	54	含造纸及纸制品、印刷和记录媒体等行业，主要在鲁、豫、鄂等18个省级区建设以循环水系统改造、中浓封闭筛选系统改造、碱回收蒸发站污水冷凝水的分级及回用系统、废液综合利用、废污水回收再生利用等54项节水工程项目	4.2	32.1
6	化工行业节水	81	含化学原料及化学制品、医药、化学纤维、橡胶制品等行业，主要在冀、鲁、豫等21个省级区建设以循环水系统改造、PVC生产电石渣上清液回收利用、合成氨系统优化、废污水回收再生利用等81项节水工程项目	6.3	27.4
7	食品行业节水	58	含农副食品加工、食品制造、酿酒、饮料制造等行业，主要在皖、鲁、豫等20个省级区建设以循环水利用、制冷系统技术改造、锅炉除尘脱硫用水改造、废污水回收再生利用为主的58项节水工程	3.0	11.5
小计		324		31.0	143.0

① 表示节水型社会建设"十一五"规划投资。

(3) 非常规水源利用重点工程项目

落实《海水利用专项规划》、《"十一五"全国城市污水处理及再生利用设施建设规划》，沿海高用水企业推进海水冷却的工艺改造力度，在沿海缺水城市和海岛建设海水淡化工程，解决部分地区工业纯净水、海岛居民及公共生活用水。"十一五"期间非常规水源利用重点工程项目安排海水直接利用和海水淡化、城镇污水集中处理再生利用、矿井水利用示范和再生水利用水质安全关键技术示范共4类，投资合计362亿元，每年可替代新水70亿m^3，见表4-5。

"十一五"期间非常规水源利用重点工程项目建设情况 表4-5

序号	项目名称	项目数	主要内容	年节水量（亿m^3）	投资（亿元）
1	海水直接利用和海水淡化	—	在电力、化工、石化、钢铁等行业，选择部分企业利用海水进行冷却，在缺水城市和海岛建设海水淡化工程，解决部分地区工业纯净水、海岛居民及公共生活用水	13.3	158.0
2	城市再生水利用	83	利用城市污水处理厂出水，在全国各地特别是缺水的北方和沿海地区建设规模适当、有确实用户的污水再生利用设施，缓解缺水状况，推动再生水利用	24.8	102.0
3	矿井水利用示范	—	建设288项矿井水利用工程，对矿井水进行净化处理，作为矿区和周边地区生活和生产用水	30.1	87.1
4	再生水利用水质安全关键技术示范	8	在5个省区通过8个示范工程集中进行不同气候区、不同再生水水源及不同用户的水质安全保障关键技术攻关，进行促进节水的水价试点研究	2.0	15.3①
小计		—		70.2	362.4

① 表示节水型社会建设"十一五"规划投资。

（4）节水型社会建设示范

在节水型社会建设试点总结的基础上，扩大试点范围，提高建设标准，建设100个国家级节水型社会建设试点。节水型社会建设示范要在健全节水型社会管理制度和完善节水导向经济政策和机制的前提下，整合各类资源，加大投入力度，实行整片推进，实现重点提高。"十一五"期间重点开展水资源短缺地区、生态环境严重恶化地区节水型社会建设示范，投资合计100亿元，每年可节水20亿m^3，见表4-6。

"十一五"期间节水型社会建设示范项目建设情况 表4-6

项目名称	项目数	主要内容	年节水量（亿m^3）	投资（亿元）
国家级节水型社会建设试点	100	加大投入力度，实行整片推进。完善节水型社会管理制度，加大产业结构调整力度，推进产业升级，完善节水为导向的经济调节政策；进行示范区重点工业用水行业改造，全面进行灌区改造和城市供水管网改造，提高污水处理再生利用水平；开展地下水人工调蓄能力建设示范，进一步优化调整水资源开发利用方式	20.0	100.0①

① 表示节水型社会建设"十一五"规划投资。

（5）能力建设项目

为保障节水型社会建设的顺利进行，"十一五"期间安排能力建设工程项目省界断面计量监测、水资源管理信息系统和节水执法监督能力共3类，合计投资24亿元，见表4-7。

“十一五”期间节水型社会能力建设项目建设情况　表 4-7

序号	项目名称	项目数	主要内容	投资①（亿元）
1	省界断面计量监测	450	加强监测各行政区域和用水部门的用水监督状况，在主要江河省界断面实施计量监测	13
2	水资源管理信息系统	50	继续完善主要江河水资源调度系统试点工作，并在全国范围内加大水资源监控与管理试点	10
3	节水执法监督能力	—	加强节水监督机构的建设，提高节水监督机构的执法监督能力	1
小计		—		24

① 表示节水型社会建设“十一五”规划投资。

7. 环境影响分析

建设节水型社会，是解决中国水资源短缺问题最根本、最有效的战略举措，是促进中国经济社会可持续发展的必然选择。节水型社会的建立，可以从水资源可持续利用和生态环境保护的层面上促进我国经济结构和产业布局更加趋于科学合理，实现结构节水，在水资源高效利用的同时有效地保护生态环境。通过节水型社会建设，建立全社会的水资源循环利用体系，将经济发展用水对生态环境的影响降低到最小限度，主要依靠提高水资源利用效率促使经济增长方式的转变。

规划实施后，可有效提高水资源的利用效率，保障经济社会发展，改善生态环境。其效果体现在以下五个方面：一是有效控制需求过度增长，遏制水资源过度开发；二是促进经济结构调整和产业优化升级；三是部分节水量可供经济社会用水，缓解供需矛盾；四是可有效减少污染物排放，保护环境；五是部分节水量可供生态系统使用，改善生态环境。

（1）农业节水环境影响

以节水为中心的大中型灌区、井灌区续建配套与技术改造是农业节水的基本措施，可以达到有效控制地下水超采和生态建设的目标。一是在一定的水资源供给条件下，通过科学合理地农田灌溉，提高灌溉用水效率，使农田灌溉水量有效减少，其节水量可全部或部分退还生态用水，有效改善生态环境。二是灌溉用水效率的提高，结合农药和化肥的合理使用，可减少灌溉退水将农药、化肥带入河道或渗入地下含水层，从而有效地减轻面源污染和地下水污染。三是田间节水措施的实施有利于土壤改良，有利于土壤物理性质和微生物环境的改善。四是井灌区和井渠结合灌区灌溉用水量的减少，可减少地下水超采量，维持地下水合理水位，有利于涵养地下含水层，保持河道的最小生态流量。五是通过灌区节水改造中对沟渠的疏浚治理，可提高区域行洪、排涝和输沙能力，防止坍塌、崩岸，缓解水土流失压力。六是牧区发展建设节水灌溉饲草基地，可有效缓解因草地资源过度利用导致的沙化、退化现象，有利于草原生态的自然修复和良性循环。另外，黄土高原和华北地区的雨水集蓄利用可以减轻降雨对地表的冲刷，保持水土资源。

但农业节水也可能给生态环境带来一些不利影响。渠道衬砌减少了沿途渗漏，使得沿渠的植物直接获取的水分减少，不利于植物自然生长；在西北地区，地表水灌区节水可能会造成地下水补给减少，对灌区生态林（草）自然生长有一定影响；田间灌溉水量的减少也可能会引起土壤的物理生化特性发生一定的改变。总体而言，农业节水工程措施的正面影响远远大于不利影响。对不利影响，可通过人工补给生态用水方式，保持灌区或绿洲生态的稳定，并在施工中实施水土保持措施修复和恢复植被，防止水土流失。

（2）工业节水环境影响

现状水体中绝大多数有毒有害物质来源于城镇生活污水和工业废水。废污水大量排放，是造成水环境状况日趋恶化，江河湖泊和地下水普遍遭到污染，水体使用功能下降的主要原因。

工业节水的主要措施分为工艺节水改造、废水处理及其回用。绝大部分的工艺改造措施和所有的废水处理措施都可以有效地减少有毒有害污染物的排放，因此工业节水改造对保护生态环境、保障城镇和农村的生活饮用水安全关系重大。公共用水节水和居民节水措施中的再生水处理回用也有效地减少了污染物的排放。另外，通过对使用年代长久和低材质供水管网的更新改造，有效地降低供水中重金属和有害物质的二次污染，提高城镇居民的生活用水质量。

（3）非常规水源利用环境影响

非常规水源中扩大再生水利用，一方面可有效地节约淡水资源，实现水资源的再生和循环使用；另一方面可以有效控制污染物排放，改善自然生态环境，改善区域和城市的水环境质量。

海水的直接利用和淡化可以减少沿海地区因过度开采地下水而造成的地下漏斗扩大、地面沉降严重等问题，从而有利于沿海地区保护和改善生态环境。在我国矿区比较集中的北方地区积极利用矿井水，不仅可以节约宝贵的水资源，也可以减轻直接外排对周围水环境和生态产生的污染。

8. 对策与措施

（1）对策

1）转变观念，加强水资源管理

建设节水型社会首先要转变观念。地方政府要理清发展思路，不能以浪费水资源、牺牲环境为代价换取经济的短暂发展，尽量少上或不上水耗高、污染大的项目，更不能浪费资源、破坏环境；其次，提高群众节水意识，更新用水观念，培养浓郁的水文化氛围；第三，奖惩分明，加强水资源供需管理。

2）加快基础设施建设

节水型社会建设不仅仅是节约用水，更需高质量的用水。水利基础设施是节水型社会的“硬件”，是中小城镇节水型社会建设的重要支撑。可采取的措施有：① 加强输水设施建设，提高自来水普及率，与城镇规模和经济发展水平相协调；注重管道的维护更新和节水器具的普及，杜绝输配水和用水环节的“跑、冒、滴、漏”；合理选择排水体制，根据中小城镇的特点和地区发展规划确定排水体制。② 加快骨干调蓄工程建设。建设水源涵养工程，加大地表水资源的利用效率。③ 规划建设污水处理厂。从城镇规划布局和水环境治理的角度出发，合理安排污水处理厂的位置、数量、规模。在决策处理方案时，不能照搬大城市的解决方案，要充分考虑中小城镇的情况，采用适宜的污水处理技术、设备、规模及运营方式等。如人工湿地、氧化塘、SBR 法等都是适合中小城镇的污水处理工艺。在建设污水处理厂的同时必须对排水系统进行规划和设计，完善配套设施，提高污水收集率。

3）加强节水技术的工艺改造

通过对现有的用水设备和用水工艺进行节水技术改造，使单位产量用水定额降低，提高用水水平。农业灌溉技术改进尤为重要。如喷灌法节水，经济效益显著，从增产、节水这两项综合计算，喷灌比大水漫灌每公顷可多收入3490.8元，同时还可节约40%的用水量。特别在丘陵山区的耕地，如实施喷灌，不仅能扩大有效灌溉面积，改善作物需水条件，每公顷还可增收4545.0元。在工业方面，采用新的节水技术提高工业用水重复利用率。如推广棉织物前处理冷轧堆、逆流漂洗、合成纤维转移印花、光化学催化氧化脱色等技术，是目前应用在纺织业中比较先进的节水技术。

(2) 措施

1）扩大投融资渠道，加大节水资金投入是确保中小城镇节水型社会建设的关键因素。以国家和地方政府为主的单一投、融资方式已无法适应经济发展的要求，需广开渠道。BOT方式有利于吸引国内的私人资金与国外资金进入污水处理行业。

2）建立补偿机制。目前，排污企业为降低生产成本，对污水加以处理的积极性不高，产生了不健康的竞争方式。因此，应从国家层面实施激励措施，加大征收排污费力度，同时给予实施污水处理的企业以适当的补偿，使实施污水处理的企业在全国同行业的竞争中占有一定的优势，提高污水处理积极性，促使中小城镇的经济发展趋于良性循环。另外，还应给予节水器具、设备的生产企业以一定的补偿，降低其产品价格，并促进节水产品的研发和推广。

3）推广节水型水价。在目前阶段，以经济手段促使节水是最有效的节约用水措施。节水型水价，即在水资源紧缺的特定条件下，为实现水资源的节约利用，缓解水资源供需矛盾而制定的水价。节水型水价作为一种经济杠杆，应具有三个职能：① 反映水资源自身价值；② 协调水资源供求关系，以实现水资源的优化配置；③ 提高全民的节水意识，自觉节约和保护水资源。通过征收节水型水费达到用水的“少奖多罚”。

(3) 建议

1）转变政府部门的工作理念和方式。杜绝地方保护主义，按照“关小扶大、压缩产量、有序竞争”的原则，对治理无望、污染严重的企业坚决关停，对于经济效益好并能积极治理的企业，环保部门将从资金、政策上给予支持，从而营造良好的水资源环境。

2）中小城镇是我国经济建设的新生力量，不走“先污染后治理”的老路。发挥后发优势，实现跨越式发展，推行清洁生产，发展绿色农业，培育产品深加工等技术含量高的骨干企业，这是中小城镇发展的长久之计。特别是位于流域上游的新兴中小城镇，应从可持续发展的角度选择主导产业，提高水资源的利用效率，减少污染。

3）地方政府应将投资的重点放在公益性强的基础设施建设上，提高群众投资水利建设的积极性，结合社会主义新农村建设，全面建设节水型社会。

4.1.3 用水定额的制定与管理

在国民经济发展中，小城镇具有承上启下的重要作用，既是工业化的重要载体，又是农业产业化的服务依托，还是城镇化的基础支撑。小城镇的优势在于能就近吸纳农村人口，可以成为农民工回乡的创业之地，乡镇企业的再生之地，县域经济的富民之地。

当前我国城镇化已经进入快速增长期，每年有1800万人从农村迁往城镇，城镇化势头难挡，我国小城镇人口已达5.4亿。

今后几十年内，是中国城镇化能否取得决定性进展的关键时期。为贯彻实施国家“小城镇、大战略”和“积极稳妥地推进城镇化”的重大战略决策，促进新形势下农村经济社会的全面发展，加快我国城镇化进程，推动我国向多元化社会经济结构转变，中国必须选择多元化推进的战略，走一条具有本国特色的城镇化道路，促进小城镇合理有序健康的发展。

然而，小城镇基础设施的建设却远远落后于社会经济的发展，其中就包括小城镇给水排水设施。我国小城镇现有的各类给水排水管网普遍存在不配套、安全可靠性差、运行管理费用高等缺点和不足。目前，小城镇自来水普及率为68%，与大中城市95%以上的普及率相差甚远，且给水排水系统不配套，致使小城镇人们的生活质量低下，投资环境差，进而阻碍了小城镇经济凝聚力，阻碍了小城镇的发展。众所周知，用水量的确定是城镇给水规划的首要依据，小城镇总体规划中一旦确定了小城镇的性质和规模，就意味着对用水量提出了一定的要求，而水量的大小则主要根据城镇的规模进行估算。而我国小城镇工业和市政建设所需的基础资料及相关研究非常缺乏，其中包括对不同气候区域、不同地形、不同水源、不同经济发展水平、不同生活习性、不同人口规模的典型小城镇各行业用水量、排水量变化规律的系统研究，导致小城镇生活和工业给水排水系统设计、建设、规划无标准可查、无规范可依，只能盲目沿袭城市给水排水系统的建设办法和技术措施，存在投资多、占地大、安全可靠性差、运行管理费用高等问题，并进一步导致小城镇给水排水设施建设速度缓慢，严重制约了小城镇社会经济的发展。

小城镇建设若生搬硬套大城市的行业标准极易出现问题。若水量预测过高，将造成工程建设投资的浪费和在规划年限内不能收回投资资金；若水量预测过低，显然不能满足企业正常生产的要求，从而限制行业的正常发展。我国各省、自治区、直辖市虽然相继出台了各自的行业用水定额标准，但这些标准多是以大城市的情况为基础而制定的，未能考虑到小城镇发展中诸如乡镇企业起点较低、工业“三废”污染较严重、市政基础设施落后等特殊性。因此，这些标准对小城镇建设仅具有参考价值。

综上，摸索小城镇用水量变化特点，找出一套预测小城镇各行业用水量的特性，制定合理的用水定额，可以填补我国小城镇行业建设基础资料的空白，其相关成果可作为制订小城镇给水排水设计规范的技术基础，并为确定小城镇生活用水指标和节水目标提供技术依据。

1. 用水定额的定义

所谓定额就是规定的数额。用水定额是人为规定的一种考核指标或衡量尺度。广义地讲，是指在一定期限内、一定约束条件下，在一定的范围内以一定核算单元所规定的用水水量限额（数额）。通常反映某种考核指标的平均先进水平。由此，用水定额应区别于实际发生的用水水量统计值。

根据城市用水类别划分，用水定额主要有城市生活或居住区生活用水定额（标准）、工业用水定额、公共建筑用水定额（标准）及市政用水定额等。除工业用水定额外，其他定额的水量限额实际上均指新水量而言，但在说法上并不统一，一般对新水量（取水量）、用水量、耗水量等亦不加区分。

2. 用水定额的制定原则与途径

（1）我国用水定额制定的情况

20 世纪 70 年代末 80 年代初，随着工业生产的迅速发展，计划用水、节约用水成为缓解城市工业用水短缺的重要措施。各地相继建立节水办公室之后，部分城市便对用水量较大的主要工业产品进行定额制定和试行计划定额管理。

1981 年，徐州市开始对纺织、化工和食品等主要用水大户的定额制定和试行管理进行初步探索。1982 年，江苏省计经委根据徐州市的经验和做法，颁发了 18 个工业产品的用水定额；1987 年，江苏省建委和计委根据试行情况，颁发了 50 个工业产品修改后的试行用水定额。

1984 年，建设部和国家经委颁布了 14 个行业的 200 余种主要工业产品用水定额（试行）。但该试行定额主要用于城市规划和新、扩建工业项目初步设计的依据，仍难以考核工矿企业用水量的标准。1987 年，原城环部和国家经委颁发了关于完善和制定《城市用水定额》的通知，要求各地搞好城市用水定额制定工作。

1989 年，在徐州召开了全国用水定额研讨会。1990 年，水利部发布了《关于加强用水定额编制和管理的通知》，随后下发了《关于印发工业及城市生活用水定额编制工作参考提纲的函》。2002 年，我国制定了《工业企业产品取水定额编制通则》，于 2003 年 1 月 1 日实施。2004 年，“全国用水定额工作研讨会”在南京召开。目前已有约 30 个省出台了各省的用水定额制度。

在农业用水定额编制方面，水利部组织各省、自治区、直辖市，通过典型调研开展灌溉用水定额编制工作，并于 2003 年下发了《关于编制灌溉用水定额的通知》，同时发布了“《灌溉用水定额》编制细则”和“灌溉用水定额调查表”。为了保证灌溉用水定额编制成果的质量，水利部随后又下发了“关于召开全国编制灌溉用水定额培训班的通知”，对编制工作人员进行了培训。目前初步提出了全国 193 种作物的灌溉用水定额。

（2）用水定额制定的原则与基本途径

所谓标准化，是在经济、技术、科学及管理等社会实践中，对重复性事物和概念通过制定、发布和实施标准达到统一，以获得最佳秩序和社会效益。制定用水定额是一种标准化工作。由此可见，用水定额制定亦须体现标准化的科学性、先进性、法规性和经济合理性。表现如下：

1）科学性。表现在标准制定本身是一项综合性的科学研究工作，就是对所考察的事物进行实事求是地科学分析、验证并对客观规律作出正确判断的过程。另一方面，随着科技的发展，生产与管理过程日趋精密和量化，数据标准的制定离不开现代科学技术知识和数学工具，尤其是数理统计方法和计算机技术等。

2）先进性。是制定任何一种标准的基本出发点之一，也是一种技术政策。它要求结合国情，从社会的全局和长远利益出发，通过标准化协调各部门某方面的经济活动以谋求最佳的秩序和社会经济效益。为此，用水定额应体现用水（节水）的先进水平。

3）法规性。表现为标准是经有关方面协调一致，经主管部门批准，以特定形式发布并必须严格遵守的一种准则或依据。

4）经济合理性。是指除涉及安全、卫生和环境保护以及国防尖端技术等直接关系到大众人身安全、健康和国家整体利益之外，标准一般应以讲求最佳社会经济效果为目标。对于国家标准，其制定与实施应取得最大的社会经济总体效益，对于企业标准，除主要考虑企业的经济效益外，也应考虑社会的全局利益。此外，制定标准需要把握时机，若错过最适当的时机再去进行协调统一，往往会付出很大的代价，造成不应有的经济损失。目前，我国各城市正在开展用水定额制定工作，急需统一的标准进行指导和协调。标准的经济合理性，还表现在标准在技术上应具有实际可行性。

用水定额的制定，除需体现上述标准化的科学性、先进性、法规性和经济合理性原则外，还应力求简便易行；要在保证正常生产和产品质量的基础上，提高工业用水（节水）水平，促进水资源的合理利用与科学管理，要在取得良好的经济效益、社会效益与环境效益的基础上推动工业生产；技术与节约用水技术的发展。此外，应以严格而科学的企业水量平衡测试作为基础。

此外，制定任何类别用水定额都不能孤立地进行，都需不同程度地遵循从局部（微观）到总体（宏观）、再从总体到局部这一基本途径。例如，制定某一工业企业用水定额，原则上应在分析该工业企业用水状况的基础上，分析各种因素的影响和用水变化趋势后，才能作出最后评价，事实上，在制定某种用水定额的过程中，没有对局部情况的调查研究，就不可能考察该工业行业用水的总体状况；没有工业行业用水状况的总体分析，就难以对局部用水情况作出可靠的判断。

3. 用水定额的编制方法

（1）生活用水定额的编制

1）生活用水定额编制的要求

生活用水通常可分为两大类：居民生活用水和公共建筑用水。居民生活用水指居民住宅用水；公共建筑用水包括宾馆、饭店、医院、科研机构、学校、机关、办公楼等公共设施用水量以及交通设施、仓储、建筑施工、道路浇洒、绿化、消防、特殊用水（军营、军事设施、监狱等）等的用水量。

用水行业分类与代码是用水定额编制的一项基础性工作，便于资料的收集、整理、归类以及定额值的比较分析和定量指标的确定。本次定额在充分论证的基础上，突出重点，参照《国民经济行业分类与代码表》（GB/T 4754—2002）中分类，将用水行业分为门类、大类和小类三级，共确定了12大类32小类定额值。

用水定额的制定是一项科学、严肃的工作，在定额制定过程中主要遵循七项基本准则：① 科学、合理、因地制宜的原则；② 以不同用水水平单位水平衡测试结果为依据；③ 突出重点用水行业；④ 体现先进性；⑤ 充分考虑节水潜力；⑥ 兼顾公平性和可行性；⑦ 体现地区用水特点和结构。

2）生活及公共用水定额编制的方法

以《标准化工作导则第1部分：标准的结构和编写规则》（GB/T 1.1—2000）及有关行业标准为准则，以促进节水、减污、节能、降耗为其主导思想，以实际测试资料为依据，辅以必要的调研资料，经过科学计算和论证分类制定。

合理确定用水定额的编制方法是保证用水定额的先进性、科学性、合理性和可行性的关键。本次定额制定中根据所取得数据的特点，综合采用了相关分析法、统计分析法、技术测定法、类比法和经验法等多种方法分类制定。

① 相关性回归分析法

相关分析法是数理统计常用的一种方法，通过该方法建立用水量与影响因素之间的相关关系。但该方法需要将用水单位规模、用水水平等影响因素量化，在量化过程中采用何种方法才能够客观反映实际情况是值得探讨和解决的。定额制定中主要针对一些影响因素比较复杂，用水量较大的行业进行用水单耗与其影响因素的相关性分析，通过分析筛选主要影响因素。

② 二次平均法

二次平均法是列入国家用水定额通则的一种方法，它是通过两次求平均的方法来制定用水定额。其基本算法是首先对统计资料求平均（一次平均），然后对大于（或小于）平均值的统计值再次求平均。

③ 概率测算法

调查发现，一些调查数据在根据主要影响因素分类后符合较好的正态分布。在定额制定的过程中引入正态分布函数，计算不同节水水平下的定额，由中心极限定理知分类后每个分类数据近似服从正态分布，现假设总体 Y 服从均值为 α，方差为 σ^2 的正态分布 N（α，σ^2），此时水平 α 下的用水定额就是正态分布 N（α，σ^2）的分位数 y_α。据此可确定不同节水水平下的用水定额和节水水平。

④ 类比法

类比法也称典型定额法，是以已实施的典型用水定额项目为基准，通过一定方法的分析比较（可采用经验法、技术测定法、理论计算法或统计分析法），确定与之相同或相似项目的用水定额。

⑤ 经验法

经验法亦称专家评议法。运用专家（有关业务人员和专业技术人员的统称）的经验和判断能力，通过逻辑思维，综合相关信息、资料和数据，确定合理的定额值。为了减少个人因素的干扰，提高定额的科学性和先进性，结合采用了头脑风暴法和特尔斐法。经专家多次现场论证和多轮问卷调查，在其结果的基础上制定相应的定额。

（2）工业用水定额的编制

20 世纪 70 年代末 80 年代初，随着城市、工业生产的迅速发展，为了加强计划节约用水管理，我国大部分城市开始对一些较大的用户制定用水定额，以促进水资源的合理利用与城市供水的科学管理。在城市用水中，工业用水超过 60%，工业废水的排放量也大于城市生活污水的排放量，并且工业废水的处理难度大。科学合理地制订工业用水定额，实行工业产品的用水定额管理，可以促进工业企业改进生产工艺，制定节水措施，促进工业用水的一水多用、循环利用和污水回用，减少新鲜水的用量和污、废水的排放量，有利于工业企业深入挖潜降耗，降低产品成本、改善环境、创造良好的经济效益，也有利于各级节水管理机构合理制定用水计划和实现节水管理工作的科学性和规范性。目前，国内对用水定额理论的探讨还不十分活跃，对有关用水定额的定义等基本概念也还存在不同解释。因此，如何制定一个科学合理的用水定额，以及如何对工业用水定额进行合理应用，是一个具有重要现实意义的研究课题。

1）制定工业用水定额的目的意义

① 工业用水定额的内涵

工业用水定额就是产品生产过程中用水多少的一种数量标准，是指在一定的技术和管理条件下，生产单位产品或创造单位产值所规定的合理用水的水量标准。

工业用水定额是随着企业生产工艺的更新、节水技术的改进、节水管理水平的提高而变化的管理指标。企业层次的微观用水定额有着空间上的差异性和时间上的动态性。空间上的差异性表现在同类产品在不同企业用水定额不同。时间上的动态性表现为同一个企业同一产品在不同时期用水定额不同。生产工艺和企业规模是影响工业用水定额的主要因素。

② 制订工业用水定额的目的、意义

行业用水定额编制是配合取水许可制度实施的一项基础性工作，目的是加强水资源科学管理、节约用水、促进水资源合理开发利用，为取水许可制度的实施管理打下坚实的基础，为编制用水计划等各项工作提供科学依据，为区域的水利规划、水资源规划、水资源公报等的编制提供准确的给水排水数据。

a. 用水定额是对城市用水单位实施定额管理、标准化管理和用水监督与检查的重要依据。明确合理的用水定额并使之透明，有利于企业用水计划的公开、公平、公正，有利于杜绝计划用水管理的漏洞，有利于促进工业企业节约用水水平的提高。

b. 用水定额是企业组织生产、实行计划用水管理的重要依据。科学、合理又有一定先进性的用水定额的推行，能提高企业节水意识，积极改进生产工艺，促进节水技术的推广应用和企业节水水平提高，有利于实现节约用水管理的科学性和规范性。

c. 用水定额是制定城市供水、节水规划，实行科学、合理管理水资源的依据，同时也是考核和衡量节水水平的尺度。它有利于促进工业企业完善节水指标体系，落实以承包为中心的、包括用水在内的各种形式的经济责任制，有利于进一步促进科学管理和节水工艺的应用，有利于深入挖潜降耗，降低企业生产成本，创造良好的经济效益。

2）制定工业用水定额的原则

① 制定用水定额要科学、严谨

制定用水定额的方法和研究技术路线要科学、严谨，采用的数据要完善、系统、可靠。制定出的产品用水定额是企业可以通过加强管理和采用高效的节水技术等手段实现的，而不是用有损于安全生产和合格产品的办法而达到的。

② 制定用水定额要先进、合理、可行

所谓先进是指制定出的产品用水定额领先于同类产品，只有如此，才能体现定额制定的导向作用和意义。所谓合理、可行，是指制定产品用水定额要从实际出发，要以现阶段所能达到的管理水平和新技术、新工艺为基础，考虑大多数企业通过努力可以达到、部分企业可以超额的水平。

工业产品的种类和数量很多，不可能同时制订出每种产品的用水定额。要根据先重点、后一般和分期分批的原则，逐步制定和实施各类产品的用水定额。首先，要根据用水量和工业产值为主的主导因素，确定其先后次序，制定定额产品的数量、品种多少和用水定额的适用范围大小，这不仅对一个市（或地区），而且对一个用水单位来讲都是如此。

原因是：在确定实施用水定额的产品时，要从产品用水量和工业产值两方面来考虑，就一个市区范围而言，在选择制定和实施的产品时，首先必须体现出该市的工业性质和结构特点，能全面反映该市的工业概况；其次，要表现出工业的用水特征及水平。就某一用水单位而言，应该选择该单位的主导产品作为要开展用水定额的产品，能代表企业的主要生产经营方向，同时其用水量应占该企业总用水量相当大的比例，可用产值比重和用水量比重比较。一般说，企业所制定和实施的用水定额的所有产品，其相应的用水量或产值，要占整个企业总用水量或总产值的70%以上。当然制定用水定额并不是根本目的，贯彻执行它才是最终目的。贯彻执行用水定额主要体现在如何根据用水定额来编制、下达和考核用水计划。

3）用水定额常用的制定方法

目前，国内有关专家学者推出了多种用水定额制定方法，包括经验法、统计分析法、类比法、技术测定法和理论计算法等。

① 经验法

经验法亦称直观判断法，凭借有关业务人员和专业技术人员的经验和判断能力，通过逻辑思维，综合相关信息、资料和数据，来提出定量估计值的方法。该方法简单易行，省时省事，耗费较少，便于调整，但易出现片面性和盲目性。

a. 调查法。是在定额制定之前，计划用水工作中使用较多的方法。它根据专家们就某项用水所持个人信息量度评价的数学平均值。其公式如下：

$$\overline{V}=\sum V_i/n \tag{4-1}$$

式中：$\overline{V}$——某产品用水平均值；

V_i——第 i 个样品用水值；

n——样品数量。

此方法的优点是简单易行，综合信息量大，并且直观，通常很有效；缺点是在从业人员的选择上较困难，要求有一定客观基础，并易受个人因素影响。

b. 主观概率值法。是在调查法的基础上选择加权平均或概率平均值确定定额值的方法。其公式如下：

$$V=\overline{V}+\lambda\Delta$$
$$\overline{V}=(a+4m+b)/6$$
$$\Delta=|(a-b)/6| \tag{4-2}$$

式中：V——定额值；

$\overline{V}$——加权平均值或概率平均值；

Δ——标准差；

a、m、b——先进值、一般值和悲观估计值；

λ——标准差 Δ 的系数，由正态分布表中可以查到对应 λ 值的概率 $P(\lambda)$。

c. 德尔菲法。它是在上述 a、b 方法的基础上，再次聘请专家评定定额值后，重复计算概率平均值，经多次反复后确定定额值。其优点是个人因素影响较 a、b 法小。

经验法的成败关键，同评估组织者的主观评价、组织工作者等情况密切相关。

② 统计分析法

该方法是把过去用水的统计资料与当前用水状况结合起来分析研究，确定用水定额的方法。

a. 二次平均法。因统计值代表了过去实际发生的情况，代表着平均水平，考虑定额的先进性进行二次或多次平均以期求得定额值，也可用于判定定额水平。其公式如下：

$$V_e = \sum V_i / K \tag{4-3}$$

式中：V_e——定额值；

V_i——数列中小于平均值 V 的数值；

K——数列中小于平均值 V 的数值个数。如果其值没有满足先进水平要求，可进行3、4……m 次平均，求得定额值。但其水平是否为先进水平需经检验后方可知道。

b. 概率测算法。通过正态分布函数的概率函数值先知实现定额的可能性后，求出定额值。具体办法是对用水数据分析整理后，舍去不合理值，求出均值 $\bar{V}$，均方差 S_2，则正态分布函数 $P(V)$ 为：

$$P(V) = \frac{1}{\sqrt{2\pi}\Delta}\int \exp\frac{-(V-\bar{V})}{2\Delta^2}\mathrm{d}v \tag{4-4}$$

令

$$\lambda = (V-\bar{V})/\Delta$$

则式（4-4）变为

$$\varphi(\lambda) = \frac{1}{\sqrt{2\pi}}\int \exp\frac{-V^2}{2}\mathrm{d}v$$

所以

$$V = \bar{V} + \lambda \tag{4-5}$$

式中：V——定额值；

$\bar{V}$——用水均值；

$\varphi(\lambda)$——实现定额值的累计频率。若根据先进原则，确定了 $\varphi(\lambda)$ 值，由正态分布表求得系数 λ，即可确定相应累计频率下的定额值。

c. 统计趋势分析法。根据多年用水统计资料，分析其随时间的变化规律和发展趋势，判定用水定额。具体办法是舍去不合理用水数值后，以用水平均值进行统计拟合，求出相应条件下的数学模型，得到用水平均值与时间的函数关系。确定指定年限内用水量平均值，再求出均方差后，以平均先进原则确定累积频率及其对应 λ 下的定额值。统计分析法准确、可靠性高，但需大量的统计资料，样本容量小时甚至失真。

③ 类比法

以相同或相似产品用水条件及典型定额为基准，分析出类比关系，类比出相应定额。类比法工作量小、简便、可操作性强、容易掌握、定额数值合理准确，缺点是对典型用水定额的依赖性较大。

a. 比例数示法，又称比例推算法。它以实测法或统计分析法求得相似同比例关系或差数制定用水定额。其公式如下：

$$V_M = K \cdot V_{MD}$$

式中：V_M——需计算的单位产品定额；

K——比例系数；

V_{MD}——相邻或相似的典型定额项目的单位产品用水定额。

b. 曲线图示法。以一组已知的典型用水定额项目为基准，根据其影响因素，求所需项目的用水定额，亦称影响因素法。

④ 技术测定法

它是在一定条件下通过实测分析确定用水定额的方法。通常采用以水平衡测试为依据，经用水分析后确定定额。优点是具有较高的准确性和科学性，缺点是工作量大、工作周期长。

⑤ 理论计算法

根据用水技术要求和设计水量，用理论公式计算生产用水数量而确定定额的方法。

4）制定用水定额需要开展的基础工作

① 确定工业节水定额制定范围和调查内容

工业节水定额制定范围要包括城市主要工业行业的主导产品。a. 主要工业用水行业及主导产品的确定：通过市统计局调查确定。按照《国民经济行业分类与代码》（GB/T 4754—94）的有关规定，根据城市工业结构现状，对主要用水行业等进行细化分类，并对各种产品进行分类编码，原则上分至中类。b. 企业调查：发放企业调查表，核查城市供水节水办公室工业用水档案。主要调查企业历年用水情况，包括历年来的生产规模、产品、产量、产值、年新水量、重复利用量、重复利用率、排水量、主要产品和单位产品新水量、万元产值新水量等。

② 水平测试

水平测试是定额制定的重要基础，只有对各用水设备和用水部门的各种水量测量准确、可靠，才能得到制定用水定额所需的各类用水数据。各个单位的生产和用水状况总是处于不断变化的状态，定期地开展水平测试工作，积累大量的用水动态数据，以为用水定额的制定及修订提供基础资料。

③ 用水计量

用水定额的制定和管理都需要科学完备的用水计量手段。

④ 日常基础管理

落实节水管理网络和统计报表制度，定期核算各产品的实际用水定额，做好用水原始记录，统计数字要达到准确、全面和连续。

⑤ 产品生产管理

制定用水定额，涉及到用水管理和产品生产管理的内容。因此，各行业、各工厂企业也应该掌握产品分类、生产工艺设备、生产布局与组织、生产技术改造、产品统计等方面的情况。

4. 用水定额制度建设

(1) 制定用水类别定额制度的指导思想

国外制定用水定额制度的指导思想主要是促进节水，根据水资源量调节行业用水分配以及有效控制污水排放。发达国家非常重视需水零增长的用水发展模式，这是水资源开发利用到一定阶段的产物，是资源与经济协调发展的必然趋向。我国是发展中国家，社会经济、水资源开发利用状况与发达国家相比还有很大差距，而且目前的节水水平、节水投入以及人们长期以来形成的用水习惯都难以在短期内得到很大改进。因此，我国用水定额制定过程中需要体现的指导思想有以下两个方面考虑：

1）对于水资源缺乏地区，用水定额制定要以促进节水为主要目标，鼓励人们提高用水效率，以实现水资源的可持续利用。限定水资源在产业及行业中的分配比例，限制高耗水行业的用水，逐步实现工业用水的零增长模式。

在用水定额制定方面，应当采用我国传统的用水定额计算方法，并根据可利用水资源总量，按照以供定需的方法确定各行业用水量。

2）对于水资源丰沛地区，用水定额的制定要以促使人们合理用水，减少污废水排放量为主要目标，从水污染治理、水资源开发利用与用水的边际成本角度进行研究。

针对我国用水定额类别制度中存在的不足，主要在两个方面加强制度建设：一是管理机制与体制建设，即建立完善用水定额的制定、管理、监督、修订的统一性机制和体制；二是加强技术能力建设，主要表现为定额标准化建设（数据统计口径标准化、定额计算方法标准化等）以及用水计量改进。

（2）用水类别定额制度研究

用水定额管理是用水管理的重要组成部分，也是实现用水科学管理必由之路。用水定额管理具有很强的行政性和技术性，因此定额管理也是一项十分复杂的工作。从水资源综合管理的角度看，用水类别定额是水资源综合管理中的微观控制指标。流域水资源可持续利用，必然涉及到流域水量分配及水权管理等事项，而用水类别定额是流域水量分配及水权管理的基础。因此，用水类别定额管理应当体现出各流域的特点，需要从流域的角度确定用水类别定额制度并实现流域定额与区域定额的有机结合。但是我国目前流域管理还相对比较薄弱，没有发挥出流域机构的积极管理及指导作用，也未制定流域用水类别定额制度，而是以各省自行出台的用水定额为开展节水、水量分配等工作的基础。因此，现阶段用水类别定额管理体制还将以区域（各省级行政区）出台的用水定额为主，而流域机构应当积极参与到用水定额管理事务当中来，在用水定额管理中起到指导的作用。

理顺流域与区域用水定额管理体制与机制，特别是建立并完善区域用水定额管理体制是当前的任务。它应包含两方面的内容：一是管理机构，二是管理制度。建立健全用水定额的制定、认定、公布、实施以至考核、奖惩等规章，并形成一套完整的用水定额管理制度，以指导和保证用水定额的实施。

在目前用水定额制定程序的基础上完善修订用水定额的制定、认定、公布、执行管理、监督考核、修订以至奖惩等职能，具体包括：

1）用水定额的制定还需多部门联合，成立专门组织机构（如领导小组、工作小组等），这样可以便于工作的顺利开展以及资料的广泛汇总。

2）有关用水定额的管理、监督考核及奖惩，本文建议用水定额的管理及监督权限应授予节水办，定期及不定期对用水户用水情况进行检查及核查。每年定期将用水户用水情况向水行政主管部门进行汇报，并形成书面报告，由水利厅（局）根据报告反映的情况进行奖惩。用水定额考核的最终目的就是要分清各产品各用水户取水量的大小、水平的高低。要用市场经济手段进行鼓励和惩罚，以刺激企业提高用水水平。

3）用水定额的修订分为定期修订及不定期修订。定期修订一般可为三年，不定期修订由节水办根据节水开展情况进行。

此外，用水定额是以量为基础，水量的大小是反映用水定额完成好坏的标志，用水类别定额制度还要营造实施用水定额所需的理想空间。体现水量的大小和准确程度会涉及到两个方面，即用水计量和用水统计。过去企业建立起来的三级计量制和用水统计系统现已残缺不全，且与实施用水定额的要求大相径庭，需要重新建立一套符合市场经济规律和用水定额考核要求的计量制和统计系统，为实施用水定额创造一个理想的空间。

为了统一做法与标准化，需要一个完善的规章。这个规章必须以国家有关方面的标准化为前提，同时也要充分考虑到本地定额制定的实际情况。该规章需解决以下问题：

1）定额的含义及表现形式；

2）水平衡测试与定额制定的关系；

3）制定定额的方法；

4）定额水平确定的原则及方法。

为了便于各行业、各用水单位用水定额制定的操作和实施，对于定额制定过程中所需要的测试、统计、计算表格、计算公式等，也要尽量做到统一完整、内容翔实，使整个定额制定做到标准化、程序化和规范化。

5. 用水定额的管理

（1）现有用水定额管理存在的问题

我国用水定额存在的主要问题可以归纳为以下几点：

1）用水定额的制定方法不能反映用水结构的变化与实际的用水需要。目前的用水定额制定的基本方法是统计法，是一种事后分析的方法，而且一般来说需要较长系列的统计数据，这与我国用水结构及用水增长形势快速变化的现状是不相适应的。首先表现为统计方法得出的结论缺乏对未来用水定额的指导作用，其次是不能有效反映目前的真实用水变化。此外，统计分析范围的大小对用水定额的影响很大。根据一些研究或规划成果分析，统计范围越大，用水定额越小；反之亦然。其主要原因是统计范围越大，水资源的重复利用程度也就越高，所反映的用水定额也就相对较小。因此，从流域范围分析的用水定额一般都低于在流域内某个地区、区域或城市分析得出的用水定额。国际上惯用的用水定额方法为需求法，但由于水资源管理制度的不同，这一方法目前还难以在国内普遍采用。

2）目前的计划用水制度存在缺陷。现行用水体制下较普遍的做法是：根据企业产值的增长和万元产值取水量的情况，参考上一年企业用水量确定计划供水量。这样，假如某一企业由于技术进步或节水措施得当，用水量可能远远小于计划指标，但因为担心影响下一年的用水计划，年底就可能突击用水或少用多报，这就造成了一方面用水紧张另一方面用水浪费的局面。

3）对于农业灌溉定额与生活用水定额，季节性差异反映不足。农业灌溉用水南方与北方是有差异的，北方农作物基本上为一季，而南方有多季。从各地区出台实施的省级用水定额资料来看，使用的仍然是灌溉定额而非灌溉用水定额。此外，灌溉用水定额本身也存在不足之处，例如：从灌溉需水的角度考虑，丰水年的灌溉用水定额可以减小，枯水年的灌溉用水定额应该加大；从可供水量的角度考虑，丰水年灌溉用水定额可以上浮，枯水年灌溉用水定额只能下浮。灌溉用水定额在实际中应当根据各地实际情况采用变值，而目前实施的灌溉用水定额值是多年平均意义上的静态指标。

对于生活用水，夏季用水一般要高于冬季用水，特别是对于夏季炎热的地区，例如武汉、重庆等地。但是用水定额并没有反映出用水的季节差异。

4）由于供水系统的计量设施、监测手段不完善等原因，用水定额的实际控制不能到位。此外，还存在着许多无偿供水的水利设施，实际用水不能实现用定额管理。

5）用水定额制定从理论上来讲，根据各单位的生产产量或产值来定额考核（考核用水量＝产品产量或产值×产品产量定额水量），应该是比较科学、合理的，但实际情况却并非如此简单，因为定额属于滞后考核，往往是制定容易、考核难，执行起来更难。

6）用水定额制定和实施的基本概念问题，如企业用水中的生产用水、辅助用水和附属用水，以及产品用水定额应包括哪些项目用水没有统一规定。因此，各地在制定定额中用水定额分类不明确；用水定额的计算单元有的采用单位产品，有的则采用万元产值，致使各地的用水定额可比性差。

7）用水定额实施中存在的主要问题有：怎样利用定额编制用水计划；有些城市仅将定额作为节水提奖的依据（考核指标），如何编制和调节用水计划还不成熟；在生产任务不足的情况下，如何利用定额考核企业用水管理水平不确定；在企业产品结构变化快或转产情况下，怎样按定额管理；如何处理定额计划水量高于实际供水量所产生的矛盾，这也是缺水城市实行定额管理的主要问题之一；对于在水源建设中出资“增容”的企业，怎样利用定额下达用水计划指标，怎样才能不挫伤企业对水源建设的积极性，又达到节水、合理用水的目的，使政策具有连续性，有待解决。

8）根据国际《标准化基本术语》（GB 3935.1—83）的规定，定额也是标准的一种。从目前情况看，存在下列标准方面的问题：第一，不符合标准化的统一简化、协调和优化的基本原理，不符合有关标准化的有关基本技术要求，缺少标准化的科学性、政策性、法规性和经济性的特点，主要包括工业产品名称和品种标准化问题，即同一产品不同名称的统一，具有相同性质的不同产品的归类；同一种类产品不同规格的标准化；政府计划管理部门和统计部门与企业和用水管理部门对产品列项和内容的统一等；产品和水量单位的统一问题，如棉布生产是采用 m^3（水）/m（布）还是 m^3（水）/1000m（布）还是 m^3（水）/m^2（布）等应统一规定，使其具有可比性；同有关标准的协调统一问题。工业用水的分类、定义、考核指标及计算方法，水平衡测试，以及有关术语、符号与代号等是用水定额制定工作中经常涉及到的基础工作。虽已发布部分部标、国标，但人们对上述一些问题的理解和提法仍不一致。在实践中发现这些标准直接引用或配合使用尚存在不少问题，在制定用水定额中怎样使用这些标准也是亟待解决的问题之一。第二，国家定额、行业定额、地方定额与企业定额的量值关系不符合我国标准化管理条例关于水平逐级提高严格的要求。第三，各类定额制定、审批、备案由什么部门进行，权限不清。

（2）用水定额管理的主要内容

用水定额管理的主要内容有用水定额的贯彻执行；用水定额执行情况的统计与分析；用水定额的修订与日常管理等。为了保证实施定额的有效管理，各地、各部门要根据国家颁布的《用水定额管理办法》，结合本地、本部门的实际情况，制定相应的用水定额管理办法和实施细则。当然，进行用水定额管理在全国许多地方还是一项新的工作，更多的内容还需要在实践中不断探索和改进，总结出好的管理办法和管理经验，以持续充实定额管理内容，提高定额管理水平。

（3）用水定额管理需注意的问题

在用水定额管理中要重点关注以下几个问题：掌握用水单位的变化情况；注意用水计

划制定、考核当中的一些环节如何与用水单位计划相关内容相适应、相协调问题；生活水平提高和生产发展、用水量增加如何与现行的用水管理和供水能力相适应和如何调整问题；由实行用水定额管理所带来的一系列问题，如与现行用水管理相结合，工作量增大，可能出现的应急情况等的处理问题。

（4）用水定额的修订

用水定额是一个动态变化的指标，必须不断根据新情况进行定期修订和不定期修订。定期修订是指生产技术水平和用水水平的提高，原有的定额水平已经不适应新的生产和生活用水情况，所以要进行修订。另外，某些工业产品的定额尚有不尽完善的地方要进行修改、充实。定期修订的年限以三年为宜。不定期修订是指当采用新的、较先进的节水生产工艺或设备及进行某项节水技术的改造措施后，用水水平有较大的提高，在此条件下，原有的定额已不再能反映实际情况，所以应及时进行用水定额的修订。

4.1.4 节约用水法规

自20世纪60年代后期，我国部分城市开展节水工作，建立有关的节水法律法规体系，节约用水逐步被纳入法制化轨道。

1973年，原国家建委发布了关于加强节约城市用水的意见。

1979年9月，第五届全国人民代表大会常务委员会第十一次会议通过了《中华人民共和国环境保护法》(试行)，其中规定：严格管理和节约工业用水、农业用水和生活用水，合理开采地下水，防止水源枯竭和地面沉降。

1980年，原国家城市建设总局发布了“城市供水工作暂行规定”，明确了供水部门在节约用水中的职责。

1988年1月21日，第六届全国人民代表大会常务委员会第二十四次会议通过《中华人民共和国水法》，并于1988年7月1日起施行。《水法》是在国家领域内开发、利用、保护、管理水资源，防治水害必须遵守的法律。《水法》规定：水资源属于国家所有，即全民所有；国家实行计划用水，厉行节约用水：各单位应当采取节约用水的先进技术，降低水的消耗量，提高水的重复利用率。在水源不足的地区，应当采取节约用水的灌溉方式。

1998年，原建设部颁布了“中国城市节水2010年技术进步发展规划”。

在开展节约用水的过程中，各地采取了完善组织机构、制定节水计划、下达用水指标，重点抓工业节水等一系列措施，确保水资源的合理调度和利用。

显然，建立节水型社会已成为合理、有效利用水资源的重要保障。更为重要的是，要把节水作为一项国策，把节水意识与社会经济可持续发展密切结合，推动水资源的市场化，大力提倡污水资源化，加大生活、工业和农业等方面的节水科技投入，积极完善节水理论与技术，推广行之有效的节水措施。

4.1.5 节约用水指标体系

节约用水指标是衡量节水水平的一种尺度参数，但不同的节水指标只能反映其节水状况的一个侧面，为了全面衡量其节水水平，就需要用若干个指标所组成的节水指标体系进行考核评价。建立节约用水指标体系，既要能反映节约用水中合理用水、科学用水、计划用水的水平，又要具有高度概括性，便于实际应用。

在我国由于地域广阔，水资源分布不均衡，各地区的节约用水和经济发展水平各不相同，同时部分指标的执行条件不够成熟，所以节水指标在实施过程中应分地区、分部门、分期逐步进行。有些可在近期使用，有些只能作为远期指标使用。

1. 节约用水指标体系组成

节约用水指标体系由节约用水水量指标及水率指标构成，它们分别反映节约用水的总体和分体水平（表4-8）。

节约用水指标体系　　表4-8

类　　别	序号	指　标　名　称	反　映　内　容
节约用水水量指标	1	万元国内生产总值取水量	总体节水水平
	2	人均综合取水量	总体节水水平
	3	第二、三产业万元产值取水量	产业节水水平
	4	万元工业产值取水减少量	纵向水平比较
	5	主要用水工业单位产品取水量	行业节水水平
	6	城镇人均日大生活用水取水量	生活节水水平
节约用水水率指标	1	水资源利用率	水资源状况
	2	自来水有效供水率（漏失率）	供水状况
	3	工业用水重复利用率	重复利用状况
	4	第二、三产业万元增加值取水量降低率	纵向水平比较
	5	污水处理率	污水处理量水平
	6	污水回用率	污水再用水平
	7	节水器具普及率	节水管理水平
	8	计划用水实施率	节水管理水平
	9	节水率	节水管理水平

2. 节约用水主要指标的意义

（1）万元国内生产总值取水量

万元国内生产总值取水量是综合反映一定经济实力下的宏观用水水平的指标。国内生产总值（gross domestic product，缩写GDP），为一个国家（或地区）所有常驻单位在一定时期内生产活动的最终结果。GDP有三种表现形态，即价值形态，收入形态的产品形态，其中价值形态方便于统计计算。它是所有常驻单位在一定时期内生产的全部货物和服务价值与同期中间投入的全部货物（非固定资产）和服务价值的差额，即所有常驻单位的增加值之和。GDP是目前各国通用的经济发展的主要指标，万元GDP取水量指标也是能较好地宏观反映水资源利用效率、计算水资源利用量和测算未来水资源需求量的指标，是水资源规划和节水规划中必不可少的指标，也是世界各国通用的、可比性较强的指标。该指标淡化了经济结构的影响，适用于城镇间的横向及城镇自身纵向对比，以促进城镇节约用水的开展。虽然存在受价格影响因素大、统计数据不够完整等问题，但可以增加一些附加指标来弥补它的不足。当务之急是建立完整的万元GDP取水、用水指标体系，将其列入正常统计范畴。此指标可在现阶段使用。

（2）人均综合取水量

某统计年的人均综合取水量在数值上就等于该统计年内每个居民的平均综合取水量，此处“综合取水量”系指各种取水量之和，即包括工业取水、居民住宅取水、公共建筑取水、市政取水、环境景观与娱乐取水、供热取水及消防取水等。因此，人均综合取水量与城镇的性质、规模、城市化程度、工业结构布局、水资源状况、地理位置、水文、气象等有关，同时也充分反映了上述各种因素的影响，可以作为节约用水的宏观指标。目前，在国内外进行节约用水水平评判、需水量预测、节水发展规划编制中均有较多的应用。此指标在现阶段即可使用。

（3）第二、三产业万元产值取水量

第二、三产业是指除农业之外的工业、建筑业和其他各业。显然第二、三产业是城镇经济的主体。我国许多小城镇因缺水而限制了经济的发展，“第二、三产业万元增加值取水量”指标综合反映城镇的用水效率，提高用水效率是节约用水的一个重要方面，可以以较少的用水量创造出较大的经济效益。具体计算时，取报告期内（通常为年），城镇行政区划（不含市辖县）的取水总量与其第二、三产业增加值之和的比值。此指标可在现阶段使用。

（4）万元工业产值取水减少量

在城镇用水中，工业用水占绝大部分，工业用水的合理性直接影响城市总体用水的合理性。“万元工业产值取水量”常用来反映工业用水宏观水平的指标，但是由于万元工业产值取水量受产品结构、产业结构、产品价格和产品加工深度等因素的影响较大，所以该指标的横向可比性较差，有时难以真实反映用水效率和科学评价其合理用水程度，因此城镇间不宜使用该指标进行比较。而“万元工业产值取水减少量”指标淡化了城镇工业内部行业结构等因素的影响，适用于城镇间的横向对比，也适用于行业间的横向对比。但不反映城镇、行业的节水水平。具体计算时可用基期（在预测、评价、指标计算等工作中的起始或基准时期）万元工业产值取水量减去报告期万元工业产值取水量的差值。此指标可在现阶段使用。

（5）主要用水工业单位产品取水量

在城镇规划区范围内，用水行业中工业占主导地位，同时还有其他很多产业。各行业均有相应的“单位产品取水量”。但是，“单位产品取水量”指标在城镇间不可比，在实际统计工作中也很难全部收集。由于城镇用水中，工业用水占绝大部分，规定用水量大的部分主要工业产品（如钢、煤、电、纸等）的单位产品取水量，作为城市水量指标中的专项指标。该指标可用于城市内纵向的对比，也可用于同类城市之间的比较。从宏观上看，主要用水工业单位产品取水量，基本上能反映城镇用水的主要情况，从而为城镇用水管理部门科学地开展节约用水、计划用水提供科学依据。对于已实行定额管理的城镇，可在现阶段使用。对于其他城镇，可作为中、远期指标应用。主要用水工业的综合用水项目见表4-9。

主要用水工业的综合用水项目 **表 4-9**

序号	工业综合用水项目	计算单位	序号	工业综合用水项目	计算单位
1	统配煤矿原煤综合用水	m^3 水/t 煤	4	6000kW 及以上电厂供电用水	$m^3/(kW \cdot h)$
2	石油原油生产综合用水	m^3/t	5	吨钢综合用水	m^3/t
3	石油化工原油加工用水	m^3/t	6	炼铁工序用水	m^3/t

续表

序号	工业综合用水项目	计算单位	序号	工业综合用水项目	计算单位
7	铜冶炼综合用水	m^3/t	16	碳黑（重点企业）综合用水	m^3/t
8	铅冶炼综合用水	m^3/t	17	黄磷（重点企业）综合用水	m^3/t
9	锌冶炼综合用水	m^3/t	18	纸和纸版综合用水	m^3/t
10	合成氨（大型企业）综合用水	m^3/t	19	日用陶瓷综合用水	m^3/万件
	合成氨（中型企业）综合用水	m^3/t	20	日用玻璃综合用水	m^3/t
	合成氨（小型企业）综合用水	m^3/t	21	保温瓶综合用水	m^3/万只
11	电石（重点企业）综合用水	m^3/t	22	糖：甘蔗糖综合用水	$m^3/100t$
12	烧碱（重点企业）综合用水	m^3/t		甜菜糖综合用水	$m^3/100t$
13	纯碱综合用水：氨碱法	m^3/t	23	白酒综合用水	m^3/t
14	联碱法	m^3/t	24	印染布用水	$m^3/100m$
15	硫酸（重点企业）综合用水	m^3/t	25	黏胶纤维用水（短丝、长丝）	m^3/t

（6）人均日大生活用水取水量

“城镇人均日大生活用水取水量”是我国居民用水统计分析的常用指标，也是国外城镇用水统计的内容。所谓大生活用水取水量即该取水量中不仅有居民居住用水取水量，还包括城市公共设施用水取水量。随着城镇经济的发展，居民生活水平的不断提高，人民居住条件、卫生条件和社会环境条件的逐步改善，居民日常生活和福利设施的用水量、市政用水量等将不断增长。我国地域辽阔，地理、气候条件差异较大，用水习惯有所不同，不同城镇应有不同的生活用水标准，制定合理的城镇生活用水标准对于节约用水具有重要意义。对于丰水地区，该指标可在现阶段使用；对于缺水地区，可作为中、远期指标应用。

（7）水资源利用率

水资源利用率是反映水资源合理开发和利用程度的指标，不同地区水资源总量不同，水资源总量制约着地区的用水总量，制约着地区的经济发展，对地区的产业结构也有很大的影响。我国水资源的分布很不均匀，南北丰枯不一，而且存在着明显的季节性差异。水资源的开发和利用，随着城镇的发展而不断扩大。就水资源而言，它是有限的经济资源。一个城镇，在一定技术经济条件下，城镇水资源存在着一个极限容量，只要在人口和经济上没有重大突破，极限水资源容量就会在长期内保持相对稳定。因此城镇水资源的开发和利用绝不能超越这个极限，而要实现不超越这个极限，又要使城镇的供水能力能够满足城市的用水需求，一方面要控制对水资源的过量开采，保持一定的水资源利用率，做到合理开发和使用；另一方面必须调整经济结构并加强节约用水的力度，建立节水型城市，否则就会破坏供需平衡，破坏水资源的再生平衡，使资源逐步枯竭。该指标可作为中、远期指标应用。

（8）自来水供水有效利用率

“自来水供水有效利用率（漏损率）”是评价城镇供水利用程度的重要指标，也是节约用水指标体系的主要组成部分。自来水漏损量与水厂供出的总水量的比值称为漏损率，漏损率的大小根据供水管网的长短和管网的新旧程度不同而不同。我国城镇供水的漏损率非常高，约在10%左右，特别是部分地区由于管网陈旧失修，加大了漏损量。加强输水管道和给水管网的维护管理，降低漏损率，提高供水有效利用率是节约用水工作的重要内容之一。此指标可作为中、远期指标应用。

(9) 工业用水重复利用率

工业用水重复利用率是从宏观上评价用水及节水水平的重要指标。提高其重复利用率是城镇节约用水的主要途径之一。值得指出的是，由于火力发电业、矿业及盐业的用水特殊，为便于城镇间的横向对比，在计算工业重复利用率时不包括这三个工业行业部门。此指标可在现阶段使用。

(10) 第二、三产业万元增加值取水量降低率

与“第二、三产业万元增加值取水量”指标不同的是该指标排除了城镇间产业结构的影响，具有城镇间的可比性。“第二、三产业万元增加值取水量降低率”的高低反映城镇节水工作的好坏，本指标能表明节约用水、计划用水的开展程度，同样也可评价国家节约用水与计划用水的执行情况。具体计算可参考基期与报告期第二、三产业每万元增加值取水量的差值与基期第二、三产业每万元增加值取水量之比。此指标可在现阶段使用。

(11) 污水回用率

城镇污水是城镇可靠的第二水源。污水的再生与回用，将大大节省自来水，并能减轻对水体的污染，保护环境。因此，污水回用率是评价污水再生回用的重要指标。污水回用率与污水处理率直接相关，因此污水回用率应作为近、远期规划的实施指标考虑。

(12) 节水率

节水率指标是最直接体现节约用水工作成效、反映节约用水水平的指标。节水率不同于节水计划完成率，节水计划完成率的大小和节约用水管理部门制定的计划值的高低直接相关，而目前我国各地区的用水定额的水平高低不同，定额制定计划值的水平也不同，计算出的节水计划完成率在城镇间就没有太大的可比性，因此目前节水计划完成率指标不可取。而节水率指标克服了这种不可比性，它不受计划的影响，直接和节水量相关，因此节水率指标是体现节约用水工作的成效，反映节约用水水平的重要的指标之一。此指标可在现阶段使用。

其他指标中，计划用水实施率指标可在现阶段使用，污水处理率、节水器具普及率等可作为近期或中期指标应用。

4.1.6 节约用水的技术、经济分析与评价

节约用水的基本目标之一在于节约宝贵的水资源，并取得良好的社会经济效益。因此，应对有关节水的技术方针政策、节水目标、节水措施及节约用水项目等进行技术经济分析。技术经济分析分为财务评价（企业评价）和国民经济评价（社会评价）两部分，对于不同的节水问题，可视具体情况确定技术经济分析的范围。

节约用水技术经济分析的基本原则是：在一定的计算期内节约用水所引起的费用小于增加（或不增加）用水所需的费用。

技术经济评价指标中，财务评价可取净现值（NPV）、年费用（AC）、内部收益率(1RR)；国民经济评价可取净现值、内部收益率、效益费用比（BCR）。

技术经济指标的选定，应视项目具体情况及有关规定确定。具体工程项目分析应取其实际费用，项目的宏观比较可取综合指标。

应该指出，在目前水价失真、水费过低且增容费也不高的情况下，如果节水设施运行管理不善，节约用水所需费用可能高于增加（或不增加）供应新水量的费用。这时，单纯从项目财务评价的角度考虑，企业是不会有节水积极性的，即缺乏节水动力。在这种情况下，只能依靠行政手段推行节水。随着节水难度的增加，上述问题也将更加突出。为此，应及时调整相应政策与水费。不过，从长远看，出于保护和有效地利用水资源，且可供水量的日益减少，水的机会成本会不断增加。虽然节水费用较高，但节水效益亦会显著增大；因此，宏观上只要政策恰当，具有合适的水价体制，节约用水工作将会不断发展与深化。

节约用水的考核评判方法有：

（1）目标考核法

1996年12月5日，建设部、国家经贸委和国家计委联合下发了《节水型城市目标导则》，就节水型城市的概念、节水型城市主要遵循的原则、城市节水基础管理及具体考核指标作了规定。之后建设部、国家经贸委联合发出通知，要求各地要依据《节水型城市目标导则》，按照节水型城市目标考核标准进一步开展节水型城市的创建工作。该目标导则是利用目标考核法对城市节约用水水平进行评判的参考依据。

利用目标考核法主要参考国家标准有《评价企业合理用水技术通则》（GB/T 7119—96）、《城市污水处理厂污染物排放标准》（GB 18918—2002）、《企业水平衡与测试通则》（GB/T 12454—90）等。

（2）指标比较法

城市节约用水水平还可以利用比较其节约用水指标来进行评价。对各个城市的节约用水指标进行计算，得到其各个指标的取值，之后利用一定方法对指标的评价标准值进行标定，再使用这些指标的标准值去评价城市节约用水指标的得分，即节水水平。

其他考核评判方法还有模型评判法。

对于小城镇可以借鉴上述方法。

4.2 工业节水

4.2.1 工业用水的特征

工业用水主要包括冷却用水、热力和工艺用水、洗涤用水。其中工业冷却水用量占工业用水总量的80%左右，取水量占工业取水总量的30%~40%。火力发电、钢铁、石油、石化、化工、造纸、纺织、有色金属、食品与发酵共八个行业取水量（含火力发电直流冷却用水）约占全国工业总取水量的60%。

1. 用水量大

目前我国城镇的工业取水量占全国总取水量的20%，随着城市化和工业化进程的加快，城镇工业数量的大幅增长，水资源供需矛盾将更加突出。

2. 大量工业废水直接排放

目前城镇工业废水排放量约占总排水量的49%，绝大多数有毒有害物质随工业废水排入水体，致使许多城镇的饮用水资源受到不同程度的污染，部分水源被迫弃用，加剧了水资源的短缺。

3. 工业用水效率总体水平较低

我国小城镇一方面水资源严重短缺，另一方面又浪费严重，工业用水重复利用率约为52%，与世界先进水平相比差距悬殊。国内地区间、行业间、企业间的差距也较大。重复利用率最高达97%，而最低的只有2.4%，不少乡镇企业供水管道和用水设备“跑、冒、滴、漏”现象严重，地下水取水量逐年上升，浪费和漏失的水量高于取水量的15%。

4. 工业用水相对集中

我国城镇工业用水主要集中在纺织、石油化工、造纸、冶金等行业，其取水量约占工业取水量的45%。小城镇的工业节水在地区上不仅应考虑与农业节水及城市化发展相协调，按水资源供需平衡的原则，实行用水总量控制，而且应与水环境治理、改善和保护的要求相配合，同时考虑乡镇企业自身的产业结构调整、技术水平升级以及产品的更新换代。

4.2.2 工业节水潜力分析

据统计，1990年我国工业用水量约500亿m^3，重复利用率平均为50%。中小城市更低，而日本、美国工业用水重复利用率均超过75%。

工业节水潜力涉及到不同地区或城市诸多的自然、社会、经济、技术等因素，如当地的气候、工业结构、工业设备条件、资金投入、经济效益、水价及管理水平等。由于生产设备陈旧，工艺落后，工业结构中新技术产业比重小，全国大多数城市的工业用水仍存在严重浪费现象。我国几乎所有工业部门的单位产品耗能平均高于西方国家30%~50%。每生产1美元国民生产总值所耗费的能源为法国的5倍，美国的2.1倍，巴西的3.8倍，印度的1.6倍，日本的4.4倍。我国年消耗能量与日本相当，总产值却只有日本的1/6。

因此，工业节水潜力的分析，应根据具体情况，确定科学合理的工业用水定额，并与现状用水进行比较，从而得出一个地区或一个城市各工业部门的节水潜力。

4.2.3 工业节水途径

(1) 控制生产力布局，促进产业结构调整。鼓励用水少、效益高的企业发展，限制用水量大、效益差的企业发展，利用经济杠杆的作用提高用水效率。

(2) 拟定行业用水定额和节水标准，对企业的用水进行目标管理和考核，促进企业技术升级、工艺改革、设备更新，逐步淘汰耗水大、技术落后的工艺设备。

(3) 推行清洁生产战略，加快污水资源化步伐，促进污、废水的处理和回用；采用新设备和新材料，提高循环水、冷却水的重复利用率，减少取水量。

(4) 强化企业内部用水管理，加强用水定额管理，改善不合理用水因素。

(5) 沿海地区城镇工业逐步开发实现海水利用，沿海城镇的海水资源丰富，通过科技创新，在企业冷却用水、海水淡化和改善水环境方面拓宽海水利用领域，以缓解城镇供水不足的问题。

(6) 加强城镇工业给水管网的建设，通过科学管理、加强检漏和管网巡检力度，加快更新改造的步伐以降低供水损耗。

4.2.4 工业节水技术

1. 国内外工业节水技术的发展

(1) 国外工业节水技术的发展

城市工业用水在城市用水中占有较大比例，有时甚至高达70%。因此工业节水对于城市节水具有重大意义。国外发达国家城市工业节水主要是循环冷却水的使用。

1) 循环用水

循环用水在美国工业中得到了广泛应用。据报道，加利福尼亚州的San Jose在1988年和1989年有15个工业行业，包括食品工业、金属精加工、纸张再生、电子工业等，采用循环用水，总节水量达56万m^3/a，总经济效益为200万美元。在这些循环用水工艺中，有些将工艺过程中的用水回收循环利用，有些则在排放下水道前经预处理后回收利用。事实证明，一个工厂之内的循环用水，允许有较大的水质波动范围（回用于不同的生产工序），因此是节水的首要措施。

2) 冷却塔回用水

国外很多公司通过改进冷却塔给水系统而节约用水，也有一些大公司，如Exel微电子公司、Intel公司等采用臭氧对空调用水或其他轻度污染水进行处理回用，明显地减少了废水排放量。

3) 设备改进

很多工厂通过改进生产工艺的设备而减少用水量。许多公司采用反渗透生产去离子水时，通过采用新材料和改变运行参数大大减少了反渗透工艺中的流量。如Dyna-Craft公司在电镀部分安装空气刀（Air Knife），将电镀的废酸洗液吹回到工艺池中，从而减少了清洗水的用量。

4) 用水监测和雇员教育

资料表明，国外十分重视用水量监测，大部分工业监测设备较为完善，确保了节水措施发挥作用，同时促进降低漏损和杜绝其他浪费用水。除此之外，国外极其重视对雇员进行节水教育，雇员是节水运动的主体，其节水意识的提高对保证节水效果是极其重要的。

(2) 国内工业节水技术的发展

鉴于大量工业废水除少数污染很严重外，大部分经简单处理后可重复使用，因此工业节水也是国内小城镇节水的重点。

国内主要注重重复用水节水技术，包括冷却水的循环节水、一般循环水节水（指循序用水、闭路用水等）和工艺节水（包括冷却工艺改革、无水少水工艺等）等，这些技术在火电、钢铁、石化、化工、印染、造纸等行业都有成功应用的实例。

2. 2010年前推行的节水技术、工艺和设备

(1) 工业用水重复利用技术

1) 大力发展循环用水系统、串联用水系统和回用水系统。推进企业用水网络集成技术的开发与应用，优化企业用水网络系统。鼓励在新建、改扩建项目中采用水网络集成技术。

2) 发展和推广蒸汽冷凝水回收再利用技术。优化企业蒸汽冷凝水回收网络，发展闭

式回收系统。推广使用蒸汽冷凝水的回收设备和装置，推广漏汽率低、背压度大的节水型疏水器。优化蒸汽冷凝水除铁、除油技术。

3）发展外排废水回用和“零排放”技术。鼓励和支持企业外排废（污）水处理后回用，大力推广外排废（污）水处理后回用于循环冷却水系统的技术。在缺水以及生态环境要求高的地区，鼓励企业应用废水“零排放”技术。

（2）冷却节水技术

发展高效冷却节水技术是工业节水的重点。

1）发展高效换热技术和设备。推广物料换热节水技术，优化换热流程和换热器组合，发展新型高效换热器。

2）鼓励发展高效环保节水型冷却塔和其他冷却构筑物。优化循环冷却水系统，加快淘汰冷却效率低、用水量大的冷却池、喷水池等冷却构筑物。推广高效新型旁滤器，淘汰低效反冲洗水量大的旁滤设施。

3）发展高效循环冷却水处理技术。在敞开式循环间接冷却水系统，推广浓缩倍数大于4的水处理运行技术；逐步淘汰浓缩倍数小于3的水处理运行技术；限制使用高磷水处理技术；开发应用环保型水处理药剂和配方。

4）发展空气冷却技术。在缺水以及气候条件适宜的地区推广空气冷却技术，鼓励研究开发运行高效、经济合理的空气冷却技术和设备。

5）在加热炉等高温设备推广应用汽化冷却技术。应充分利用汽水分离后的汽。

（3）热力和工艺系统节水技术

节约热力和工艺系统用水是工业节水的重要组成部分。工业生产的热力和工艺系统用水分为锅炉给水、蒸汽、热水、纯水、软化水、脱盐水、去离子水等，其用水量居工业用水量的第二位，仅次于冷却用水。

1）推广生产工艺（装置内、装置间、工序内、工序间）的热联合技术。

2）推广中压产汽设备的给水使用除盐水、低压产汽设备的给水使用软化水。推广使用闭式循环水汽取样装置。研究开发能够实现“零排放”的热水锅炉和蒸汽锅炉水处理技术、锅炉气力排灰渣技术和“零排放”无堵塞湿法脱硫技术。

3）发展干式蒸馏、干式汽提、无蒸汽除氧等少用或不用蒸汽的技术。优化蒸汽自动调节系统。

4）优化锅炉给水、工艺用水的制备工艺。鼓励采用逆流再生、双层床、清洗水回收等技术降低自用水量。研究开发锅炉给水、工艺用水制备新技术、新设备，逐步推广电去离子净水技术。

（4）洗涤节水技术

在工业生产过程中洗涤用水分为产品洗涤、装备清洗和环境洗涤用水。

1）推广逆流漂洗、喷淋洗涤、汽水冲洗、气雾喷洗、高压水洗、振荡水洗、高效转盘等节水技术和设备。

2）发展装备节水清洗技术。推广可再循环再利用的清洗剂或多步合一的清洗剂及清洗技术；推广干冰清洗、微生物清洗、喷淋清洗、水汽脉冲清洗、不停车在线清洗等技术。

3）发展环境节水洗涤技术。推广使用再生水和具有光催化或空气催化的自清洁涂膜技术。

4）推广可以减少用水的各类水洗助剂和相关化学品。开发各类高效环保型清洗剂、微生物清洗剂和高效水洗机。开发研究环保型溶剂、干洗机、离子体清洗等无水洗涤技术和设备。

（5）工业给水和废水处理节水技术

1）推广使用新型滤料高精度过滤技术、气水反冲洗技术等降低反洗用水量技术。推广回收利用反洗排水和沉淀池排泥水的技术。

2）鼓励在废水处理中应用臭氧、紫外线等无二次污染消毒技术。开发和推广超临界水处理、光化学处理、新型生物法、活性炭吸附法、膜法等技术在工业废水处理中的应用。

（6）非常规水资源利用技术

1）发展海水直接利用技术。在沿海地区工业企业大力推广海水直流冷却和海水循环冷却技术。

2）积极发展海水和苦咸水淡化处理技术。实施以海水淡化为主，兼顾卤水制盐以及提取其他有用成分相结合的产业链技术，提高海水淡化综合效益。通过扩大海水淡化装置规模、实施能量回收等技术降低海水淡化成本。发展海水淡化设备的成套化、系列化、标准化制造技术。

3）发展采煤、采油、采矿等矿井水的资源化利用技术。推广矿井水作为矿区工业用水和生活用水、农田用水等替代水源应用技术。

（7）工业输用水管网、设备防漏和快速堵漏修复技术

降低输水管网、用水管网、用水设备（器具）的漏损率，是工业节水的一个重要途径。

1）发展新型输用水管材。限制并逐步淘汰传统的铸铁管和镀锌管，加速发展机械强度高、刚性好、安装方便的水管。发展不泄漏、便于操作和监控、寿命长的阀门和管件。

2）优化工业供水压力、液面、水量控制技术。发展便捷、实用的工业水管网和设备（器具）的检漏设备、仪器和技术。

3）研究开发管网和设备（器具）的快速堵漏修复技术。

（8）工业用水计量管理技术

工业用水的计量、控制是用水统计、管理和节水技术进步的基础工作。

1）重点用水系统和设备应配置计量水表和控制仪表。完善和修订有关的各类设计规范，明确水计量和监控仪表的设计安装及精度要求。重点用水系统和设备应逐步完善计算机和自动监控系统。

2）鼓励和推广企业建立用水和节水计算机管理系统和数据库。

3）鼓励开发生产新型工业水量计量仪表、限量水表和限时控制、水压控制、水位控制、水位传感控制等控制仪表。

（9）重点节水工艺

节水工艺是指通过改变生产原料、工艺和设备或用水方式，实现少用水或不用水。它是更高层次（节水、节能、提高产品质量等）的源头节水技术。

1）大力发展和推广火力发电、钢铁、电石等工业干式除灰与干式输灰（渣）、高浓

度灰渣输送、冲灰水回收利用等节水技术和设备以及冶炼厂干法收尘净化技术。

2）推广燃气—蒸汽联合循环发电、洁净煤燃烧发电技术。研究开发使用天然气等石化燃料发电等少用水的发电工艺和技术。

3）推广钢铁工业融熔还原等非高炉炼铁工艺，开发薄带连铸工艺。推广炼焦生产中的干熄焦或低水分熄焦工艺。

4）鼓励加氢精制工艺，淘汰油品精制中的酸碱洗涤工艺。

5）发展合成氨生产节水工艺。

采用低能耗的脱碳工艺替代水洗脱除二氧化碳、低热耗苯菲尔工艺和MDEA脱碳工艺；推广全低变工艺、NHD脱硫、脱碳的气体净化工艺；发展以天然气为原料制氨；推广醇烃化精制及低压低能耗氨合成系统；以重油为原料生产合成氨，采用干法回收炭黑。

6）发展尿素生产节水工艺。在新建装置推广采用 CO_2 和 NH_3 汽提工艺。推广水溶液全循环尿素节能节水增产工艺。中、小型尿素装置推广尿素废液深度水解解吸工艺。

7）推广甲醇生产低压合成工艺。

8）发展烧碱生产节水工艺。推广离子膜法烧碱，采用三效逆流蒸发改造传统的顺流蒸发。推广万吨级三效逆流蒸发装置和高效自然强制循环蒸发器。

9）发展纯碱生产节水工艺。氨碱法工厂推广真空蒸馏、干法加灰技术。

10）发展硫酸生产酸洗净化节水工艺和新型换热设备，逐步淘汰水洗净化工艺和传统的铸铁冷却排管。

11）发展纺织生产节水工艺。推广使用高效节水型助剂；推广使用生物酶处理技术、高效短流程前处理工艺、冷轧堆一步法前处理工艺、染色一浴法新工艺、低水位逆流漂洗工艺和高温高压小浴比液流染色工艺及设备；研究开发高温高压气流染色、微悬浮体染整、低温等离子体加工工艺及设备。鼓励纺织印染加工企业采用天然彩棉等节水型生产原料，推广天然彩棉新型制造技术。

12）发展造纸工业化学制浆节水工艺。推广纤维原料洗涤水循环使用工艺系统；推广低卡伯值蒸煮、漂前氧脱木素处理、封闭式洗筛系统；发展无元素氯或全无氯漂白，研究开发适合草浆特点的低氯漂白和全无氯漂白，合理组织漂白洗浆滤液的逆流使用；推广中浓技术和过程智能化控制技术；发展提高碱回收黑液多效蒸发站二次蒸汽冷凝水回用率的工艺。发展机械浆、二次纤维浆的制浆水循环使用工艺系统；推广高效沉淀过滤设备白水回收技术，加强白水封闭循环工艺研究；开发白水回收和中段废水二级生化处理后回用技术和装备。

13）发展食品与发酵工业节水工艺。根据不同产品和不同生产工艺，开发干法、半湿法和湿法制备淀粉取水闭环流程工艺。推广脱胚玉米粉生产酒精、淀粉生产味精和柠檬酸等发酵产品的取水闭环流程工艺。推广高浓糖化醪发酵（酒精、啤酒、味精、酵母、柠檬酸等）和高浓母液（味精等）提取工艺。推广采用双效以上蒸发器的浓缩工艺。淘汰淀粉质原料高温蒸煮糊化、低浓度糖液发酵、低浓度母液提取等工艺。研究开发啤酒麦汁一段冷却、酒精差压蒸馏装置等。

14）发展油田节水工艺。推广优化注水技术，减少无效注水量。对特高含水期油田，采取细分层注水，细分层堵水、调剖等技术措施，控制注入水量。推广先进适用的油田产出水处理回注工艺。对特低渗透油田的采出水，推广精细处理工艺。注蒸汽开采的稠油油田，推广稠油污水深度处理回用注汽锅炉技术。研发三次采油采出水处理回用工艺技术。推广油气田施工和井下作业节水工艺。

15）发展煤炭生产节水工艺。推广煤炭采掘过程的有效保水措施，防止矿坑漏水或突水。开发和应用对围岩破坏小、水流失少的先进采掘工艺和设备。开发和应用干法选煤工艺和设备。研究开发大型先进的脱水和煤泥水处理设备。

16）推广水泥窑外分解新型干法生产新工艺，逐步淘汰湿法生产工艺。

4.3 生活节水

城镇生活用水包括：居民、商贸、机关、院校、旅游、社会服务、园林景观等用水。目前城镇生活用水已占城镇用水量的55%左右，随着小城镇的发展还将进一步增加；城镇生活用水与人民群众日常生活密切相关，目前人均生活用水量为212L/d（设市城市为228L/d）。生活节水对于促进节水型小城镇的建设具有重要意义。

4.3.1 生活节水途径

小城镇生活节水要与城市化发展生活水平相适应，同时考虑我国城镇人口和资源条件对水资源的需求和供给加以适当限制。城镇布局和城镇建设要充分考虑水资源的承受能力。

城镇生活用水水平与城市规模、水源条件、生活环境、生活习惯、经济条件和气候条件等因素有关。据有关部门的分析预测，如采取节水措施，强化推行节水卫生器具；对大型公共设施的中水回用率与生活用水总量的比例适当加以约束；结合新建生活区或开发区包括高科技园区和工业园区的建设，力争同期实施分质供水管道工程为今后利用中水冲洗厕所、浇洒绿地、冲洗道路及消防留有余地；同时辅之以水价的调整，充分发挥经济杠杆的作用，提高全社会对水资源价值的认识，将可在现有基础上节约城镇生活用水量1/3～1/2。

节水重点在于通过强化管理，建设和推广节水设施，逐步使用水定额得到控制，并使总量水增长率逐步降低。目前，小城镇的生活用水主要以家庭、公共绿地及室内卫生设施用水为重点。据了解，北京城镇地区的抽水马桶有0.8亿只左右，其中有20万只抽水马桶漏水，一年“漏”掉一个自来水厂。

城镇生活用水多直接关系到人们的生活与直接利益，其节水问题具有许多不同于工业节水的特点。其节水途径如下：

1. 运用经济杠杆节约用水

（1）取消居民住宅“用水包费制”，是建立合理的水费体制实行计量收费的基础。凡是取消“用水包费制”进行计量收费的地方都取得了明显效果。

（2）调整水费节约用水

应该指出，上述关于取消“用水包费制”和调整水费所产生的影响，随时间推移及物价指数提高会逐渐减弱直至消退。因此，在采用经济杠杆节约用水的措施时，应考虑动态分析。

2. 进行节水宣传教育，加强节水观念

在生活中人们的用水情况，如在给定的建筑给水排水设备条件下，用水时间、用水次数、用水强度、用水方式等直接取决于其用水行为和习惯。通常用水行为和习惯是比较稳定的。这说明为什么在日常生活中一些人或家庭用水较少，而另一些人或家庭用水较多。但是人们的生活行为和习惯往往受某种潜意识的影响。如欲改变某些不良行为或习惯，就必须从加强正确观念入手，克服潜意识的影响，使改变不良行为或习惯成为一种自觉行动。显然，正确观念的形成要依靠宣传和教育，由此可见宣传教育在节约生活用水中的特殊作用。应该指出，宣传和教育均属对人们思想认识的正面引导，教育主要依靠潜移默化的影响，而宣传则是教育的强化。因此，通过宣传教育去节约用水，是一种长期行为，不能指望获得“立杆见影”的效果，除非同某种行政手段相结合，并且应坚持不懈。日本的水资源较贫乏，故十分重视节约用水的宣传教育。日本国把每年的“六一”定为全国的“节水日”，而且注意从儿童开始。这些都说明宣传教育对人的素质、节水观念，以及这些潜在的因素对节约用水的长远影响。

3. 推广应用节水器具和设备

推广应用节水器具和设备是城市生活用水的主要节水途径之一。实际上，大部分节水器具和设备是针对生活用水的使用情况和特点而开发生产的。节水器具和设备，对于有意节水的用户有助于提高节水效果；对于不注意节水的用户，也可以限制水的浪费。

（1）推广节水型水龙头

推广非接触自动控制式、延时自闭、停水自闭、脚踏式、陶瓷磨片密封式等节水型水龙头。淘汰建筑内铸铁螺旋升降式水龙头、铸铁螺旋升降式截止阀。

（2）推广节水型便器系统

推广使用两档式便器，新建住宅便器小于6L。公共建筑和公共场所使用6L的两档式便器，小便器推广非接触式控制开关装置。淘汰进水口低于水面的卫生洁具水箱配件、上导向直落式便器水箱配件和冲洗水量大于9L的便器及水箱。

（3）推广节水型淋浴设施

集中浴室普及使用冷热水混合淋浴装置，推广使用卡式智能、非接触自动控制、延时自闭、脚踏式等淋浴装置；宾馆、饭店、医院等用水量较大的公共建筑推广采用淋浴器的限流装置。

（4）研究生产新型节水器具

研究开发高智能化的用水器具、具有最佳用水量的用水器具和按家庭使用功能分类的水龙头。

4. 加快城镇供水管网技术改造

目前城镇供水管网建设还很薄弱，管网材质差，有1/3的城镇供水管网超过了使用年限，急需更新改造。同时，城镇地区还应抓好管网、设备、仪表、材料等方面的工作，把好产品质量关，质量过关的优先采用。

5. 加大城镇生活污水处理和回用力度

在缺水地区积极推广“中水道”技术，由于全国广大乡镇和村镇的供水普及率较低，且大多数水质不符合标准，因此，为确保城镇供水资源，应加大城镇生活污水处理和回用力度，缺水地区应严格控制城镇数量和规模，应建立中水管道系统，积极推广污水再利用。

4.3.2 生活节水技术

1. 城区雨水、海水、苦咸水利用技术

(1) 推广城区雨水的直接利用技术

在绿地系统和生活小区，推广绿地草坪滞蓄直接利用技术，雨水直接用于绿地草坪浇灌；缺水地区推广道路集雨直接利用技术，道路集雨系统收集的雨水主要用于城镇杂用水；鼓励干旱地区城镇因地制宜采用微型水利工程技术，对强度小但面积广泛分布的雨水资源加以开发利用，如房屋屋顶雨水收集技术等。

(2) 推广雨水的环境生态利用技术。把雨水利用与天然洼地、公园的河湖等湿地保护和湿地恢复相结合。

(3) 推广城区雨水集蓄回灌技术

在缺水地区优先推广城市雨洪水地下回灌系统技术。通过绿地、城市水系、交通道路网的透水路面、道路两侧专门用于集雨的透水排水沟、生活小区雨水集蓄利用系统、公共建筑集水入渗回补利用系统等充分利用雨洪水和上游水库的汛期弃水进行地下水回灌。完善城市排水体系，建立雨水径流收集系统和水质监测系统。鼓励缺水地区在建设雨污分流排水体制的基础上采用城区雨水处理回灌技术。研究开发城区雨水水质监测技术。

(4) 推广海水利用技术

东北、华北、华东地区沿海缺水小城镇，积极发展海水淡化和输配技术；加快发展低成本海水淡化技术。鼓励沿海城镇发展海水直接利用技术；积极开发含盐生活污水的处理技术，发展含盐生活污水排海（洋）处置技术。

(5) 推广苦咸水利用技术

在华北、西北和沿海地区缺水小城镇，推广苦咸水的电渗析处理技术和反渗透处理技术，主要用于城市杂用水、生活杂用水和部分饮用水。

2. 小城镇供水管网的检漏和防渗技术

目前小城镇供水管网水漏损比较严重，已成为当前小城镇供水中的突出问题。积极采用小城镇供水管网的检漏和防渗技术，不仅是节约小城镇水资源的重要技术措施，而且对于提高小城镇供水服务水平、保障供水水质安全等也具有重要意义。

(1) 推广预定位检漏技术和精确定点检漏技术

推广应用预定位检漏技术和精确定点检漏技术，并根据供水管网的不同铺设条件，优化检漏方法。埋在泥土中的供水管网，应当以被动检漏法为主，主动检漏法为辅；上覆城镇道路的供水管网，应以主动检漏法为主，被动检漏法为辅。鼓励在建立供水管网GIS、GPS系统基础上，采用区域泄漏普查系统技术和智能精确定点检漏技术。

(2) 推广应用新型管材

大口径管材（$DN>1200$）优先考虑预应力钢筒混凝土管；中等口径管材（$DN=300\sim1200$）优先采用塑料管和球墨铸铁管，逐步淘汰灰口铸铁管；小口径管材（$DN<300$）优先采用塑料管，逐步淘汰镀锌铁管。

(3) 推广应用供水管道连接、防腐等方面的先进施工技术

一般情况下，承插接口应采用橡胶圈密封的柔性接口技术，金属管内壁采用涂水泥砂浆或树脂的防腐技术；焊接、粘接的管道应考虑胀缩性问题，采用相应的施工技术，如适当距离安装柔性接口、伸缩器或U形弯管。

(4) 鼓励开发和应用管网查漏检修决策支持信息化技术

鼓励在建设管网GIS系统的基础上，配套建设具有关阀搜索、状态仿真、事故分析、决策调度等功能的决策支持系统，为管网查漏检修提供决策支持。

3. 公共供水企业自用水节水技术

小城镇公共供水企业节水主要是反冲洗水回用，反冲洗水回用兼具城镇节水和水环境保护的双重效能。

(1) 以地表水为原水的新建和扩建供水工程项目，应推广反冲洗水回用技术，选择截污能力强的新型滤池技术，配套建设反冲洗水回用沉淀水池，采用反冲洗效果好、反冲水量低的气水反冲洗技术。

(2) 改建供水工程项目，应积极采用先进的反冲洗技术，通过改造和加强反冲洗系统的结构组织，采用适宜的反冲洗方式，改进滤池反冲洗再生机能。2008年前淘汰高强度水定时反冲洗的工艺技术。

4. 公共建筑节水技术

随着城镇化和服务业的快速发展，公共建筑用水需求将呈增长趋势，空调系统应作为公共建筑节水的重点之一。

(1) 普及公共建筑空调的循环冷却技术。公共建筑空调应采用循环冷却水系统，冷却水循环率应达到98%以上，敞开式系统冷却水浓缩倍数不低于3；循环冷却水系统可以根据具体情况使用敞开式或密闭式循环冷却水系统。

(2) 推广应用空调循环冷却水系统的防腐、阻垢、防微生物处理技术。

(3) 鼓励采用空气冷却技术。

(4) 推广应用锅炉蒸汽冷凝水回用技术。推广采用密闭式凝结水回收系统、热泵式凝结水回收系统、压缩机回收废蒸汽系统、恒温压力回水器等；间接利用蒸汽的蒸汽冷凝水的回收率不得低于85%；发展回收设备防腐处理和水质监测技术。

5. 市政环境节水技术

市政环境用水在城镇用水中所占比例有逐步增大的趋势。鼓励工程节水技术与生物节水技术、节水管理相结合的综合技术，促进市政环境节水。

(1) 发展绿化节水技术

发展生物节水技术，提倡种植耐旱性植物，并应采用非充分灌溉方式进行灌溉作业；绿化用水应优先使用再生水；使用非再生水的，应采用喷灌、微喷、滴灌等节水灌溉技术，灌溉设备可选用地埋升降式喷灌设备、滴灌管、微喷头、滴灌带等。

(2) 发展景观用水循环利用技术

(3) 推广游泳池用水循环利用技术

(4) 发展机动车洗车节水技术

推广洗车用水循环利用技术，推广采用高压喷枪冲车、电脑控制洗车和微水洗车等节

水作业技术，研究开发环保型无水洗车技术。

（5）大力发展免冲洗环保公厕设施和其他节水型公厕技术

6. 节水信息技术

节水信息技术，可以实现节水信息资源共享、提高节水决策科学化，对于加强节水管理具有重要意义。

（1）发展地理信息系统应用技术

鼓励研究以 GIS 技术为平台的节水信息系统建设，为实现小城镇节水的信息化管理提供基础保障。

（2）发展节水信息采集传输及专业数据库技术

开发节水信息网络基础平台、节水信息管理系统和专业数据库技术，用以加强和规范节水管理和指导城镇节水技术发展工作。

4.3.3 生活节水水平评判

小城镇生活节约用水的效果除直观地表现为用水量的节约之外，还表现为其产生的直接经济效益、可计量的外部间接效益以及许多难以估量的外部间接效益。所谓直接经济效益是指由于用水量的节约引起相应供水设施投资及运行管理费用的减少（扣除对应的节水设施的投资及运行管理费用），以及因减少这笔资金的占用而产生的直接经济效益；可计量的外部间接效益，主要是指因节水而增加的社会纯收入，以及由减少排水量而节省的相应排水系统和其他市政设施投资与运行管理费用，难以估量的外部间接效益，主要表现为由于减少排水量、减少污染、改善环境而避免的各种损失（包括因水质恶化而产生的水处理费用和生产损失等），以及所产生的环境效益与生态效益。由此可见，衡量小城镇生活节约用水的水平应充分体现水资源的可持续利用思想，考查其节水量（率）、经济效益、社会效益和环境与生态效益。

事实上，节水量（率）与经济效益、社会效益和环境生态效益是相关联的，因此可根据节水考核对象的情况选取适当的、一定数量的节水指标进行节水水平评判。为了充分体现水资源的可持续利用思想，选取节水指标时一方面要注重能够反映该小城镇水资源供需平衡的指标，另一方面要注重小城镇生活用水效率的指标。利用所选的节水指标建立节水考核指标体系。其中主要节水考核指标可以在一定程度上反映考核对象节水水平的基本情况，但为了克服其局限性，往往需以其他节水考核指标（主要或次要节水考核指标）予以补充，从而构成一个较完整、具有内在联系且可互相印证、有针对性的节水考核指标体系。

选取考核指标后，要建立评价模型进行小城镇生活节水水平的评判。根据考核指标的数量，评价模型可分为单一指标评价模型和综合评价模型两种类型。根据评价模型求得的节水指标得分（单一或综合得分）高低进行小城镇生活节水水平的评判。

需指出的是，由于小城镇生活用水系统错综复杂、影响因素繁多，节水指标自身的性质、特点与运用条件的复杂性，用水系统节水水平评判至今尚无系统深入的研究。加强针对性节水考核指标体系的建立、有效评价方法与评价模型的建立等仍然是今后小城镇生活节约用水工作者研究的热点。

4.4 农业节水

农业用水量的90%用于种植业灌溉，其余用于林业、牧业、渔业以及农村人畜饮水等。尽管农业用水所占比重近年来明显下降，但农业仍是我国第一用水大户，发展高效节水型农业是国家的基本战略。

4.4.1 农业用水特点

同小城镇工业与生活用水相比，农业用水的特点是：

（1）用水点分散、单位水量负荷小、分布范围广、保证率低。因此，即便在缺水地区甚至面临人畜饮水困难或严重干旱的局面，通常都不呈现集中而明显的供需矛盾，这往往为集中而有效地解决缺水问题带来困难。

（2）用水总量大、用水效率低。这一方面说明农业用水有极大的潜力；另一方面反映在区域水资源供需平衡上农业用水具有举足轻重的影响。由此可见农业节水的重要性。

（3）灌溉节水同所在地区的自然地理条件，特别是降水径流条件紧密相关。因而具有区域性特征。在社会经济尚不发达的情况下，农业在很大程度上还是“靠天吃饭”。

（4）降水、地面水、地下水和土壤水之间的互相转化是影响农业用水（节水）的重要机制；农作物的生长规律、农业种植结构也是影响农业用水（节水）的重要因素。由此决定了农业节水的方向与性质。

（5）管理较薄弱，资金投入受限。由此可见，解决农业缺水问题和开展农业节水工作的难度较大，情况也很复杂。此外，还应当看到，由于河流水系分散的城市、农村往往又处于同一水系，因此生活用水与农业用水在一定条件下是互相关联、互相影响的。因而在水资源不足的情况下会出现生活或工业同农业争水的问题。城镇或工业废弃物（包括污水）的任意排放会对其近郊或大量农业用水构成严重威胁，反之滥施化肥、农药也会污染城镇用水水源。在适当条件下可以大范围内实行水资源合理开发利用，进行水的再利用——直接或间接回用等。可以说，郊区农业节水同生活节水有密切联系。

4.4.2 农业节水途径

1. 农业节水潜力分析

我国农业灌溉长期沿袭旧的灌溉制度与方法。采用输水渠系大水漫灌。现有灌溉水量超过农作物合理灌溉水量的0.5～1.5倍以上，灌溉水的有效利用率仅为40%～50%，干旱地区地表渠系利用系数不足0.4。我国现有喷、滴灌面积仅占全国灌溉面积的1.5%，而美国为40%。

灌溉工程的输水损失量是灌溉用水损失的主要部分，绝大部分消耗在渠系渗漏。由于工程、技术、管理等原因，各国的损失差异较大。美国输水损失量约占引水量的22%，日本占39%，巴基斯坦占42%，我国平均占50%。引黄地区平均输水损失率高达67%，而渠系水利用系数仅为0.33。

针对输水渠道无衬砌和工程老化失修的状况，采用渠道防渗措施和管道输水方式，可以减少水量的沿程损失，提高渠系水利用率。据研究，浆砌防渗可减少水分损失50%~60%，混凝土和塑料膜防渗可减少水分损失67%~74%，管道输水减少损失82%~86%。

改善灌溉方式是挖掘农业节水潜力的另一主要途径。畦灌等常规灌溉方法在土壤水分降低到一定程度时，向农田进行人工补水以增加土壤蓄水量。这种方法造成灌前土壤干燥，潜水时表土水分饱和，使根层土壤水分不能连续保持在适宜状态。喷灌似自然降水，通过作物向土壤补水，同时可调节空气和土壤的湿度。滴灌以少量水不断供给，湿润作物根区层土壤，达到节水增产的目的。根据试验，改变大水漫灌为小畦或长畦分段灌溉，可节省水量20%~25%。喷灌和滴灌分别比渠灌节水30%~50%和50%~70%。

21世纪，在我北方地区，大力推广喷灌、滴灌等节水灌溉技术，并按喷灌比渠道节水40%计算，每100万hm^2农田可节水33.6亿m^3。若同时对灌区进行渠道防渗处理，则北方地区每100万hm^2农田可节水48亿m^3，约占目前农田灌溉总用水量的57%。粗略估算，全国农业灌溉水利用率若从0.5提高到0.7，可节水1000亿~1200亿m^3，节水潜力十分可观。

2. 农田灌溉节水

农业节水的基本途径是实行农田灌溉节水，其主要措施有：

（1）合理拟定农业种植结构

合理拟定农业种植结构，除要考虑包括水资源在内的各项自然条件外，还涉及某区域范围内对粮食、经济作物的市场要求。两方面因素相互影响，互相制约，情况比较复杂。显然，不同的农业种植结构均直接影响到农业需水量。合理的农业种植结构应该是在基本满足某一区域范围内对粮食、经济作物的市场需求前提下的“适水型”农业种植结构。所谓“适水型”农业种植结构，即与当地水资源条件相适应的那种农业种植结构。

（2）实施经济灌溉定额

所谓经济灌溉定额，即在保证农业总产量增产效益且用水效率高的前提下的灌溉用水定额。它完全不同于目前习惯采用的所谓丰产充分灌溉定额。后者显然并不顾及灌溉用水效率，因而是浪费水的。采用经济灌溉定额是实现农业节水的中心环节。制定经济灌溉定额，除须充分考虑不同作物生长期的需水规律外，还须考虑作物生长期间的有效降雨及前期降雨等因素的影响。灌溉定额值还同灌溉保证率有关。由此可见，制定和实施经济灌溉定额是一项复杂的工作，它关系到大量的自然因素。

（3）建设节水示范村

加强用水管理，建设节水示范村，是小城镇农业节水的重大举措。农业灌溉用水实行总量控制、定额管理，推广节水灌溉制度，平田整地开展田间工程改造，减少渠道输水损失、减少田间灌水损失。北京市的小城镇农业灌溉用水量已从2000年的20亿m^3下降到2002年的15亿m^3，年均下降8%~9%，而农村经济平均增长10%左右。

（4）提高灌区水的利用效率

总体上讲，目前缺水地区灌区内渠灌水的利用系数不高，一般仅在0.4~0.5之间。在这方面，如提高水的利用系数将涉及灌溉方式、灌溉渠道防渗防漏等工程措施，其投资大。预计通过采取综合措施，到2000年可望将渠灌区水的利用系数提到0.6~0.65，井灌区若发展管道灌溉系统，井灌区水的利用系数可望达到0.9。目前经济发达国家灌溉工程的发展趋势是，既考虑节水，又考虑节能，正向低压输水管道化方向发展，即推行喷灌、滴灌技术。

（5）喷灌与滴灌

喷灌与滴灌都是管道化灌溉系统的行之有效的高效节水灌溉技术。目前在经济发达国家，特别在缺水地区已被广泛采用。

喷灌是经管道输送将水通过架空喷头进行喷洒灌溉。其优点是可将水喷射到空中变成细滴均匀地散布到田间。它可按农作物品种、土壤和气候状况适时适量喷洒。其每次喷洒水量少，一般不产生地面径流和深层渗漏，更不致因灌溉抬高地下水位引起土壤盐碱化。喷灌还有保持土壤结构、保水、保肥、改善田间小气候的作用，具有一定的对农作物防高温、防霜冻、防病虫害效果。据估计，喷灌比地面灌溉（漫灌和畦灌）省水30%～50%，省地7%～10%，增产效果达10%～30%。喷灌一般不受地形限制，省劳力、工效较高。

滴灌是经管道输送将水通过滴头直接滴到植物根部。因此，滴灌除具有喷灌的主要优点外，比喷灌更节水（约40%），节能（50%～70%），但因管道系统分布范围大需更多的投资和运行管理工作量。进入20世纪80年代，以色列已经全部采用了喷灌、滴灌技术，并以发展滴灌技术为主。先进而高效的农业灌溉技术，是以色列得以在严重缺水的沙漠地带发展其高效农业和保持经济高度发展之本。为了降低应用滴灌技术的投资和运行成本，水利水电科学院等单位研究了一套适合我国国情的"燕山滴灌技术"，因其在北京地区研制运用成功而得名。"燕山滴灌技术"是一种半固定式滴灌系统，不仅省水、节能，而且每亩设备费较低。该项灌溉技术已逐步得到推广，并已取得多处大面积应用的成功经验。"燕山滴灌技术"不同于国外滴灌技术的特点，是采用移动式毛管、用水阻管调节水压、利用微管滴头滴水兼调水压，因而可用于大田密植作物，降低了系统投资。此外，对于喷头堵塞问题也考虑了有效预防措施，使滴头堵塞率下降至3%～4%，从而减轻了系统运行维护工作量。上述喷灌、滴灌技术，同样适用于城镇公园、绿化区、风景区、高尔夫球场以至私人宅地的浇洒。这方面具有节水意义的用水器具有：旋转喷洒器、低流量微孔灌溉系统、脉动低流量喷射器、自动浇洒操作系统、定量自闭阀等。

3. 加强流域的综合治理

解决农业用水供需矛盾的基本原则是"开源节流"。从根本上讲，农业用水的开源途径是提高一个区域（或流域）降水径流利用率。为此，需要从多方面加强流域的综合治理，其主要内容有：

（1）植树造林、养护水资源

森林是一种复杂的环境生态系统，从水资源角度看也有十分重要的作用。如在山区和平原分别营造蓄水林和防护林网，可涵养水源、调节径流、加强水土保持、增加地下水补给、改善地面水水质、可减少地面蒸发损失、改善小气候环境。这些都有利于农业用水。单就水资源量而言，如以每亩林地可多蓄水20m^3，且森林覆盖面10～20年后增加5%～10%计，以林网减少地面蒸发30%计，在缺水地区由此增加的可利用水资源量是很可观的。

（2）进一步扩大及完善山区与平原水库调蓄系统

目前北方缺水地区，山区水库的控制面积和程度尚不高，雨季相当一部分地面径流得不到调蓄，弃水量很大；而旱季或枯水年份又严重缺水。平原水库因周围地下水位控制不当，不仅水利效益低且加剧了土壤盐碱化。因此有必要统筹安排、适当建立扩大山区水库的径流调蓄作用，有计划地抽取平原水库周围地区的地下水用于灌溉并控制地下水位，变害为利，由此获得的效益（水量）也很可观。

(3) 地下水资源开发的合理化

目前北方缺水地区地下水无计划开发状态有待改变，地下水资源开发合理化的基本内容大体有：在适合开发地下水的地区，合理布置农业灌溉井群，合理开发；优先开发浅层地下水，适当利用深层水，“寓排于灌”，兴利避害；提倡淡咸水混合灌溉，改造利用浅咸水层（“抽咸补淡”），由此可以提高蓄水层的调节能力，增加地下水的补给量和开发量，减少地面蒸发损失，减轻土壤盐碱化，其效果是很可观的。

(4) 建立“地下水库”

在自然状态下，地面径流与地下水循环密切相关，互相调节。据估计，全球多年通过地下循环的水量约为地面径流的30%，其总量远远超过人工地面调节水量的5~6倍以上，可见地下蓄水层对地面径流的巨大调节作用。为了更充分利用水资源，就应重视地下蓄水层的调节作用。为此，除保持地下水合理开采同自然平衡外，还须用人工干预的办法提高地下蓄水层的调蓄作用，以增加地下水的可开采储量，提高径流资源的利用率。人工干预的办法几乎包括一切直接与间接的地下水人工补给措施。其中以直接的人工补给方法——建立“地下水库”，实行地面入渗或井灌的影响最为强烈。“地下水库”即为可以人为地用以调节径流的地下蓄水层（空间）。凡是采取一定措施即可增加调蓄容量的地下蓄水空间，如河床、古河道、区域漏斗，浅咸水层等均可视为“地下水库”。

(5) 污水处理回用

据不完全统计，目前全国实行污水灌溉的农田面积已超过500多万亩，范围相当广泛。应该讲，污水处理回用于农业，在可灵活采取直接或间接回用方式、水量比较集中、对水质要求相对较低、便于应用较简单的水处理方法和设施如氧化塘、氧化沟等、节约资金，有利于污染综合治理和利用污水肥分以及建立城乡生态环境等很多方面都具有更多的优越性。因此，在一个地区或城市特别是小城镇应根据当地水资源条件，对污水处理回用作出统一安排，以发挥污水回用的积极效应，使其进入生态环境的良性循环状态。应当指出，在郊区农村范围内，特别是小城镇，处理好人居生活、乡镇工业、养殖业、加工业、种植业、渔业、畜牧业、林业之间的生态平衡关系，对于水资源的有效利用、节约用水、控制污染，同样具有重要意义。

(6) 量水发展

限制高耗水产业发展，压缩高耗水作物种植面积。平原地区压缩水稻生产面积。山区退耕还草还林。深山区鼓励农民发展养殖小区，以较少的水资源换取较高的经济效益。

4.4.3 农业节水技术

1. 农业用水优化配置技术

农业用水水源包括降水、地表水、地下水、土壤水以及经过处理符合水质标准的回归水、微咸水、再生水等。通过工程措施与非工程措施，优化配置多种水源，是实现计划用水、节约用水和提高农业用水效率的基本要求。

（1）积极发展多水源联合调度技术。大力推广各种农业用水工程设施控制与调度方法，高效使用地表水，合理开采地下水，在时间上和空间上合理分配与使用水资源，发展“长藤结瓜”灌溉系统及其灌溉水管理技术，实现“大、中、小，蓄、引、提”联合调度，提高灌区内的调蓄能力和反调节能力。

（2）逐步推行农业用水总量控制与定额管理。加快制定各地区不同降水年型农业用水总量指标和不同灌水方法条件下不同作物灌溉用水定额，合理调整农、林、牧、副、渔各业用水比例。

（3）建立与水资源条件相适应的节水高效农作制度。提倡发展和应用适水种植技术。根据当地水、土、光、热资源条件，以高效、节水为原则，以水定作物，合理安排作物的种植结构以及灌溉规模。限制和压缩高耗水、低产出作物的种植面积。

（4）发展井渠结合灌溉技术。推广和应用地表水、地下水联合调控技术；提倡井渠双灌、渠水补源、井水保丰；重视地下水采补平衡技术研究。

（5）发展土壤墒情、旱情监测预测技术。加强大尺度土壤水分时空变异规律研究和土壤墒情与旱情指标体系研究；积极研究和开发土壤墒情、旱情监测仪器设备。

2. 高效输配水技术

农业用水输配水过程中的水量损失所占比重很大，提高输水效率是农业节水的主要内容。

（1）因地制宜应用渠道防渗技术。对输水损失大、输水效率低的支渠及其以上渠道优先防渗；提倡井灌区无回灌补源任务的固定渠道全部防渗；提水灌区推广渠道防渗。

（2）发展管道输水技术。改造较小流量渠道时优先采用低压管道输配水技术；在高扬程提水灌区和发展自压管道输水条件的灌区，优先发展自压式管道输水系统。

（3）推广采用经济适用的防渗材料。提倡使用灰土、水泥土、砌石等当地材料；推广使用混凝土和沥青混凝土、塑料薄膜等成熟的渠道防渗工程常用材料；鼓励在试验研究的基础上，使用复合土工膜、改性沥青防水卷材等土工膜料以及聚合物纤维混凝土、土壤固化剂和土工合成材料膨润土垫等防渗材料；加强不同气候和土质条件下渠道防渗新材料、新工艺、新施工设备的研究；加强渠道防渗防冻胀技术的研究和产品开发。

（4）发展防渗渠道断面尺寸和结构优化设计技术。大、中型防渗渠道宜采用坡脚或底面为弧形的非标准形断面，小型渠道宜采用U形断面；中小型渠道采用混凝土防渗衬砌石，提倡采用标准化设计、工厂化预制、现场装配技术。

（5）积极发展渠系动态配水技术。发展和应用实时灌溉预报技术；加强灌区用水管理技术的研究与应用，提倡动态计划用水管理。

（6）加快发展灌区量测水技术

鼓励研究、开发与推广精度高、造价低、适用性强、操作简便、便于管理和维护的小型量水设备。

（7）发展输水建筑物老化防治技术。积极研究输水建筑物老化防治技术、病害诊断技术和防腐蚀、修复、堵漏技术；加快发展输水建筑物加固技术和产品的开发。

3. 田间灌水技术

田间灌水既是提高灌溉水利用率的最后环节，又是引水、输水和配水的基础，改进田间灌水技术是农业节水的重点。

（1）改进地面灌水技术。推广小畦灌溉、细流沟灌、波涌灌溉；合理确定沟畦规格和地面自然坡降，缩小地块；推广高精度平整土地技术，鼓励使用激光平整土地；科学控制入畦（沟）流量、水头、灌水定额、改水成数等灌水要素；淘汰无畦漫灌。

（2）大力推广以稻田干湿交替灌溉技术为主的水管理技术。提倡水稻灌区格田化和采用水稻浅湿控制灌溉技术；推广水稻泡田与耕作结合技术；发展水稻“三旱”耕作与旱育稀植抛秧技术；淘汰水稻长期淹灌技术；杜绝稻田串灌串排技术；积极研究稻田适宜水层标准、土壤水分控制指标、晒田技术及相应的灌溉制度。

（3）因地制宜发展和应用喷灌技术。积极鼓励在经济作物种植区、城郊农业区、集中连片规模经营的地区应用喷灌技术；优先推广轻小型成套喷灌技术与设备；在山丘区或有自压条件的地区，鼓励发展自压喷灌技术；积极研究和开发低成本、低能耗、使用方便的喷灌设备。

（4）鼓励发展微灌技术。在果树种植、设施农业、高效农业、创汇农业中大力推广微喷灌与滴灌技术；提倡微灌技术与地膜覆盖、水肥同步供给等农艺技术有机结合；鼓励在山丘区利用地面自然坡降发展自压微喷灌、滴灌、小管出流等微灌技术；鼓励结合雨水集蓄利用工程，发展和应用低水头重力式微灌技术；积极研究和开发低成本、低能耗、多用途的微灌设备。

（5）推广坐水种技术。在春旱严重、后期天然降水基本可满足作物生长需要的地区，大力推广坐水种技术。鼓励研究和开发造价低、性能好、效率高的复式联合补水种植机具。

（6）鼓励应用精准控制灌溉技术。提倡适时适量灌溉；加强农作物水分生理特性和需水规律研究；积极研究作物生长与土壤水分、土壤养分、空气湿度、大气温度等环境因素的关系。

（7）缺水地区大力发展各种非充分灌溉技术。提倡在作物需水临界期及重要生长发育时期灌“关键水”技术；鼓励试验研究作物水分生产函数；研究作物的经济灌溉定额和最优灌溉制度；加强非充分灌溉和调亏灌溉节水增产机理研究；研究和运用控制性分根交替灌溉技术。

4. 生物节水与农艺节水技术

生物措施和农艺措施可提高水分利用率和水分生产率，节约灌溉用水量，是农业主要节水措施。

（1）鼓励研究和应用水肥耦合技术。提倡灌溉与施肥在时间、数量和使用方式上合理配合，以水调肥、水肥共济，提高水分和肥料利用率。

（2）提倡深耕、深松等蓄水保墒技术和生物养地技术。改善土壤结构，提高土壤的蓄水、保水、供水能力，增加自然降水的利用率，降低灌溉用水量。重视深耕机具的研究、开发和产业化。

（3）推广保护性耕作技术。在土质较轻、地面坡度较大或降水量较少的地区，积极推广保护性耕作技术。加强保护性耕作技术中秸秆残茬覆盖处理、机械化生物耕作、化学除草剂施用三个关键技术的研究；加强适用于不同地区的保护性耕作机具的研制与产业化。

（4）推广田间增水技术。发展覆膜和沟播技术；加强低成本、完全可降解地膜研究；加强土壤表面保墒增温剂的研究与开发。

（5）发展和应用蒸腾蒸发抑制技术。提倡在作物需水高峰期对作物叶面喷施抗旱剂；鼓励具有代谢、成膜和反射作用的抗旱节水技术产品的研究和产业化。

（6）推广抗（耐）旱、高产、优质农作物品种。加快发展抗（耐）旱节水农作物品种选育的分子生物学技术，选育抗旱、耐旱、水分高效利用型新品种。

（7）鼓励使用种衣剂和保水剂进行拌种。加强低成本、多功能保水拌种剂、经济作物和草场专用保水剂产品和设备的研究与开发。

5. 降水和回归水利用技术

提高降水利用率和回归水重复利用率可直接减少灌溉用水量，是农业节水的最基本内容。

（1）推广降水滞蓄利用技术

积极发展不同作物、不同降水条件下田间水管理技术，推广协调作物耗水和天然降水的灌溉制度与灌水技术；在旱作农业区，推广以滞蓄天然降水为主要目的的土地平整技术和改进耕作技术；在水稻种植区，积极推广水稻浅灌深蓄技术；在干旱、半干旱地区以及保水能力差的山丘区，推广鱼鳞坑、水平沟等集雨保水技术。

（2）推广灌溉回归水利用技术

积极发展灌排统一管理技术；在无盐碱威胁地区，杜绝无效退泄和低效排水的灌溉水管理技术；在灌溉回归水水质不符合灌溉要求的地区，积极发展“咸淡混浇”等简单易行的灌溉回归水安全利用技术。

（3）大力发展雨水集蓄利用技术

推广设施农业和庭院集雨技术；推广工程设施标准化；研究和应用雨水集蓄利用中水质保护技术；积极开发环保型、高效低价雨水汇集、保存、防渗新材料。

6. 非常规水利用技术

在研究试验的基础上，安全使用部分再生水、微咸水和淡化后的海水等非常规水以及通过人工增雨技术等非常规手段增加农业水资源。

（1）发展非常规水资源化技术

发展一水多用和分质用水技术；发展非常规水与淡水混合使用或交替使用技术；建立污水灌溉量化指标体系和咸水灌溉控制指标体系；发展非常规水利用时地下水质、地表水质、农作物产量与品质、土壤理化性状等影响监测与评价技术；加强生活污水、微咸水等排放与处理技术的研究；积极研究与开发经济有效的非常规水处理设备与水质监测仪器。

（2）重视发展人工增雨技术

人工增雨应坚持政府领导，统筹规划，合理分配。在层状冷云及对流云人工增雨潜力区，采用人工增雨催化作业技术；建立人工增雨综合决策技术系统。

（3）适度发展海水利用技术。鼓励在养殖业或其他农副业中合理利用海水资源；加强天然淡水稀释海水浇灌耐盐作物的技术研究。

7. 养殖业节水技术

发展养殖业节水技术，提高牧草灌溉、畜禽饮水、畜禽养殖场合冲洗、畜禽降温、水产养殖等养殖业用水效率，是农业节水的一个重要方面。

（1）加快发展抗（耐）旱节水优良牧草品种选育技术。选育适合当地自然条件的野生牧草或驯化栽培的人工牧草优良品种；选育深根系、直立小面积叶片、对干旱缺水的环境具有较强适应性和抵抗能力的优质耐旱牧草。

（2）发展和推广适合天然草地和旱作人工草地的节水抗旱型优良牧草栽培技术。建立与光照资源、水资源特别是降水资源相适应的种植结构和种植制度；合理搭配豆科、禾本科等不同牧草种类，发展和推广禾本科—豆科、牧草—饲料立体种植或草田轮作技术。

（3）大力推广人工草场的节水灌溉技术。推广草地节水灌溉制度；因地制宜发展草地灌溉渠道防渗衬砌和管道输水灌溉技术；鼓励在适宜条件下发展草地喷灌技术；改进草地地面灌水技术；发展草地灌溉用水管理技术；加强牧草需水规律、灌溉制度和灌水方法与技术试验研究。淘汰草地无畦漫灌技术。

（4）发展草原节水耕作技术。提倡应用草原免耕直播技术；发展人工补播和人工种植技术；重视增强草地土壤蓄水保肥能力；大力发展牧区灌溉饲草料基地。

（5）发展集约化节水型养殖技术。提倡家畜集中供水与综合利用；推广“新型”环保畜禽舍、节水型降温技术和饮水设备；科学设置牲畜饮水点，有效保护水源地或给水点；对水源缺乏、饮水极为困难的草原区，可通过铺设供水管道供水；推广具有防渗和净化效果的混凝土结构、砌体结构等集雨技术设施；鼓励研制节水型、多种动力、构造简单、使用方便、供水保证率高的自动给水设备。促进节水、高效的工厂化水产养殖设施的研究和推广使用。逐步淘汰水槽长流供水技术。

（6）推广养殖废水处理及重复利用技术。推广养殖废水厌氧处理后的再利用技术及深度处理和消毒后用于圈舍冲洗的循环利用技术；提倡分质供水和多级利用；改变传统水冲清粪和水泡粪为干清粪方式；研究和开发低耗、高效的养殖废水处理设施。

（7）发展畜产品、水产品加工节水技术。鼓励研究和开发多功能、低成本、节水、环保型加工工艺和技术装备。

8. 村镇节水技术

针对村镇居民用水分散、农产品加工工艺简单、村镇用水效率低、村镇供水设施简陋、安全饮用水源不足等特点，发展村镇节水技术。

（1）发展和推广村镇集中供水技术。积极推行计划用水，发展饮用水源开发利用与保护技术。开采地下水应封闭不良含水层，防控苦咸水、污废水等劣质水侵入水源；鼓励水源保护林草地建设。推行集中供水，积极发展村镇供水管网优化设计技术。

（2）鼓励研究开发并推广村镇家用水表和节水型用水设施，缺水地区要逐步开展村镇家庭用水分户计量。

（3）发展村镇饮用水处理与水质监测技术。水质不达标地区提倡饮用水源集中处理；建立水质检测制度；鼓励开发并推广适宜村镇管理条件的简易监测设备和便携式监测设备。

4.5 节水管理

节水管理是城镇管理的一个组成部分，其主要目的是为了取得良好的经济效益。在缺水地区，当水资源制约社会和生产发展时，加强节水管理就显得尤为重要。为了取得良好的经济效益、社会效益和环境效益，实行节水管理必须从城镇或工业企业的具体情况（如水资源状况等）出发，全面考虑、统筹安排，使有限的水资源得以合理地开发和利用。

4.5.1 节水计划管理与定额目标管理

1. 节水管理的主要任务

小城镇节水管理的主要任务是：

(1) 贯彻执行国家、政府关于节约用水的方针政策和有关法规，制定关于节约用水的具体办法、规章制度等；

(2) 进行节约用水的宣传教育；

(3) 组织实施计划用水和节约用水工作；

(4) 进行有关计划用水和节约用水的技术业务指导；

(5) 审查、考核节水单位的水量平衡测试、定额制定或其他规定考核项目；

(6) 组织、开展节约用水课题研究工作，制定节约用水规划，推广节约用水的新工艺技术、新器具和设备等；

(7) 进行小城镇规划区范围的地下水资源管理；

(8) 实行用水的“节奖超罚”；

(9) 进行人员培训等。

工业企业节水管理的主要任务是保证节水主管部门上述各项任务要求的贯彻和实施，保证自备水源的合理开发利用，以及组织开展节约用水的各项具体业务工作。

2. 节水计划管理

(1) 编制和实施节水计划

编制实施节水计划是节水管理的中心工作。

目前各地编制的节水计划内容不尽相同，通常包括取水量计划、节水量计划和节水技术措施计划。

编制上述计划应在可靠的水量计量和工业企业水量平衡测试的基础上进行。此外，应特别注意保持计划指标的相对稳定性，考虑到水的供需矛盾和生产技术、节水技术的发展；应始终保持节水考核指标的先进性。这样，才能使节约用水工作深入持久地发展下去，取得实效。

编制用水计划可视具体条件采取下列方式：

1）按用水计划定额编制

即根据工业企业生产产品的品种、产量和相应的企业取水量定额编制节约用水计划。这种编制方式要求小城镇节水管理部门具备较高的管理水平，应有相当的定额管理工作基础。

2）按工业企业用水水平和节水潜力编制计划

编制这种计划，是通过对工业企业合理用水水平的分析和对节水考核指标的测算，按工业企业的节水潜力（如不合理的排放水量）核定节约用水计划。目前多数节水管理部门采取这种编制方式。

（2）节水计划主要内容

1）取水量计划

取水量计划对于工业企业是一种指令性计划。它可分为年、季、月取水量计划；通常各行业主管部门按时将待审计划汇总并按上述方式调整后，报小城镇节水管理部门。然后经城市用水（供水）管理部门横向综合平行、纵向对比分析审核下达给工业企业，并在各行业主管部门备案。有时，也可由城市节水管理部门按行业下达总取水量，并由行业主管部门按工业企业分配后报城镇节水管理部门，再经综合平衡下达给工业企业。

2）节水量计划

节水量计划的性质与取水量相同。它是一种配套性计划，应同取水量计划同时确定下达。

3）节水技术措施计划

节水技术措施计划包括主要节水技术措施项目、数量，各项目的实施时间，投资额和资金来源，以及预期的节水效益。

节水技术措施计划是编制上两项计划的主要依据和重要保证，通常由工业企业根据其具体情况提出，由城镇节水管理部门审批、下达。

通常上述三项计划按年、季下达，并按月考核，实行“节奖超罚”原则。

此外，根据上述三项计划可以测算城镇的各项节水考核指标，如总用水量、水的重复利用率、循环率和回用率等，并下达到各行业主管部门和工业企业。节水考核指标是考核各级节水管理部门节水工作的依据。

上述节水计划编制实施过程也适用于工业企业以外的其他用水单位。

（3）节水定额目标管理

如前所述，从总体上看，我国小城镇节水工作面临的形势和问题是：

1）近期即使采取节水措施，全国可供水量每年尚缺 $(8\sim11)\times10^{10}\,m^3$，其中70%的缺水量集中在黄、淮、海、辽流域地区，而大规模超长距离跨流域调水工程近期难以实现。

2）全部工业用水中的冷却水循环率应达到95%、工业废水的回用率应达到30%、其他节水途径的节水（加强管理、改进工艺）效果约占总节水效果的25%。可见对节水水平的要求是很高的。

3）目前城镇节水管理状况基本上仍处于强化管理阶段，迫切需要转向科学管理。相当一部分城镇的用水管理松弛，同应达到的水平相比，节水水平偏低。

4）城镇节水管理工作中尚缺乏能够促进水资源合理开发分配并取得良好水资源利用效益与环境效益的调节机制。

5）以重复利用率为主的考核指标体系已不能适应加强城镇工业用水管理的需要，需适当调整、补充。

6）管理体制、管理机构、政策法规、管理—技术手段、基础工作、研究工作以及人们对城市水资源的价值观念也都不完全适应节约用水工作发展的要求。应该强调，节约用水是人们面临的一项政策性、技术性很强的大课题，其涉及面广，各方面的关系错综复杂，许多问题或规律有待探索；因此，加强研究论证具有特别重要的意义。

综上所述，我国城镇节水由强化管理向科学管理的转变已势在必行。以经济—计划手段为主的节水定额目标管理的要点是：在建立合理水费体制的前提下，以企业用水定额为基本节水考核指标，以企业或行业的先进用水水平（一般是行业用水定额）为定期节水目标，发挥工业企业自我约束机制的作用，实行对节水的管理。这时城镇节水计划管理部门主要运用经济杠杆进行宏观控制、调节，并且从全局出发对工业企业的节水情况进行监督和统一协调。上述要点同样亦适用于其他性质的节水单位。显然在这种情况下，工业企业和其他用水单位即从对节水的被动管理转变为主动管理。以经济—计划手段为主的节水定额目标管理，实际上是社会主义市场机制在城市节水管理中的反映，其关键在于有效地发挥经济杠杆的作用。应当看到水是一种公共产品，其生产、流通和分配过程具有不同于一般产品的特点。因此建立能够不断促使水资源合理分配利用的水费体制具有特殊意义。

显然，实行定额目标管理将会使城市用水管理变得更加切实、直接及更具有预见性。科学合理的用水定额标准，对于节水部门（尤其对大多数未达到用水定额标准的用水户而言）：不仅是一种统一考核尺度，也是主要管理目标。

经济—计划手段与定额目标的关系是相辅相成的。后者是前者实施的条件，前者是后者得以实现的主要途径。

可以说，我国目前尚缺乏实行城镇节水科学管理的成型经验。从强化管理向科学管理的转变，是一个逐步发展的过程，要有较长的时间，需要解决一系列涉及方针政策、体制、技术、经济、管理、科学研究及方法方向的问题。但是，肯定地讲，这种转变是必然会发生的，转变得越早将越有利于解决我国城镇水资源短缺的问题。

城镇节水实行以经济—计划手段为主的定额目标管理，同加强行政领导、加强宣传教育及贯彻执行各项法规是并行不悖的，只是它们将被赋予新的内容与作用。

尽管城镇用水向科学管理的转变是涉及面很广、情况十分复杂的过程，有待研究解决的问题很多。但是，从当前节水考核指标存在的问题、管理现状与发展趋势考虑，我国城镇节水工作应着重抓两个关键环节：

① 制定科学合理的城镇用水定额，特别是对工业企业建立并实施以工业用水定额为主的指标体系。

② 建立合理的水费体制

水费体制包括水费类别、标准和系列以及收费制度。总体而言，从合理开发、有效利用水资源的角度出发，多数人主张并呼吁尽快改变当前水费体制严重不合理的状态。主张建立考虑到财务成本、水资源占用、外部效益、环境影响以至于供需关系，并且按用户类别划分的新价格标准与体系。主张按“节奖超罚”的原则实行更加灵活的收费制度（浮动、累进收费制度），实行鼓励性对策等。

上述两个关键环节，实际上也是人们目前普遍关注和亟待探求解决的大问题。这两方面问题的解决应是我国城镇节水由强化管理向科学管理转变的主要标志。

4.5.2 循环经济与小城镇节水管理

随着我国经济发展和城市人民生活水平的提高，城市对水的要求也越来越高，城市水需求量逐年上升，城市水供需矛盾不断加剧，城市节水管理已经成为重要的研究课题之一。由于受传统的节水观念以及粗放式经济发展和管理模式的影响，我国的城市节水管理仍然停留在被动节水阶段，这种传统的节水管理模式已经不能适应城市发展的要求，不符合城市水的可持续利用原则。循环经济是一种有别于传统经济的新型经济模式，是一种以资源的高效利用和循环利用为核心，以低消耗、低排放、高效率为基本特征，符合可持续发展思想的经济增长模式。因此城市节水管理也必须引入循环经济的思想，以循环经济的理念来推动我国的城市节水管理事业的发展。

1. 循环经济的理念

循环经济的思想始于20世纪60年代，源于美国经济学家波尔丁提出的"宇宙飞船理论"。工业革命以来，由于生产力的空前提高，"大量开发资源——大规模生产——大量消费——大量产生废弃物"的模式成为人类追求最大利润、寻求经济发展的唯一道路，进而加重了资源短缺和环境的压力。面对这种压力的日益严重，人类开始重新审视经济的发展历程，在上述背景下，循环经济理念应运而生。

(1) 循环经济的含义

循环经济是国际社会推进可持续发展的一种实践模式，它强调最有效利用资源和保护环境，表现为"资源——产品——再生资源"的经济增长方式，做到生产和消费"污染排放最小化，废物资源化和无害化"，以最小成本获得最大的经济效益和环境效益。循环经济是对物质闭环流动型经济的简称，是以物质、能量梯次和闭路循环使用为特征的，在环境方面表现为污染低排放，甚至是污染零排放。循环经济把清洁生产、资源综合利用、生态设计和可持续消费等融为一体，运用生态学来指导人类社会的活动，因此本质上是一种生态经济。循环经济的根本之源就是保护日益稀缺的环境资源，提高环境资源的配置效率。

(2) 循环经济的特征

传统经济是由"资源—产品—污染排放"所构成的资源单行道（One Way）流动的经济。在这种经济中，人们以越来越高的强度把地球上的资源开采出来，在生产加工和消费过程中，又把污染和废物大量排放到环境中去，对资源的利用是粗放的和一次性的。与传统经济比较，循环经济倡导的是一种建立在资源不断循环利用的基础上的经济发展模式，它要求把经济活动按照自然生态系统的模式，组织成一个"资源—产品—再生资源"的资源反复循环流动的过程，使得从整个经济系统以及生产和消费的过程基本上不产生或者只产生很少的废弃物。

传统经济通过把资源持续不断地变成废弃物来实现经济的数量型增长，这样最终导致了许多自然资源地短缺与枯竭，并酿成了灾难性的环境污染后果。而循环经济能从根本上缓解长期以来环境与发展之间的尖锐冲突。循环经济不但要求人们建立"自然资源—产品和用品—再生资源"的经济新思维，而且要求在从生产到消费的各个领域倡导新的经济规范和行为准则。

(3) 循环经济的3R原则

循环经济是可持续的生产和消费模式，以资源的高效利用和循环利用为核心，遵循“减量化、再利用、再循环”的基本原则。

1)“减量化”原则（Reduce）：要求用较少的资源投入来达到既定的生产和消费目的，在经济活动的源头就注意节约资源和减少污染，在产品生产和服务过程中尽可能减少资源的消耗和废弃物、污染物的产生，采用替代性的可再生资源，以资源投入最小化为目标，以提高资源利用率为核心。生产者应通过减少产品原料投入和优化制造工艺来节约资源和减少污染物排放；消费群体以最小的消耗实现消费目标。

2)“再利用”原则（Reuse）：指产品多次使用或修复、翻新后继续使用，以延长产品的使用周期，防止产品过早成为垃圾，从而节约生产这些产品所需要的各种资源投入。要求消费群体改变产品使用方式，有效延长产品的寿命和产品的服务效能，注重资源的再利用和循环使用。生产者应采取产业群体间的精密分工和高效协作，加大产品到废弃物的转化周期，最大限度地提高资源的使用效率，鼓励再生产业的发展。

3)“再循环”原则（Recycle）：要求生产的产品在完成其功能后能重新变成可以利用的资源而不是无用废弃物，使废弃物最大限度地变成资源，变废为宝，化害为利。通过对产业链的输出端——废弃物的多次回收和再利用，促进废物多级资源化和资源的闭合式良性循环，实现废弃物的最小排放。通过再使用和再循环原则的实施，强化减量化原则的实施。

(4) 发展循环经济的战略意义

随着我国经济快速增长和人口不断增加，水、土地、能源、矿产等资源不足的矛盾会越来越突出，生态建设和环境保护的形势日益严峻。面对资源短缺日益严峻的形势，按照科学发展观的要求，大力发展循环经济，加快建立资源节约型社会，走可持续发展道路是社会发展的必然。

发展循环经济是以人为本、实现可持续发展的本质要求，也是实现可持续发展的一个重要途径，同时也是保护环境和削减环境污染的根本手段。有利于形成节约资源、保护环境的生产方式和消费模式，有利于提高经济增长的质量和效益，有利于建设资源节约型社会，有利于促进人与自然的和谐，充分体现以人为本，全面协调可持续发展观的本质要求，是实现全面建设小康社会宏伟目标的必然选择，也是关系中华民族长远发展的根本大计。只有发展循环经济才能从根本上缓解资源约束的矛盾，减轻环境污染，提高经济效益，实现经济可持续发展。

2. 以循环经济的理念促进小城镇节水管理

随着小城镇水供需矛盾不断加剧，水日益成为小城镇发展的制约因素，单纯依靠“开源”已经无法满足小城镇水的需求，节约用水的强化管理也难以继续有效发挥作用，小城镇节水管理必须从传统的管理模式转变为循环经济的科学管理模式，尽可能增加小城镇可供水量，不断提高水的利用效率，降低需求量。

在这个阶段，更多地依靠技术进步进行低质水（城镇污水、降水等）开发利用，充分发挥经济杠杆的作用，由被动节水管理转变为主动科学管理。这种管理模式是对“大量生产、大量消费、大量废弃”的传统管理模式的根本变革。它以水资源的高效利用和循环利用为核心，以低消耗、低排放、高效率为基本特征，是遵循可持续发展理念的经济增长模式，符合循环经济的基本理念。

（1）按照循环经济基本思路加强节水管理

小城镇节水管理从被动节水转变为提高水利用效率，主动科学管理。这反映出对小城镇节水的认识从单纯的抑制需求、减少耗用量，发展到用同样的水量消耗来满足人们迅速增加的健康和舒适度的需求；从消极、被动的节水阶段发展到积极、合理的提高水的利用效率阶段，体现了循环经济高效率的基本特征。我国的小城镇节水管理，应该按照循环经济的理念，降低水需求，提高水的利用效率，加强水的再利用和循环利用，走可持续发展的道路。

（2）遵循循环经济的系统工程的理念

传统的节水管理模式只强调开源，不重视节水，只强调节水，忽视提高水利用效率，只重视水的利用，忽视环境治理，忽视水的再生利用。而循环经济的小城镇节水管理必须考虑整个小城镇水循环系统，把整个小城镇水循环作为一个系统工程，从水的开发、使用、排放、到回收再利用，强调的是在社会生产、流通、消费和产生废物的各个环节循环利用水资源，把小城镇水循环作为一个系统工程进行节水管理。

（3）遵循循环经济的基本原则

循环经济的基本原则是减量化，再利用，再循环；水是稀缺资源，又是可以再生的资源，循环经济的节水管理要求遵循小城镇水循环的基本规律，从小城镇用水需求开始尽量减少和避免水资源一次利用，充分考虑根据不同用水的水质需求，合理利用各种可以利用的水源，尽量实现阶梯式再利用和循环利用，积极利用小城镇污水、降水等可再生水源，实现小城镇水的再利用和良性水循环。

（4）注重以人为本、实现水可持续利用

传统的节水管理模式仅仅是被动地去抑制水资源的需求，与“以人为本”的理念背道而驰。循环经济强调经济系统与自然生态系统的物质循环过程相互和谐，促进资源的永续利用。发展循环经济是以人为本、实现可持续发展的本质要求，要做到这一点，必须实行科技含量高、经济效益好、资源消耗低、环境污染少的循环经济的小城镇节水管理模式。在保证人们生活，生产不受影响情况下，尽量降低水需求，同时考虑水资源的利用和对环境的影响，减少污水的排放，加强水环境的治理，加强污水再生利用，实现水的循环利用和可持续利用。

与传统的小城镇节水管理模式相比，循环经济的节水管理模式可以更有效地利用水资源和保护环境，以尽可能小的水资源消耗和环境成本，获得尽可能大的经济效益和社会效益。坚持以循环经济的理念来加强小城镇节水管理，是缓解经济增长的水资源约束矛盾和环境压力，实现可持续发展的重要途径。必须充分利用小城镇水资源的可恢复性和可再生性特征，以循环经济思想加强节水管理，将水资源的开发、利用与管理纳入社会经济—水资源—生态环境复合系统之中加以综合考虑，并从协调社会经济、水资源和生态环境的相互关系入手，寻求水资源可持续利用。最大程度地降低或消除因小城镇水资源固有的脆弱性带来的不利影响，使有限的小城镇水资源得到持续合理的开发利用，以满足因小城镇社会经济持续发展和小城镇居民生活水平不断提高而持续增长的用水需求，以有限的水资源产生最大的资源效益、环境效益、经济效益和社会效益。

4.5.3 节水经济管理

1. 概述

(1) 节水经济管理的含义

节水经济管理是指用经济手段和办法从事小城镇节约用水的管理，其实质是以物质利益为作用机制，运用一系列与价值相关的经济手段调节节水经济活动，促进节水工作的深入开展。运用经济手段节约用水同采用其他手段，如法律手段、行政手段、技术手段等是不同的，且有其自身的特点。但是它们相互之间也是有联系的。在节水管理实践中，往往是综合运用这些手段来调节、控制、引导节水活动，很少只采用某一种手段，比如经济手段大多伴随着法律手段和行政手段来进行管理。

(2) 小城镇节水经济管理的原则

小城镇节水经济管理的基本原则是根据客观规律来制定在运用经济手段实施节水管理中所必须遵循的要求和准则。经济管理指标、管理方法及相应经济政策的制定均应以科学的管理原则为前提，这些管理原则如下：

1) 有效地抑制不重视节水和浪费水的倾向，适当地发挥水费价格杠杆的调节作用，比如实行较高的有利于节水的水价收费制度、超过用水基量累进收费制度、用水季节差价、用量差价制度等，提高水的“价值”，改变浪费水的现象，对形成节水的风尚、行为起到积极的作用。

2) 更好地发挥科学技术节水的作用，促进节水技术措施的建设。节约用水的根本出路之一在于不断地采用先进的节水技术、节水工艺、节水设备和节水器具，改造原有不合理的、浪费水的用水工艺和设备，而适当地利用经济政策，引进低息贷款，增加适当补贴等，加大资金投入，无疑会对促进节水技术改造措施建设起到重要作用。

3) 创造更好的节水经济效益、环境效益和社会效益。一切节水活动的宗旨，都是要以最小的代价换取最大的成果。无论是节水管理工作，还是节水工程建设，都要从“经济效益”这个观点出发，千方百计地以最少的人、财、物的消耗，换取最佳的节水效益。

2. 小城镇节水资金的开发与管理

(1) 小城镇节水资金的来源

节水资金对管理节水经济活动具有重要的作用。搞好节水资金的开发，建立稳定的节水资金渠道，提高资金保证程度是十分重要的。目前，资金紧张仍是制约小城镇节水工作的一大障碍，尤其是小城镇节水工作起步较晚，相对来讲“欠账”更多一些，需要做的事情很多，资金缺口也就更大一些。因此，在筹集资金、考虑资金来源时，就要坚持“多渠道、多层次、以节水养节水”的资金开发原则，发挥各部门、各环节的积极性，用节水获取的收益作为节水的投入，形成一种节水投资的“良性循环”，拓宽资金来源途径。从现实来看，节水资金的来源主要有：

1) 国家和地方技术改造资金。国家和地方经济管理部门在编制年度技术改造计划时，将一部分节水效果好、具有普遍推广意义的节水示范工程项目列入计划。同时，从技术改造资金中拿出一定比例的资金以有偿使用的方式补助给节水工程项目。此举意义重大：一是把节水技术改造项目归入到技术改造体系，提高了节水技改的地位；二是节水技改资金的保证程度得以加强，资金的连续性和稳定性有了提高。

2）企业技术改造资金。这是企业自筹节水技改资金的一种方式。企业应根据自身的实际情况，通盘考虑，将技改项目编入年度生产技术改造计划中，拨出一部分资金作为节水技改项目的专用资金，用于节水工程项目建设。

3）水资源费和超计划用水加价费。小城镇节水管理部门每年应从收取的水资源费和超计划用水加价费中拿出一部分资金作为节水工程项目和节水科研项目的专用基金，以有偿使用和无偿使用的方式，扶持、资助节水工程和节水科研项目的建设。

4）政策性的资金渠道。节约用水是涉及全社会的大事，不但具有经济意义，而且还具有一定的社会、政治意义。因此，运用经济行政手段，给节水经济活动以必要的倾斜和优惠政策，是符合现阶段节水管理状况和要求的。通过一定的政策来取得资金来源的措施有：一是地方财政、税收部门在完成税收和财政收入计划的基础上，对一些节水效益显著、社会意义重大的节水工程项目，免征项目建设单位部分基金税。当然这要注意严格控制免征范围和数量，严格执行审批程序，以免影响国家财税收入。二是优惠补贴政策，对某些涉及面广、推广意义大的节水工程项目，节水管理部门拿出一部分资金给予无偿补贴。三是节水技改资金进入生产成本，即允许一定范围和数量的节水工程建设资金进入企业生产成本。

（2）小城镇节水资金的管理

节水资金的使用管理要遵循以下几方面原则：

1）可行性原则。资金所支持的节水项目，必须是经过调查、研究、试验及技术、经济论证，各方面条件具备，通过有关部门审批的项目。安排资金时，一定要注意项目实施的可行性，不能盲目地投入资金，以免因项目不可行而形成资金浪费。

2）效益最佳原则。遵循“少投入、多产出、快产出”的效益原则，对于投资少、见效快、效益佳的“短、平、快”节水项目一定要优先安排资金。另外，还要从全局出发、从整体出发，将节水综合效益好的项目列为投资重点来考虑。

3）均衡原则。安排资金时，要注意协调好贷款、自筹、补贴（拨款）之间的比例关系；协调一般项目资金与重点项目资金之间的比例关系；协调技术措施项目资金与科研项目资金之间的比例关系。这样，才能使有限的资金得到充分、全面的利用，收到良好的综合效果。此外，还要从资金使用本身的特点考虑，注意尽可能减少资金周转时间等。

4）控制原则。资金使用计划确定后，项目建设单位应遵照计划中安排的资金使用方式和资金数额，按有关部门规定的程序办理资金使用手续。资金使用过程中，一定要按资金使用计划执行，保证计划的严肃性。如实际运行中出现与计划不符、临时变动等情况，应及时妥善处理。资金使用的控制要注意避免发生下列情况：一是挪用资金，将节水项目专用资金挪作他用，违背了专款专用的原则；二是项目超支，项目实际费用超出项目预算费用；三是未按期还贷。为此，可制定有关资金使用管理规定，通过一定的手段，控制、监督资金的使用。

3. 小城镇水费价格杠杆的调节及水价体系

（1）水费价格及管理现状

长期以来，人们对小城镇供水事业的性质存在着片面的认识，即只注意到它的公共福利性的一面，而忽视了它具有生产企业特性的一面，因而城镇供水实行福利水价政策，水价过低。不论是丰水地区还是缺水地区，都存在着水价偏低的问题，只是程度不同而已。低水价造成的后果是：

1）水价增长幅度跟不上成本的增长，抑制了供水企业建设水源的积极性，同时也使供水企业无法积累扩大再生产所必要的资金，从而影响了小城镇供水事业的发展。

2）影响了社会节水意识的培养和形成。

3）影响了用水单位节水行为的产生和发展。

4）影响了节水效益的正确分析和评价，使一些似乎效益不大而实际具有较大效益的节水项目得不到实施和应用。

另外，目前在水价管理方面，缺少统一、合理的水价收费标准，必要的水费价格体系尚未建立，此外在水价立法和司法方面也有大量的工作要做。总之，加强水价管理，发挥价格的作用，已成节水管理中一项十分紧迫的任务。

(2) 价格杠杆的调节作用

在小城镇节水经济管理中，价格杠杆是一个非常重要的调节、控制手段。水的价格要反映水的价值，应根据用水供需的市场关系情况围绕其价值上下波动。运用价格杠杆进行节水管理，就是要遵循价值规律，合理确定水费价格，建立水价体系，加强水价管理，使水价的调节、控制作用得以发挥。

水费价格杠杆的调节作用表现在如下几个方面：

1）合理的水费价格及收费制度有助于调节、控制用水需求量。

2）工业用水量的大小与工业结构、产品结构有很大关系，合理的水费价格及收费制度有助于调节、控制城镇工业结构和产品结构。

3）合理的水价及收费制度有助于调节、控制小城镇用水结构和用水季差。

4）合理的水费价格及收费制度有助于调节、促进社会的节水行为。

(3) 建立合理的水价体系

1）建立水价体系的原则

① 水价体系的建立不但要考虑局部利益，也要考虑全局利益；不但要考虑现实利益，也要考虑长远利益。总之，就是要以最大限度地提高经济效益、社会效益和环境效益为准则。

② 水价体系的建立要通盘考虑社会各方面的实际情况，切实可行，科学合理，同时也要与现行的各类方针、政策协调同步。

③ 水价体系的建立要力争做到居民生活用水保本微利，工商企业用水合理计价，即制定水价时，要保证供水企业有一定的盈余。

2）建立水价体系应考虑的问题

① 按用途、用量确定水价；

② 用水超计划或超定额累进收费；

③ 按季节实行价格浮动；

④ 有偿使用供排水设施。

(4) 水价管理

1）建立水价管理体制

在水价制定原则、水价政策、水价立法等方面，要坚持统一领导；在水价具体管理方面，要发挥各级部门、各个环节的作用，实施有效的管理。

2）制定水价政策和法规

水价体系的建立、巩固及运行，需要有与之相适应、相配套的水价政策和水价法规作保证，在行政、法律等方面须采取一定的措施、手段，使合理的水价得以贯彻执行。特别应强调的是，水价的立法及司法在节水经济管理中应引起足够的重视。水价及收费制度等相关方面应该以法规形式固定下来，赋予法律效力，对任何违法行为应追究法律责任，将水价管理引入法治轨道。

3）加强水价监督和检查。

包括多种水费价格及相应收费制度在内的水价体系改变了单一水价的状况，这无疑会增加水价的日常管理工作，性质也复杂多了。因此，水价监督和检查就成为水价管理的重要一环。水价执行情况如何，直接关系到水价杠杆作用的发挥。所以，要加强水价监督和检查，从人员、措施、手段等方面建立监督保证体系，以保证水价体系的良好运行。

4. 节水经济承包和节奖超罚

实行节水经济承包和节奖超罚是节水管理的一个重要经济手段。节水经济承包就是发包者（用水管理部门）将一定期限内所要达到的多项节水指标和要求通过经济承包的形式下达给承包者（具体用水单位），将承包内容同责任者的经济利益挂钩。节奖超罚就是对用水单位的用水实行计划管理，若未超过用水计划（或定额）实行奖励，超过用水计划（或定额）实行惩罚。这一政策已经通过国务院批准颁布的《城市节约用水规定》确定下来。

节水经济承包和节奖超罚可以调动节水的积极性，有利于节水指标的完成，有利于促进节水措施的建设。

（1）节水经济承包的内容和形式

1）经济承包内容：主要包括多项节水硬指标和节水技术措施。节水硬指标包括：节水量、重复利用率、用水计划指标、用水定额指标等。节水技术措施内容包括：措施项目数、实现的节水量、投资数目等。

2）经济承包形式：可以是用水单位内各层次用水单元的承包，如企业用水管理部门对车间、车间对班组的层层承包，也可以是用水计划管理部门对上级主管部门的承包。

（2）节水经济承包和节奖超罚的落实

1）承包指标要合理、可行，节奖超罚的限度也要适度、有效。承包指标的确定，要本着“先进合理、切实可行”的原则进行，既要考虑节水水平的逐步提高，又要考虑现实的可能性。节奖超罚的限度要控制得当，有效地促进节水工作。

2）加强检查、监督、控制。要定期考核、检查承包执行情况和节奖超罚执行情况，对违背承包内容和节奖超罚的要采取必要措施、手段进行处理。

4.5.4 发展节水技术的保障措施

完善法律法规，建立激励和约束机制，健全技术服务体系，推动节水技术发展与应用。

1. 加强节水法制建设和行政管理

(1) 依据《中华人民共和国水法》和《中华人民共和国清洁生产法》等法律，研究制定有关促进节水技术发展的法规和标准。

(2) 中央和地方在编制“十一五”发展规划和专项规划中，把节水技术进步放在重要位置。

(3) 重点节水技术的研究和开发，应列入国家中长期科学和技术发展规划纲要及相关国家科技开发计划。

(4) 国家定期发布“淘汰落后的高耗水工艺和设备（产品）目录”和“鼓励使用的节水工艺和设备（产品）目录”。

2. 建立发展节水技术的激励机制和约束机制

(1) 国家和地方政府要重视节水关键技术开发、示范和推广工作，并给予必要的资金支持。

(2) 对于以废水（液）为原料生产的产品，符合《资源综合利用目录（2003 年修订)》的，按国家有关规定享受减免所得税的政策。

(3) 鼓励发展污水再生利用、海水与微咸水利用等非常规水资源利用产业。再生水生产企业和利用海水生产淡水的企业，享受国家有关优惠政策。

(4) 对列入国家鼓励发展的节水技术、设备目录的设备，按国家有关规定给予税收优惠。

(5) 国家、地方政府、企业组织实施的节水工程，应优先选择《中国节水技术政策大纲》(简称《大纲》) 推荐的节水工艺、技术和设备。对一些重大项目，国家和地方政府应给予资金补助支持。

(6) 引导社会投资节水项目，特别是引导金融机构对重点节水项目给予贷款支持。鼓励多渠道融资，加大对节水技术创新和节水工程的投入。

(7) 建立充分体现我国水资源紧缺状况，以节水和合理配置水资源、提高用水效率、促进水资源可持续利用为核心的水价机制。扩大水资源费征收范围并适当提高征收标准。逐步提高水利工程供水价格，优先提高城市污水处理费征收标准，合理确定再生水价格。大力推行阶梯式水价、超计划超定额取水加价等科学合理的水价制度。

(8) 新建、扩建和改建项目在实行“三同时、四到位”制度（即节水设施必须与主体工程同时设计、同时施工、同时投入运行。用水单位要做到用水计划到位、节水目标到位、节水措施到位、管水制度到位）过程中，应积极采用《大纲》推荐的节水技术。

(9) 建立和完善用水总量控制和定额管理制度。结合行业、地区特点，建立以取水定额为核心的考核、评价、管理体系。

(10) 加强对重点用水单位取水定额执行情况、节水新技术、新产品推广使用情况和国家明令淘汰的高耗水的落后工艺、技术和设备的淘汰情况的监督检查。新建用水工程（项目)，不得采用《大纲》和国家明令淘汰的落后工艺、技术和设备。

(11) 建立节水产品认证制度，规范节水产品市场。

3. 建立健全节水技术的研究开发和推广服务体系

(1) 加强节水技术创新体系建设。建立节水重点实验室和工程技术中心，加快节水技术的研究开发。

（2）加强节水技术推广服务体系建设。组织开展技术交流、技术推广、技术咨询、信息发布、宣传培训等活动。

（3）加强节水标准体系建设。建立和完善取水定额标准体系，完善节水基础标准、节水考核标准、节水设施和产品标准、节水技术规范。

（4）积极推动节水技术国际交流与合作，引进和消化吸收国外先进的节水技术，加快发展具有自主知识产权的节水技术和产品。

（5）开展节水宣传教育活动。采取各种有效形式，开展节水技术科普宣传，加快节水技术的推广。

第5章　小城镇污水的再生与资源化利用

5.1　小城镇污水的特性

5.1.1　小城镇污水的来源

小城镇污水包括生活污水、工业废水和一部分城镇地表径流（雨水或雪水）。

生活污水是在日常生活中使用过的，并为生活废料所污染的水，主要来自家庭、商业、机关、学校、医院及工厂的生活设施等。生活污水主要含有碳水化合物、蛋白质、脂肪、氨基酸等有机物，一般没有毒性，且具有一定的肥效，可用来灌溉农田。

工业废水是在工矿企业生产过程中使用过的水，分为生产污水和生产废水。生产污水是指在工矿企业生产过程中被生产原料、中间产品或成品污染的水，是城市污水有毒有害污染物的主要来源（表5-1），需局部处理达标后才能排入城市排水管网。生产废水为未直接参与生产工艺、未被生产原料等物料污染或温度略所上升的水，如冷却水。由于其污染程度低，一般不需处理或仅需进行简单处理，是较好的再生水源。

生产污水中有毒有害污染物及其来源　　表5-1

有害物质	主要排放工厂
游离氯	造纸厂、织物漂白
氨	煤气厂、焦化厂、化工厂
氰化物	电镀厂、焦化厂、煤气厂、有机玻璃厂、金属加工厂
氟化物	玻璃制品厂、半导体元件厂
硫化物	皮革厂、染料厂、炼油厂、煤气厂、橡胶厂
六价铬化合物	电镀厂、化工颜料厂、合金制造厂、冶炼厂、铬鞣制革厂
铅及其化合物	电池厂、油漆化工厂、冶炼厂、铅再生厂、矿山
汞及其化合物	电解食盐厂、炸药制造厂、医药仪表厂、汞精炼厂、农药厂
镉及其化合物	有色金属冶炼、电镀厂、化工厂、特种玻璃制造厂
砷及其化合物	矿石处理、农药制造厂、化肥厂、玻璃厂、涂料厂
有机磷化合物	农药厂
酚	煤气厂、焦化厂、炼油厂、合成树脂厂
酸	化工厂、钢铁厂、铜及金属酸洗、矿山
碱	化学纤维厂、制碱厂、造纸厂
醛	合成树脂厂、青霉素药厂、合成橡胶厂、合成纤维厂
油	石油炼厂、皮革厂、毛纺厂、食品加工厂、防腐厂
亚硫酸盐	纸浆工厂、粘胶纤维厂
放射性物质	原子能工业、反射性同位素实验室、医院、疗养院

城市地表径流是由雨（或雪）降至地面所形成的，其中含有淋洗大气及冲洗构筑物、地面废渣、垃圾所携带的各种污染物。这种污水的水质、水量随季节和时间变化，成分较复杂。

5.1.2 小城镇污水中的主要污染物

1. 无机污染物

（1）无直接毒性的无机污染物

1）颗粒状物质

泥沙、矿渣等属于颗粒状无机物质，无毒性，它们和有机性颗粒状污染物质统称为悬浮固体或悬浮物。按相对密度分为三类：相对密度小于水的悬浮物形成浮渣；相对密度接近或等于水的悬浮物在水中呈悬浮状态；相对密度大于水的悬浮物称为可沉固体或污泥。

2）酸度和碱度

凡水中能够给出质子的物质与碱标准溶液作用消耗的量，称为酸度。这类物质包括无机酸、有机酸、强酸弱碱盐等。地面水中，由于溶入二氧化碳和被机械、矿业、电镀、农药、印染、化工等行业排放的含酸废水污染，使水体 pH 降低，破坏了水生生物和农作物的正常生活及生长条件，造成鱼类死亡，作物受害。

凡水中能够接受质子的物质与强酸发生中和作用的物质总量，称为碱度。包括强碱、弱碱、强碱弱酸盐等。天然水中的碱度主要是由重碳酸盐，碳酸盐和氢氧化物引起的，其中重碳酸盐是水中碱度的主要形式。污染源主要有：造纸、印染、化工、电镀等行业的废水及洗涤剂，化肥和农业在使用过程中的流失。

若天然水体长期遭受酸、碱污染时，将使水质逐渐酸化或碱化，从而对正常生态系统产生影响。我国《地表水环境质量标准》(GB 3838—2002）里规定水体的 pH 为 6 ~ 9；饮用水要求 pH 为 6.5 ~ 8.5；《城市污水处理厂污染物排放标准》(GB 18918—2002）规定城市污水处理厂出水的 pH 为 6 ~ 9。

3）植物性营养物质

氮、磷主要来源于人类、动物的排泄物及某些工业污水，为植物性营养物质。小城镇目前在农药、化肥以及其他农资产品的制造量和使用量都居前列，但农药、化肥的品种、质量和施用方式却依然相当落后，其中约 60% 是以污染物的形式流失于土壤和水环境中，构成了以氮、磷为主要特征的面源水质污染。当前，面源污染已经对内陆湖泊、河流以及近海的水质构成了严重威胁，其中，以富营养化为主要特征的内湖和海域污染已经达到了相当严重的程度。

“富营养化”一词来自湖沼学，是由于氮、磷等植物营养物的排入引起水体中藻类大量繁殖的现象，主要表现为绿藻和蓝藻的大量生长，也称水华现象；在河口、海湾等区域的水体富营养化会导致红藻等藻类的大量繁殖，也称赤潮现象。湖沼学家认为，富营养化是湖泊衰老的一种表现。由于藻类的大量繁殖，一方面占据水体空间、阻塞水道，影响鱼类活动；另一方面，藻类的呼吸作用和死亡藻类的分解，使水体中溶解氧含量大大降低，直接影响鱼类的生存。在自然界物质的正常循环过程中，也有可能使某些湖泊由贫营养湖发展为富营养湖，进一步发展为沼泽和湿地。

水体富营养化的防治是小城镇水环境保护中的重要问题，日益受到重视。

① 含氮化合物

含氮化合物包括有机氮（如氮化合物、多肽、氨基酸和尿素）和无机氮（氨氮、亚硝酸盐氮和硝酸盐氮），总量称为总氮（英文缩写为TN，以N计），水体总氮含量是衡量水质的重要指标之一。

水中的氨氮在水中存在的形式有游离氨（也称非离子氨，NH_3）和离子状态铵盐（NH_4^+），主要来源于生活污水中含氮有机物受微生物作用的分解产物，焦化、合成氨等工业污水，以及农田排水等。氨氮含量较高时，如超过1600mg/L（以N计）时，对微生物的新陈代谢会产生抑制作用，对人体也有不同程度的危害。

硝酸盐是在有氧环境中最稳定的含氮化合物，也是含氮有机化合物经无机化作用最终阶段的分解产物。清洁的地表水中硝酸盐氮含量较低，受污染水体和一些深层地下水中硝酸盐氮含量较高。

氨氮和有机氮之和称为凯氏氮。凯氏氮指标是生化法处理污水时，氮营养是否充足的依据。生活污水中凯氏氮含量约为40mg/L。

② 含磷化合物

磷在地球上分布很广，由于它极易被氧化，因此在自然界中没有单质磷。

天然水中的磷含量通常很少，一般不超过0.1mg/L。磷主要来源于合成洗涤剂和食物中蛋白质的分解产物。化肥、农药、合成洗涤剂、冶炼等行业的工业污水中磷含量较高。由于化肥和有机磷农药的大量使用，农田排水中含有大量的磷。在锅炉给水中磷酸盐常作为防垢剂。

含磷化合物包括有机磷和无机磷两类。有机磷存在的形式有：葡萄糖—6—磷酸、2—磷酸—甘油酸及磷肌酸等；无机磷以磷酸盐的形式存在，包括正磷酸盐（PO_4^{3-}）、偏磷酸盐（PO_3^-）和磷酸氢盐（$H_2PO_4^-$）等。

4）热污染

温度超过60℃的工业污水（如直接冷却水）排入水体后，会引起水体的水温升高，形成热污染。

热污染的危害主要有：

① 降低水体溶解氧浓度，减慢大气中的氧向水体传递的速率，从而加快水生生物的耗氧速度，促使水体中溶解氧更快地被消耗殆尽，造成鱼类和水生生物因缺氧而死亡，水质迅速恶化；

② 提高化学反应速度，水温每升高10℃，化学反应速度加快一倍，故会导致水体的物理化学性质，如离子浓度、电导率、溶解度和腐蚀性的变化，臭味加剧；

③ 加速细菌繁殖；

④ 促进藻类的增殖，从而加剧水体富营养化进程。

（2）有直接毒害作用的无机污染物

这类污染物主要有氰化物、砷化物和重金属离子，如汞、镉、铬、铅以及锌、铜、钴、镍、锡等。重金属中以汞的毒性最大，其次是镉、铅、铬、砷（称类重金属），被称为“五毒”，加上氰化物，是国际公认的“六大毒物”。

1）汞

汞为“五毒”之首，在天然或人工条件下以单质和汞的化合物两种形态存在。单质汞

(Hg) 即金属汞。汞的化合物分为无机汞化合物和有机汞化合物两大类。无机汞有升华性能，可从液态、固态直接升华为气态汞，由于汞蒸气具有高度的扩散性和较大的脂溶性，通过呼吸道进入肺泡，经血液循环遍布全身。血液中的金属汞进入脑组织后，被氧化成汞离子，逐渐在脑组织中积累，达到一定的量时，就会对脑组织造成损害；另外一部分汞离子转移到肾脏。

含汞废水主要来自氯碱工业、聚氯乙烯、乙醛、醋酸乙烯的合成工业以及仪表电气工业。

我国饮用水和农田灌溉水，均要求含汞浓度不得超过0.001mg/L，渔业用水要求更为严格，不得超过0.0005mg/L。

2）镉

镉是一种典型的累积富集型毒物，主要积累在肾脏和骨骼中，引起肾功能失调，骨质中钙被镉所取代，使骨质疏松，自然骨折，疼痛难忍。

含镉废水主要来自采矿、冶金、电镀、玻璃、陶瓷、塑料等工矿企业。

我国《城市供水水质标准》(CJ/T 206—2005) 规定镉的限值为0.003mg/L。农田与渔业用水标准规定不大于0.005mg/L。

3）铅

铅在人体中属累积性毒物，成年人每日摄取量低于0.32mg时，可排除体外而不积累；摄取0.5~0.6mg，在人体内有少量累积，但不会危及健康；若摄取量超过1.0mg，则会在人体内产生明显的累积作用。铅离子与人体内多种酶络合，会干扰机体多项生理功能，危及神经系统、造血系统、循环系统和消化系统，引起慢性中毒。

含铅废水主要来自采矿、冶炼、化工、蓄电池、颜料等工矿企业。

我国《城市供水水质标准》(CJ/T 206—2005) 规定铅的限值为0.01mg/L，农田灌溉与渔业用水都要求铅的浓度不大于0.1mg/L。

4）铬

铬在废水中以六价铬和三价铬的形态存在。六价铬的毒性相对较大。人体摄入后，会引起神经系统中毒。

含铬废水主要来自电镀、制革、以及铬矿开采等工矿企业。

我国《城市供水水质标准》(CJ/T 206—2005) 规定铬（六价）浓度不得超过0.05mg/L，农田灌溉用水与渔业用水要求铬（六价）不大于0.1mg/L。

5）砷

砷是常见的污染物之一，以水中砷总量计。砷不溶于水，几乎没有毒性，但在空气中极易被氧化为剧毒的三氧化二砷，即砒霜。砷的化合物有固态、气态和液态三种形式：固态的有 As_2O_3、As_2S_2、As_2S_3 等，液态的有 $AsCl_3$，气态的有 AsH_3。水环境中的砷多以三价和五价形态存在，对于哺乳动物和水生生物而言，三价砷的毒性高于五价砷。

含砷废水主要有化工、有色冶金、炼焦、火力发电、造纸、皮革等工业污水，其中，冶金、化工工业污水的含砷浓度较高。

我国《城市供水水质标准》(CJ/T 206—2005) 规定砷的限值为0.01mg/L。

6）氰化物

氰化物是一种毒理学指标，以水中氰化物总量计。分为简单氰化物、氰络合物和有机氰化物（腈）三类。常见的简单氰化物有氰化氢、氰化钠和氰化钾，易溶于水，有剧毒，一般人误服 0.1g/次左右就会死亡。长期毒害鱼类的氰化物阈值为 0.1mg/L，当超过 0.3mg/L 时就会影响微生物对水体的自净作用。

天然水体因受电镀、煤气、炼焦、化纤、选矿和冶金等工业污水的污染而产生氰化物，其本身一般不含有氰化物。地表水中氰化物可以很快降解，水温越高，pH 值越低，降解速度越快。

我国《城市供水水质标准》(CJ/T 206—2005）规定，氰化物含量≤0.05mg/L。

7）其他

其他有直接毒害作用的无机污染物有锌、铜、钴、镍、锡等。

2. 有机污染物

（1）可生物降解有机污染物

可生物降解有机污染物为碳水化合物、蛋白质、脂肪等自然生成的有机物，性质极不稳定。在缺氧或好氧的条件下，借助于微生物的新陈代谢降解为无机物；在缺氧条件下，通过厌氧微生物降解为无机物，这一降解过程较慢，最终产物主要是 H_2O，CH_4 和 CO_2 等，同时释放出硫化氢，硫醇和粪臭素等恶臭气体；在好氧条件下，由于好氧微生物的作用，降解为 CO_2、H_2O 等无机物。

耗氧有机物通常是在有氧的条件下，由于好氧微生物的作用，进行好氧降解。因此需要消耗水中的溶解氧。可生物降解有机污染物的特征就是耗氧，故也可称为耗氧有机污染物或需氧有机污染物。通常用生物化学需氧量或生化需氧量（BOD)、化学需氧量(COD)、总需氧量（TOD）和总有机碳（TOC）表示。

生化需氧量是指在有溶解氧的条件下，好氧微生物在分解水中有机物的生物化学氧化过程中所消耗的溶解氧量。同时也包括如硫化物、亚铁等还原性无机物质氧化所消耗的氧量，但这部分通常占很小比例。

有机物在微生物作用下好氧分解大体上分为两个阶段：

1）含碳物质氧化阶段，主要是含碳有机物氧化为二氧化碳和水；

2）硝化阶段，主要是含氮有机化合物在硝化菌的作用下分解为亚硝酸盐和硝酸盐。

BOD 是反映水体被有机物污染程度的综合指标，也是研究污水的可生化性和生化处理效果，以及生化处理废水工艺设计和动力学研究中的重要参数。

化学需氧量是指水样在一定条件下，氧化 1L 水样中还原性物质所消耗的氧化剂的量，以氧的 mg/L 表示。化学需氧量反应了水中受还原性物质污染的程度。基于水体被有机物污染是很普遍的现象，该指标也可作为有机物相对含量的综合指标之一。

总需氧量是指水中能被氧化的物质，主要有机物质在燃烧中变成稳定的氧化物时所需要的氧量，以氧的 mg/L 表示。

总有机碳是以碳的含量表示水体中有机物质总量的综合指标。由于 TOC 的测定采用燃烧法，因此能将有机物全部氧化，它比 BOD_5、COD 更能反应有机物的总量。

（2）难生物降解有机污染物

难生物降解有机污染物多是人工合成有机物，化学性质比较稳定，不易被微生物降解。

工业污水中难生物降解有机污染物主要有：农药、酚、取代苯类化合物和高分子合成聚合物等。以有机氯农药为例，其化学稳定性很强，在自然环境中的半衰期为十几年到几十年。有机氯农药属疏水亲油物质，能够被胶体颗粒和油粒吸附并随它们在水中扩散，还能在水生生物体内大量富集，富集后的浓度是水体的几十倍甚至几百万倍，然后经食物链进入人体，积累在脂肪含量高的组织中，达到一定浓度后，对人体发生毒害作用。此外，如聚氯联苯、联苯氨、稠环芳烃等都是较强的"三致"（致癌、致突变、致畸）物质。

难生物降解有机污染物用COD、TOC和TOD等表示或用DDT等专用指标表示。

5.2 小城镇污水的再生处理技术

5.2.1 再生处理的单元技术

对污水处理厂出水、工业排水、生活污水等非传统水源进行回收，经适当处理后达到一定水质标准，并在一定范围内重复利用的水资源称为"再生水"。以回用为目的的污水处理厂称为再生水厂，其处理技术与工艺称为再生处理技术与再生处理工艺。再生处理可以进一步去除二级处理不能去除的污染物，如BOD、COD、N、P及可溶性的无机盐类等。再生水可作为工农业生产、生活、景观等低质用水水源。

目前，再生处理的单元技术多采用常规给水处理单元技术（混凝、沉淀、过滤），由于目前城市污水处理厂的进水浓度相对偏低，出水水质基本上已接近工业冷却、生活杂用等水质标准。随着社会的发展，对回用水水质的要求也会不断提高，如用于工业的工艺用水等，可考虑采用化学氧化技术（如臭氧、二氧化氯、高锰酸钾）及物化处理技术（如活性炭吸附、微滤、超滤及反渗透）等。

再生处理单元技术的处理效率和目标水质如表5-2、表5-3所示。

利用混凝沉淀过滤再生处理的效率与目标水质　　表5-2

项　目	处理效率(%)			目标水质
	混凝沉淀	过　滤	综　合	
浊度	50~60	30~50	70~80	3~5NTU
SS	40~60	40~60	70~80	5~10mg/L
BOD_5	30~50	25~50	60~70	5~10mg/L
COD	25~35	15~25	35~45	40~75mg/L
总氮	5~15	5~15	10~20	
总磷	40~60	30~40	60~80	1mg/L
铁	40~60	40~60	60~80	0.3mg/L

部分再生处理单元过程的去除效果（%）　　表5-3

项　目	活性炭吸附	氨吹脱	离子交换	折点加氯	反渗透	臭氧氧化
BOD_5	40~60		25~50		≥50	20~30
COD	40~60	20~30	25~50		≥50	≥50
SS	60~70		≥50		≥50	
氨氮	30~40	≥50	≥50	≥50	≥50	

续表

项目	活性炭吸附	氨吹脱	离子交换	折点加氯	反渗透	臭氧氧化
总磷	80~90				≥50	
浊度	70~80				≥50	
色度	70~80				≥50	70

再生处理厂的设计应满足下列要求：

（1）再生处理构筑物的生产能力应按最高日供水量加自用水量确定，自用水量可采用平均日供水量的5%~15%。

（2）各处理构筑物的个（格）数不应少于2个（格），并宜按并联系列设计。任一构筑物或设备进行检修、清洗或停止工作时，仍能满足供水要求。

（3）各构筑物上面的主要临边通道，应设防护栏杆。

（4）在寒冷地区，各处理构筑物应有防冻措施。

（5）再生水厂应设清水池，清水池容积应按供水和用水曲线确定，不宜小于日供水量的10%。

（6）再生水厂和工业用户应设置加药间、药剂仓库。药剂仓库的固定储备量可按最大投药量的30d用量计算。

（7）再生处理系统的设计和运行应保证供水水质稳定、水量可靠和用水安全。再生水厂设计规模宜为二级处理规模的80%以下。工业用水采用再生水时，应以新鲜水系统作备用。

（8）再生水厂与各用户应保持畅通的信息传输系统。

（9）再生水厂的主要设施应设故障报警装置。有可能产生水锤危害的泵站，应采取水锤防护措施。

（10）在再生水水源收集系统中的工业废水接入口，应设置水质监测点和控制闸门。

（11）再生水厂和用户应设置水质和用水设备监测设施，监测项目和监测频率应符合有关标准的规定。

（12）再生水厂主要水处理构筑物和用户用水设施，宜设置取样装置，再生水厂出厂管道和各用户进户管道上应设计计量装置。再生水厂宜采用仪表监测和自动控制。

1. 混凝

向水中投加药剂能破坏水中胶体颗粒的稳定状态，使颗粒易于相互接触而吸附称为凝聚；在一定水力条件下，通过胶粒间以及和其他微粒间的相互碰撞和聚集，从而形成易于从水中分离的絮状物质，称为絮凝。混凝是凝聚和絮凝的总称。混凝是再生水处理的一个重要环节，混凝产生的矾花通过后续的沉淀或澄清、气浮工艺从水中分离。

通过混凝可以大部分去除的物质有：

（1）悬浮的有机物和无机物

可去除1μm以上的颗粒，相应去除了二级处理出水中的生物絮体碎片、游离细菌等形成的COD。

（2）溶解性磷酸盐

（3）钙、镁、硅石和氟化物

特别是对于高碳酸盐硬度的污水，用石灰可以高效去除其中的钙和镁。

(4) 某些重金属，如镉、铬、铜、镍、铅和银

(5) 细菌和病毒

在污水的再生过程中，混凝处理的对象是污水厂的二级处理出水。二级出水中形成浊度的物质以胶体和菌胶团微粒为主，不同于天然水体中所含的泥砂等无机物，因此，污水的混凝处理不同于给水处理过程中的混凝。其主要区别是：由于污水中生物微粒的存在，并且这种微粒与药剂以及微粒间亲和力强，因而投加药剂后，混凝过程可在相对较短的时间内完成。

混凝剂分为无机盐类混凝剂（如硫酸铝、三氯化铁和硫酸亚铁）和高分子混凝剂（如聚合氯化铝、聚丙烯酰胺）两类。

混凝剂品种选择和用量，可根据烧杯试验结果，结合当地药剂供应情况，通过技术经济比较后确定。

混凝设施可参照给水处理中的同类设备。

2. 沉淀和澄清

(1) 沉淀

悬浮的固体颗粒从水中分离出来的过程称为沉淀。按照水中固体颗粒的性质及浓度，分为自然沉淀、凝聚沉淀、拥挤沉淀和化学沉淀。

使颗粒依靠自身重力从流动的水流中分离出来的构筑物称为沉淀池。其主要功能是让水澄清和排除沉淀的杂质。根据水在沉淀池中的流动方向和结构形式，分为平流式沉淀池、斜管（板）沉淀池、竖流式沉淀池、辐流式沉淀池四种基本类型。其中平流式沉淀池又分为单层（直流式、折流式、回流式）、多层、多层多格沉淀池等形式；斜管（板）沉淀池又分为侧向流、上向流、同向流、迷宫式（即带翼斜板）等形式。

再生处理时，沉淀池的设计参数为：

表面水力负荷：采用铁盐或铝盐混凝时，按最大时流量计的表面水力负荷不超过 $1.25m^3/(m^2 \cdot h)$；按平均时流量计的表面水力负荷不超过 $1.6m^3/(m^2 \cdot h)$；

出水堰的溢流负荷：1~3L/(s·m)；

进水渠流速：0.15~0.6m/s；

停留时间：2~4h；

池内流速：4~10mm/s；

池深：4.5m。

(2) 澄清

澄清是在水中建立一定浓度的悬浮活性泥渣，使加药后水中的脱稳杂质与悬浮活性泥渣相互接触、吸附、凝聚、分离的一种净化方式。澄清池将混凝及絮凝体与水分离的过程综合于一个构筑物中完成，简化了水处理工艺。与平流式沉淀池相比，具有占地小、投资省、处理效率高等优点，目前使用较为广泛。

澄清池的种类和形式很多，就其作用方式大致可分为悬浮泥渣型和循环泥渣型两类。

国内外再生处理中采用澄清池的较多，运行效果良好。因生物絮体轻而易碎，所以污水再生采用的澄清池上升流速要比给水处理采用的澄清池低，以0.4~0.6mm/s为宜。

3. 过滤

过滤主要去除水中的悬浮物和胶体，对 COD、BOD 也有一定程度的去除作用。它是再生处理时不可缺少的单元处理技术，具有设备简单、占地面积小、便于操作管理等优点。对含无机性悬浮物的污水，可采用直接过滤；对含有机性悬浮物的污水可采用混凝过滤，根据有机性悬浮物的含量，可设沉淀池或在混凝后直接过滤。

过滤形式主要有以下几种：

（1）快滤池：可去除生化处理后污水中的50%～60%的 BOD，40%～70%的悬浮物，10%的氨氮，适用任何污水的再生过程。

（2）深层过滤：采用单层均质较大颗粒无烟煤、石英砂或双层、三层滤料。由于深层过滤能承受较高的悬浮固体负荷以及由于生化或物化预处理失常引起的负荷波动。

滤池的设计宜符合下列要求：

（1）滤池的进水浊度宜小于 10NTU。

（2）滤池可采用双层滤料滤池、单层滤料滤池、均质滤料滤池。

（3）双层滤池滤料可采用无烟煤和石英砂。滤料厚度：无烟煤宜为 300～400mm，石英砂宜为 400～500mm；滤速宜为 5～10m/h。

（4）单层石英砂滤料滤池，滤料厚度可采用 700～1000mm，滤速宜为 4～6m/h。

（5）均质滤料滤池，滤料厚度可采用 1.0～1.2m，粒径 0.9～1.2mm，滤速宜为4～7m/h。

（6）滤池宜设气水冲洗或表面冲洗辅助系统。

（7）滤池的工作周期宜采用 12～24h。

（8）滤池的构造形式，可根据具体条件，通过技术经济比较确定。

（9）滤池应备有冲洗滤池表面污垢和泡沫的冲洗水管。滤池设在室内时，应设通风装置。

4. 消毒

消毒方法可分为物理消毒和化学消毒两大类。物理方法有加热法、紫外线法、超声波法等；化学方法有加氯法（或加漂白粉）、臭氧法或其他氧化剂法等。

（1）氯消毒

氯消毒主要依靠次氯酸起消毒作用。原理如下：

$$Cl_2 + H_2O \rightleftharpoons HOCl + H^+ + Cl^- \tag{5-1}$$

次氯酸是一种弱电解质，它按下式离解成 H^+ 和 OCl^-：

$$HOCl \rightleftharpoons H^+ + OCl^- \tag{5-2}$$

加氯设备一般由氯的贮存、采集、计量和投加等组成。

氯消毒具有价格低廉、消毒效果良好和使用较方便等优点，应用较为普遍。

（2）臭氧消毒

净水工艺中采用具氧消毒已有悠久历史，几乎与最常用的氯消毒同时开始被采用，但迄今为止，由于臭氧消毒系统设备复杂和投资大，且耗电量较高，臭氧消毒和氧化只在少数国家得以较普遍采用，在法国、德国、瑞士等欧洲国家应用较多。

由于臭氧与氯相比具有较高的氧化电位，因此它比氯消毒具有更强的杀菌作用，对细菌的作用也比氯快，消耗量明显较小，且在很大程度上不受 pH 的影响。有关资料报道，在0.45mg/L 臭氧作用下，经过 2min，脊髓灰质炎病毒即死亡；如用氯消毒，则剂量为2mg/L 时需经过 3h。当 1mL 水中含有 274 ~325 个大肠菌，在臭氧剂量为 1mg/L 时可降低大肠菌数 86%；剂量为 2mg/L 时，水几乎可以完全被消毒。

（3）二氧化氯消毒

加氯消毒一直是水处理中广泛采用的消毒方法。但是，氯在发挥消毒作用的同时，会与水中有机物反应，产生某些消毒副产物，如三卤甲烷（THMs）、卤乙酸（HAAs）、卤乙酸、卤代醛等，对水质存在潜在的威胁。

二氧化氯是介于氯和臭氧之间的强氧化剂，具有广谱杀菌的消毒效果，对经水传播的病原微生物，包括病菌、芽孢以及水中异养菌、硫酸盐菌及真菌等具有很好的杀灭作用，有效 pH 范围为 3 ~9。此外，二氧化氯还具有脱色、除臭及微絮凝效果。在欧洲特别是德国、法国和瑞士，二氧化氯在水处理中应用逐年增加，是取代氯消毒的良好选择。

二氧化氯的杀菌主要是吸附和渗透作用，大量二氧化氯分子聚集在细胞周围，通过封锁作用，抑制其呼吸系统，进而渗透到细胞内部，以其强氧化能力有效氧化菌类细胞赖以生存的含硫基的酶，从而快速抑制微生物蛋白质的合成来破坏微生物。这也是由于二氧化氯水溶液中的氧化还原电位高达 1.5V，能迅速氧化、破坏病毒衣壳上蛋白质中的酪氨酸，抑制病毒的特异性吸附，阻止其对宿主细胞的感染。二氧化氯与细菌及其他微生物蛋白质中的部分氨基酸发生氧化还原反应，使氨基酸分解破坏，进而控制微生物蛋白质合成，最终导致细菌死亡。在已知的氨基酸中芳香族和含硫类氨基酸最易受到二氧化氯的氧化破坏。

二氧化氯能较好地杀灭细菌、病毒，且不会对动、植物机体产生损伤，其原因在于细菌细胞结构与人体、植物截然不同。细菌属原核细胞生物，其绝大多数酶系统分布于细胞膜近表面，易受攻击；而动、植物细胞属真核细胞，其酶系统多深入细胞内细胞器中，而得到保护，不易接触、伤害。此外高等动、植物机体在受到外来侵害时，会自动产生抵抗外来物质的保护系统，从而完全保证机体不受二氧化氯伤害。

（4）其他消毒方法

1）紫外线消毒法

紫外线的波长范围为 200 ~390nm，而以波长 260nm 左右的紫外线杀菌能力最强。这是因为细菌细胞内的许多化学物质尤其是遗传物质脱氧核糖核酸 DNA 对紫外线具有强烈吸收作用，而 DNA 对紫外线的吸收峰在 260nm 处，这些化学物质吸收紫外线后就会发生分子结构的破坏，引起菌体内蛋白质和酶的合成发生障碍，最终导致细菌死亡。

紫外线消毒的特点是：无需化学药品；杀菌作用快；无臭味；无噪声；容易操作；管理简单；运行和维修费用低；处理水量较小。

2）电场消毒法

电场消毒法是一种新型的物理法水处理技术，最早源于 20 世纪 60 年代末。电场消毒法的原理是：水流经电场水处理器时，水中细菌、病毒的生态环境发生变化，导致其生存条件丧失而死亡。

电场消毒设备由水处理器和控制器两部分组成。

电场消毒法的特点：

① 体积小，易于安装，不需专人管理；

② 属物理处理技术，处理过程中不投加任何化学药剂，不污染环境；

③ 操作简单，运行可靠，杀菌率至少>90%，极端情况可达99.99%；

④ 杀菌速度快，运行费用低。

3）超声波消毒法

超声波是一种特殊的声波，也是由振动在弹性媒质中的传播形成的，但其声振频率超过正常人听觉的最高限额——20000Hz以上，所以，人听不到超声波。

已证实，超声波可以破坏大肠杆菌、伤寒杆菌、痢疾杆菌、结核杆菌等。超声波还可以使烟草花叶病毒、脊髓灰质炎病毒、狂犬病毒、流行性乙型脑炎病毒和天花病毒等失去活性。但超声波对葡萄球菌、链球菌等的效力较小。超声波的消毒作用主要源于其空化作用和热作用、机械作用等。

超声波的频率、强度、照射时间、细菌浓度及病原微生物个体的大小等均影响超声波消毒的效果。一般认为，低频率超声波的消毒效果较差。

尽管超声波的消毒作用早已被实验证实，但在实际应用中，采用超声波消毒水的效果并不理想，水中细菌的死亡率仅见于距离波源近的地方，且仅限于水面上薄薄的一层。超声波消毒水至少需要1.5~2.0W/cm^{2}以上的强度。超声波消毒水的另一个问题是费用较高，不经济。

近年来，超声波与其他消毒方法的协同消毒作用倍受关注。如超声波与臭氧等化学消毒剂协同作用，杀菌效果优于单独采用超声波或臭氧时，并可大大降低臭氧的有效用量。分析其原因，一是超声波可分解臭氧，使其形成氧化性更强的自由基；二是超声波快速而连续性的压缩与松弛作用，使化学消毒剂的分子打破了细菌外层屏障，加速了化学消毒剂对细菌的渗透，从而强化了臭氧的氧化杀菌作用。

4）协同消毒作用

受单一消毒方法的局限性，在消毒中采用两种以上消毒剂或消毒措施的协同消毒方法提高消毒效果已倍受关注，并已逐渐推广应用。主要有：①物理消毒法与物理消毒法的协同作用，如超声波与紫外辐射相结合或超声波与电场消毒相结合，据报道消毒效果极佳；②化学消毒法与化学消毒法的协同作用，如高锰酸钾与氯消毒结合；③物理消毒法与化学消毒法的协同作用，如光激发催化氧化与紫外辐射相结合。

5. 活性炭吸附

活性炭是一种由含碳材料制成的外观呈黑色，内部孔隙结构发达、比表面积大、吸附能力强的一类微晶质碳素材料。污水处理厂二级出水经混凝、沉淀、过滤后，其出水水质仍达不到再生水水质要求时，可选用活性炭吸附工艺，其设计宜符合下列要求：

（1）当选用粒状活性炭吸附处理工艺时，宜进行静态选炭及炭柱动态试验，根据被处理水水质和再生水水质要求，确定用炭量、接触时间、水力负荷与再生周期等。

（2）用于污水再生处理的活性炭，应具有吸附性能好、中孔发达、机械强度高、化学性能稳定、再生后性能恢复好等特点。

（3）活性炭使用周期，以目标去除物接近超标时为再生的控制条件，并应定期取炭样检测。

（4）活性炭再生宜采用直接电加热再生法或高温加热再生法。

（5）活性炭吸附装置可采用吸附池，也可采用吸附罐。其选择应根据活性炭吸附池规模、投资、现场条件等因素确定。

（6）在无试验资料时，当活性炭采用粒状炭（直径1.5mm）情况下，宜采用下列设计参数：

接触时间≥10min；炭层厚度1.0～2.5m；减速7～10m/h；水头损失0.4～1.0m；活性炭吸附池冲洗：经常性冲洗强度为15～20L/(m^2·s)，冲洗历时10～15min，冲洗周期3～5d，冲洗膨胀率为30%～40%；除经常性冲洗外，还应定期采用大流量冲洗；冲洗水可用砂滤水或炭滤水，冲洗水浊度<5NTU。

（7）当无试验资料时，活性炭吸附罐宜采用下列设计参数：接触时间20～35min；炭层厚度4.5～6mm，水力负荷2.5～6.8L/(m^2·s)（升流式），2.0～3.3L/(m^2·s)（降流式）；操作压力每0.3m炭层7kPa。

在无资料情况下，活性炭吸附去除效率可参考表5-4。

活性炭吸附去除效率 **表5-4**

项 目	BOD_5	COD_{Cr}	SS	氨氮	总磷	色度	浊度
去除效率（%）	40～60	40～60	60～70	30～40	80～90	70～80	70～80

6. 化学氧化和化学除磷

（1）化学氧化

化学氧化技术有臭氧氧化、二氧化氯氧化、高锰酸钾氧化及过氧化氢氧化等。其中，臭氧氧化在污水的再生处理中应用较为普遍。

臭氧是氧气的同素异形体，组成元素相同，构成形态相异，性质差异很大。臭氧有很强的氧化能力，其氧化还原电位仅次于氟。

臭氧能够氧化许多有机物，如蛋白质、氨基酸、有机胺、链型不饱和化合物、芳香族、木质素、腐殖质等，目前在水处理中，采用COD和BOD作为测定这些有机物的指标，臭氧在氧化这些有机物的过程中，将生成一系列中间产物，这些中间产物的COD和BOD值有的比原反应物更高。为降低COD和BOD，必须投加足够的臭氧，以使有机物氧化彻底，才能转化为无机物，因此单纯采用臭氧来氧化有机物以降低COD和BOD一般不如生化处理经济。但在污水的再生处理中，有机物浓度较低，采用臭氧氧化法不仅可以有效地去除水中有机物，且反应快，设备体积小。尤其水中含有酚类化合物时，臭氧处理可以去除酚所产生的恶臭。其次，某些有机物，如表面活性剂（ABS等），微生物无法使其分解，而臭氧却很容易氧化分解这些物质。

（2）化学除磷

污水经生物除磷工艺后，仍达不到再生水水质要求时，可化学除磷。

化学除磷就是向污水中投加药剂，与磷反应形成不溶性磷酸盐，然后通过沉淀（或澄清）除磷。

1）药剂

化学除磷药剂有铝盐、铁盐和石灰三大类。

铝盐有硫酸铝、铝酸钠和聚合铝等，其中硫酸铝较常用。铁盐有三氯化铁、氯化亚铁、硫酸铁和硫酸亚铁等，其中三氯化铁最常用。

采用铝盐或铁盐除磷时，主要生成难溶性的磷酸铝或磷酸铁，其投加量与污水中总磷量成正比。可用于生物反应池的前置、后置和同步投加。采用亚铁盐需先氧化成铁盐后才能取得最大除磷效果，因此其一般不作为后置投加的混凝剂，在前置投加时，一般投加在曝气沉砂池中，以使亚铁盐迅速氧化成铁盐。理论上，三价铝和铁离子与等摩尔磷酸反应生成磷酸铝和磷酸铁。由于污水中成分极其复杂，含有大量阴离子，铝、铁离子会与它们反应，从而消耗混凝剂，根据经验投加时其摩尔比宜为1.5~3。

采用石灰除磷时，生成 $Ca_5(PO_4)_3OH$ 沉淀，其溶解度与pH有关，因而所需石灰量取决于污水的碱度，而不是含磷量。石灰作混凝剂不能用于同步除磷，只能用于前置或后置除磷。石灰用于前置除磷后污水pH较高，进生物处理系统前需调节pH；石灰用于后置除磷时，处理后的出水必须调节pH才能满足排放要求；用石灰除磷，污泥量较铝盐或铁盐大很多，因而很少采用。加入少量阴离子、阳离子或阴阳离子聚合电解质，如聚丙烯酰胺（PAM），作为助凝剂，有利于分散的游离金属磷酸盐絮体混凝和沉淀。

2）药剂投加

以生物反应池为界，在生物反应池前投加为前置投加，在生物反应池后投加为后置投加，投加在生物反应池内为同步投加，在生物反应池前后都投加为多点投加。前置投加点在原污水处，形成沉淀物与初沉污泥一起排除。前置投加的优点是还可去除相当数量的有机物，因此能减少生物处理的负荷。后置投加点是生物处理之后，形成的沉淀物通过另设的固液分离装置进行分离，这一方法的出水水质好，但需增建固液分离设施。同步投加点为初次沉淀池出水管道或生物反应池内，形成的沉淀物与剩余污泥一起排除。多点投加点是在沉砂池、生物反应池和固液分离设施等位置投加药剂，其可以降低投药总量，增加运行的灵活性。由于pH的影响，不可采用石灰作混凝剂。在需要硝化的场合，要注意铁、铝对硝化菌的影响。由于污水水质和环境条件各异，因而宜根据试验确定最佳药剂种类、剂量和投加点。

混凝设施应符合计量准确、耐腐蚀、耐用及不堵塞等要求。

3）存在的问题

除磷时采用金属磷酸盐和金属氢氧化物，它们以悬浮固体形式存在，成为污水处理厂的污泥，因此化学除磷时会产生较多的污泥。采用铝盐或铁盐作混凝剂时，前置投加，污泥量增加40%~75%；后置投加，污泥量增加20%~35%；同步投加，污泥量增加15%~50%。采用石灰作混凝剂时，前置投加，污泥量增加150%~500%；后置投加，污泥量增加130%~145%。化学除磷不仅使污泥量增加，而且因为污泥浓度降低20%而使污泥体积增大。因此，在化学法除磷设计中，需充分考虑污泥的处理与处置问题。

7. 脱氨

在经过二级处理后的城镇污水中，90%以上的氮以氨氮的形式存在，以氨氮的形式脱氮，比去除硝酸盐氮容易且经济，另外在不要求脱除总氮而只对脱除氨氮有要求的情况下，氨氮脱除技术的研究显得尤为必要。

（1）吹脱法

吹脱法是在碱性条件下，利用氨氮的气相浓度和液相浓度之间的气液平衡关系进行分离的一种方法。控制吹脱效率高低的关键因素是控制温度、气液比和pH。氨氮理论吹脱曲线如理论气液比图所示。但是由于客观因素制约，实际运行过程中很难实现。根据同种条件下吹脱塔的运行经验，在水温高于25℃，气液比控制在3500左右，渗滤液pH控制在10.5左右，氨氮去除率可达到50%左右。吹脱法在低温时氨氮去除效率不高。吹脱工艺一般有两种：吹脱池和吹脱塔；由于前者效率低，易受外界环境影响，因此多采用逆流吹脱塔。

吹脱法的特点是：

1）去除效率稳定，工艺流程简单，操作简便，建设费以及运行费都比较便宜，易于结合生化作深度处理；

2）受pH、温度影响，水温低于20℃处理效果急剧下降。

（2）沸石脱氨法

利用沸石中的阳离子与废水中的 NH_4^+ 进行交换以达到脱氮的目的。沸石脱氨法的特点是：1）去除率高，受外界环境影响小；2）技术尚处于理论研究阶段，现实应用技术不成熟，价格昂贵，需要考虑沸石的再生问题。

（3）膜分离技术

膜分离技术是利用膜的选择透过性进行氨氮脱除的一种方法。其特点是：1）方法操作方便，氨氮去除率高，无二次污染，可实现氨氮回收利用；2）该方法一次性投资巨大，能耗高。

（4）折点加氯

折点加氯是利用强氧化剂将氨氮直接氧化成氮气进行脱除的一种方法。其特点：1）可完全去除水中的氨，并且同时具有消毒的作用；2）价格随废水中氨含量增加，需要去除余氨设施。

（5）生化处理

生物法脱氨是目前生产中已经采用的方法，即污水的生化处理停留在氨氮阶段，生物反应在完成碳的氧化后再完成氮物质的氧化，将氨氮氧化为亚硝酸盐和硝酸盐。但此种方法需要延长生物处理的时间，并加大氧的消耗，造成生物处理的基建投资和供氧动力增加，这样势必将加大污水处理厂的负荷，增加污水再生成本。

8. 膜分离

随着制造工艺的提高和市场的发展，膜分离技术在再生水处理中的应用越来越广泛。膜分离技术可以有效地脱除地下水的色度，而且可降低生成THM的潜在能力。对于小规模处理厂（小于 2×10^4 t/d），应用膜分离技术的单位体积水处理费用和传统处理工艺相当或者更低。因此，膜分离技术对于小城镇污水的再生处理具有更为重要的意义。

（1）微滤

微滤又称微孔过滤，它属于精密过滤，能够过滤微米级或纳米级的微粒和细菌，可去除沉淀不能去除的包括细菌、病毒和寄生生物在内的悬浮物，还可降低水中的磷酸盐含量。

微滤的基本原理是通过筛分，操作压力一般在0.7～7kPa，原料液在静压差作用下，透过纤维素或高分子材料制成的微孔滤膜，利用其均一孔径，来截留水中的微粒、细菌等，使其不能通过滤膜而被去除。决定膜分离效果的是膜的物理结构、孔的形状和大小。

微孔膜的种类有：混合纤维酯微孔滤膜、硝酸纤维素滤膜、聚偏氟乙烯滤膜、醋酸纤维素滤膜、再生纤维素滤膜、聚酰胺滤膜、聚四氟乙烯滤膜以及聚氯乙烯滤膜等。

作为污水再生处理时采用的微滤技术，其设计宜符合下列要求：

1）微滤处理工艺的进水宜为二级处理的出水。

2）微滤膜前根据需要可设置预处理设施。

3）微滤膜孔径宜选择 0.211μm 或 0.1 ~0.2μm。

4）二级处理出水进入微滤装置前，应投加抑菌剂。

5）微滤出水应经过消毒处理。

6）微滤系统当设置自动气水反冲系统时，空气反冲压力宜为 600kPa，并宜用二级处理出水辅助表面冲洗；也可根据膜材料，采用其他冲洗措施。

7）微滤系统宜设在线监测微滤膜完整性的自动测试装置。

8）微滤系统宜采用自动控制系统，在线监测过膜压力，控制反冲洗过程和化学清洗周期。

9）当有除磷要求时宜在微滤系统前采用化学除磷措施。

10）微滤系统反冲洗水应回流至污水处理厂进行再处理。

（2）反渗透

反渗透技术是利用压力表差为动力的膜分离过滤技术，源于美国 20 世纪 60 年代宇航科技的研究，后逐渐转化为民用，目前已广泛运用于科研、医药、食品、饮料、海水淡化等领域。

反渗透膜孔径小至纳米级（$1nm = 10^{-9}m$），在一定压力下，水分子可以通过反渗透膜，而原水中的无机盐、重金属离子、有机物、胶体、细菌、病毒等杂质无法通过反渗透膜，从而使可以透过的纯水与无法透过的浓缩水严格区分开来。

反渗透膜过滤后的纯水电导率 5s/cm，符合国家实验室三级用水标准。再经过原子级离子交换柱循环过滤，出水电阻率可以达到 18.2Ω · cm，超过国家实验室一级用水标准（GB 682—92）。反渗透可降低矿化度和去除总溶解固体（TDS），对二级出水的脱盐率达 90% 以上，水的回收率约 75%，COD 和 BOD 的去除率约 85%，细菌去除率超过 90%。反渗透对氯化物、氮化物和磷也有优良的脱除性能。

我国反渗透应用始于 20 世纪 70 年代后期，近几年，反渗透技术得到了迅速的发展，应用范围迅速扩大，其发展前景备受业界关注。

（3）超滤

超滤是一个压力驱动的膜分离过程，它能够将颗粒物质从流体及溶解组分中分离出来。超滤膜的典型孔径在 0.01 ~0.1μm 之间，膜的公称孔径越小，去除率越高。超滤膜通常使用的材料都是高分子聚合物，其基本性质以疏水性为主，能够进行共混等亲水性改性。

超滤采用聚偏氟乙烯（PVDF）材料，系双皮层中空纤维结构。在工业应用的 PVDF 超滤膜中，超滤具有最小的公称孔径，能够去除几乎所有的微粒、细菌、大多数病毒以及胶体。对二级出水的 COD 和 BOD 去除率超过 50%。尽管孔径很小，但其极高的孔隙率使得超滤能够获得和微滤相当的通量，因而在大多数情况下是比微滤更好的选择。

超滤采用不易堵塞的外压式结构，具有更高的截污量、更大的过滤面积，清洗也更简便、彻底。流态设计以全流过滤为主，但元件也可以很方便地转换成错流过滤的模式。与错流相比，全流过滤能耗低、操作压力低，因而运行成本更低。相对的，错流过滤则能处理悬浮物更高的流体。因此具体的操作形式需根据进水中悬浮物含量来确定。

超滤通常以恒流方式运行，跨膜压差（TMP）将随运行时间逐渐增加，此时通过定期的反洗或者气擦洗可以清除污染层，而使用杀菌剂或者其他清洗剂则能够更彻底地控制微生物繁殖，去除污染物。

（4）纳滤

纳滤膜是20世纪80年代末发展起来的新型膜技术，是一种介于反渗透和超滤之间的压力驱动膜分离过程。与其他压力驱动型膜分离过程相比，出现较晚。它的出现可追溯到20世纪70年代末J. E. Cadotte的NS-300膜的研究，之后，纳滤发展得很快，膜组件于20世纪80年代中期商品化。纳滤膜大多从反渗透膜衍化而来，如CA、CTA膜、芳族聚酰胺复合膜和磺化聚醚砜膜等。但与反渗透相比，其操作压力更低，因此纳滤又被称作“低压反渗透”或“疏松反渗透”。

通常，纳滤的定义包括以下六个方面：1）介于反渗透与超滤之间；2）孔径在1nm以上，一般1~2nm；3）截留分子量在200~1000道尔顿；4）膜材料可采用多种材质，如醋酸纤维素、醋酸—三醋酸纤维素、磺化聚砜、磺化聚醚砜、芳香聚酰胺复合材料和无机材料等；5）一般膜表面带负电；6）对氯化钠的截留率小于90%。

纳滤分离作为一项新型的膜分离技术，技术原理近似机械筛分。但是纳滤膜本体带有电荷性。这是其在很低压力下仍具有较高脱盐性能且截留分子量为数百也可脱除无机盐的重要原因。

与超滤或反渗透相比，纳滤过程对单价离子和分子量低于200的有机物截留较差，而对二价或多价离子及分子量介于200~500之间的有机物有较高去除率，基于这一特性，纳滤过程主要应用于水的软化、净化以及相对分子质量在百级的物质的分离、分级和浓缩（如染料、抗生素、多肽、多醣等化工和生物工程产物的分级和浓缩）等。主要用于脱除水中三卤甲烷中间体、异味、色度、农药、合成洗涤剂，可溶性有机物及蒸发残留物质。

（5）电渗析

电渗析利用半透膜的选择透过性来分离不同的溶质粒子（如离子）的方法称为渗析。在电场作用下进行渗析时，溶液中的带电的溶质粒子（如离子）通过膜而迁移的现象称为电渗析。利用电渗析进行提纯和分离物质的技术称为电渗析法，它是20世纪50年代发展起来的一种新技术，最初用于海水淡化，现在广泛用于化工、轻工、冶金、造纸、医药工业，尤以制备纯水和在环境保护中处理三废最受重视，例如用于酸碱回收、电镀废液处理以及从工业废水中回收有用物质等。

电渗析与近年引进的另一种膜分离技术反渗透相比，价格便宜，但脱盐率低。当前国产离子交换膜质量很稳定，自动控制频繁倒极电渗析，运行管理更加方便。原水利用率可达80%，一般原水回收率在45%~70%之间。电渗析主要用于水的初级脱盐，脱盐率在45%~90%之间。它广泛被用于海水与苦咸水淡化；制备纯水时的初级脱盐以及锅炉、动力设备给水的脱盐软化等。

实质上，电渗析可以说是一种除盐技术，因为各种不同的水（包括天然水、自来水、工业废水）中都有一定量的盐分，而组成这些盐的阴、阳离子在直流电场的作用下会分别向相反方向的电极移动。如果在一个电渗析器中插入阴、阳离子交换膜各一个，由于离子交换膜具有选择透过性，即阳离子交换膜只允许阳离子自由通过，阴离子交换膜只允许阴离子以通过，这样在两个膜的中间隔室中，盐的浓度就会因为离子的定向迁移而降低，而靠近电极的两个隔室则分别为阴、阳离子的浓缩室，最后在中间的淡化室内达到脱盐的目的。

实际应用中，一台电渗析器并非由一对阴、阳离子交换膜所组成（因为这样做效率很低），而是采用一百对，甚至几百对交换膜，因而大大提高效率。

9. 膜生物反应器

膜生物反应器是20世纪80年代后期发展起来的水处理高新技术，是将膜分离技术与活性污泥法相结合的水处理工艺，可以替代沉淀、过滤单元，适用于城市生活污水再生处理、微污染水净化、工业废水深度处理、废水资源回收、清洁生产工艺、有毒化学品的催化氧化等诸多领域。目前，膜生物反应器正以其独特的优点在污水回用中得到应用，并成为一项有前途的技术工艺。

美国于20世纪60年代末就将膜生物反应器用于废水处理，但直到1985年以后，人们才开始重视这项技术。1989年，日本已有十几家公司采用膜生物反应器工艺对污水进行再生处理，进入20世纪90年代后，膜生物反应器工艺被广泛接受。目前，这项技术已在欧洲、北美洲及亚洲一些国家得到较快的发展，并已在水处理的许多领域得到应用。我国应用此项技术进行污水回用的研究始于1993年，目前已在中水回用、石化地区污水回用和污水除磷除氟的研究中取得了阶段性研究成果。

10. 曝气生物滤池

现代曝气生物滤池是在生物接触氧化工艺的基础上引入饮用水处理中过滤的思想而产生的一种好氧废水处理工艺，20世纪70年代末80年代初出现于欧洲，其突出特点是在一级强化处理的基础上将生物氧化与过滤结合在一起，滤池后部不设沉淀池，通过反冲洗再生实现滤池的周期运行。由于其良好的性能，应用范围不断扩大，在经历了20世纪80年代中后期的较大发展后，到90年代初已基本成熟。90年代以后，曝气生物滤池的发展方兴未艾。

世界上首座曝气生物滤池于1981年在法国投产，随后在欧洲各国得到广泛应用。美国和加拿大等美洲国家在20世纪80年代末引进此工艺，日本、韩国和中国台湾地区也先后引进了此项技术。目前世界上较大的环保公司如法国得利满公司、德国菲力普穆勒公司、法国VEOLIA公司均把它作为拳头产品在全世界推广。在我国，曝气生物滤池正处于推广并逐渐应用阶段。如大连马栏河污水处理厂工程、山西临汾污水回用工程中都应用了曝气生物滤池技术。

在污水的再生处理中，与普通活性污泥法相比，曝气生物滤池体现出有机负荷高、占地面积小（是普通活性污泥法的1/3）、投资少（节约30%）、不会产生污泥膨胀、氧传输效率高、出水水质好等优点，但它对进水SS要求较严（一般要求SS≤100mg/L，最好SS≤60mg/L），因此对进水需要进行预处理。同时，它的反冲洗水量、水头损失都较大。

根据目前的研究和应用情况，曝气生物滤池仍有好多问题有待研究：生物膜的特点及其快速启动的方式；生物氧化功能和过滤功能之间的相互关系；反冲洗过程中生物膜的脱落规律等。

5.2.2 污水再生处理工艺及水质标准

回用水的用途不同，采用的水质标准和处理方法也不同；同样的回用用途，由于再生水水源水质不同，相应的处理工艺和参数也有差异。因此，城市污水再生处理工艺应根据处理规模、再生水水源的水质、再生水用途及当地的实际情况和要求，经全面技术经济比较，将各单元处理技术组合集成为合理可行的工艺流程。将处理技术的组合集成中衡量的主要技术经济指标有：再生处理单位水量投资、电耗、制水成本、占地面积、运行可靠性、管理维护难易程度、总体经济效益与社会效益等。

1. 再生水回用于生活杂用

(1) 处理工艺

再生水回用于生活杂用可以在污水厂二级处理出水之后采用常规给水处理工艺。再生处理之前可以采用物理预处理（如格栅、除油脂等）或生物预处理（如生物滤池、生物接触氧化等)，也可采用膜技术、活性炭吸附。

以日本某学校将再生水回用于冲厕为例：

生活排水→格网→调节槽→生物转盘→沉淀槽→混凝沉淀→过滤→氯消毒→冲厕

(2) 水质标准

再生水用于冲洗厕所、城市绿化、洗车等生活杂用时，应符合现行《生活杂用水水质标准》(CJ 25.1—89)。

2. 再生水回用于工业

(1) 处理工艺

工业是用水和排水大户，如美国工业用水量约为生活用水的7倍，我国太原市历年工业用水量占全市总排水量74%~81%，工业排水量占全市总排水量的60%~73%。工业除了尽力将本厂废水循环利用、循序再用，以提高水的重复利用率之外，对城市污水再用于工业，也日渐重现。据统计，美国357个城市污水回用总量中的40.5%是回用于工业的；日本名古屋市的污水经混凝、沉淀、过滤后供给12个工厂再用。

工业用水根据用途的不同、对水质的要求差异很大，水质要求越高，水处理的费用也越大。理想的回用对象应该是用水量较大且对水质要求不高的部门，符合这种条件的回用对象如下：

1）循环冷却用水。循环冷却用水对水质的要求，如碱度、硬度、氯化物以及锰含量等，城镇污水的二级处理出水均能满足。水量也很大，循环冷却水系统的补充用水量就占工业总取水量的30%以上，因此是城市污水工业回用的首选对象。

典型工艺如下：

污水厂二级处理出水→澄清→过滤→杀菌→除氨氮→水质稳定→出水

该工艺是利用循环冷却水系统高效去除氨氮的特点，减少再生处理费用。在实际应用中，重点控制碱度、温度、生物膜量、停留时间、水中磷含量等参数，即可有效发挥循环冷却系统的凉水与解析氨氮的双重功能。

2）工艺低质用水。包括洗涤、冲灰、除尘、直冷、产品用水等，其用水量占到工业总用水量的37%~50%。

典型工艺如下：

污水厂二级处理出水→过滤→活性炭→出水或污水厂二级处理出水→过滤→超滤→出水

3）低压锅炉用水

以北京环保所、天津大学等单位的再生水为水源供锅炉补给水的试验工艺为例：

污水厂二级处理出水→混凝沉淀→过滤→磺化煤软化或离子交换树脂软化锅炉

（2）水质标准

再生水用于工业，其利用面最广、利用量最大的是冷却水。冷却水系统常遇到结垢、腐蚀、生物增长、污垢、发泡等问题。水中残留的有机质会引起细菌生长，形成污垢、腐蚀、发泡；氨的存在影响水中余氯的含量，易产生腐蚀，促使细菌繁殖；钙、镁、铁、硅等造成结垢；水中高的TDS由于提高了水的导电性促使腐蚀加剧。因此，必须对冷却水系统的水质加以控制。

目前，国内对再生水回用于工业冷却水的最高允许浓度标准作了限定。

美国水污染控制协会（1989）及Goldstein（1979）提出了冷却水循环系统补给水的水质基准建议数值。

3. 再生水回用于农业

灌溉回用水是泛指森林、草场、饲料作物、经济作物、蔬菜、果权等农林牧业灌溉用水，有时还包括绿化、景观用水的和地下水回灌用水的统称。

由于城市污水中有害物质很多，含有重金属、无机盐等无机物，同时还有大量有机污染物，一般不宜直接灌溉农田。经处理后的城镇污水，从水质看，可以满足灌溉要求，达到我国《农田灌溉水质标准》(GB 5084—2005)，如果污水处理厂周围是农田，污水处理厂的出水用于农田灌溉是最好的途径，既节约了输水工程，又可将再生就近得到利用，还可将二级污水处理厂出水的氮、磷去除标准放宽（只限农业灌溉期间）。应当注意的是，采用这类水灌溉时，必须考虑对地下水质的影响。

（1）污水回用于农业灌溉的可行性与重要性

根据国际水资源评价的方法，一个国家如果一年中的用水量达到或超过其供水量的1/3，其开发利用程度便已达到临界状态。目前，我国北方将近1/4的浅层地下水被升采后而无法恢复，其中辽河平原达1/3，海河流域已达9/10，一些城市的地下水抽取过量，引起严重的地面沉降，水资源已面临紧缺的局面。同时，我国用水地区与供水地区水资源分布不均衡。在全国径流量2.71万亿m^3中，长江流域年径流量为1万亿m^3，占全国径流总量的37%，黄河流域年径流量为500亿m^3，仅占全国总量的2%。华北地区海、滦河流域的年径流量仅占全国的1%。在我国东部的外流流域，面积为全国国土面积的64%，而径流量占全国径流量的96%，内陆河流流域面积占全国的36%，而径流量只占全国的4%，这样就形成了我国东部、南部水资源丰富，西部、北部水资源缺乏。

农业要保持持续发展，急需补充水源。我国干旱、半干旱地区约占全国土地面积的48%，没有灌溉条件的旱地约占总耕地面积的52%，主要分布在黄、淮、海三大流域，该地区耕地占全国的40%，而径流量仅占全国的6.6%。目前，在北方缺水地区的小城镇，农民自发的引用城市河水灌溉农田，据农业部统计，1980年全国污水灌溉面积达2000多万亩，1990 年发展到 4600 多万亩，年均增长率达 11.5%，由于大部分污水未经处理，造成 8.4% 农田重污染，农产品品质下降。因此，污水的农业利用急需简易有效的处理方法和科学指导，并将其列入当地政府水资源开发规划，方可使城镇污水达到资源化目的。

（2）国内外污水回用于农业灌溉概况

我国的污水灌溉开始于 1957 年，污水灌溉面积 1964 年为 63 万亩，1974 年为 140 万亩，1978 年为 500 万亩，1982 年据农业部调查已发展到 2095 万亩，1991 年达 4600 万亩。出于水资源的紧缺，污水灌溉的面积逐年上升，但因缺乏及时有效的科学指导与技术管理，渐渐地被冷落，无人问津了。随着近年来乡镇企业的蓬勃发展，农田污染加重，河水灌溉农田使人们担忧，如何控制农田污染并合理使用污水资源，应作为北方地区各级政府的重要议程。

我国多年实行污水灌溉的教训是，用于农业特别是粮食、蔬菜等作物灌溉的城市污水必须经适当处理以控制水质，有毒有害废水必须经严格的点源处理后才能排入城市排水系统，任何情况下，污水回用都必须同水污染治理相结合才有望取得良好的效果。

以色列十分重视水资源的合理利用，并根据地区条件和社会经济结构采取不同的水回用原则。在农业灌溉用水方面，由于水质要求较低，故污水处理的出水优先回用于农业灌溉，其回用水总量占全国城市污水的 70%（包括间接回用）、污水回用，分就地回用和集中回用两种形式。就地回用，是指对数万人口的村镇污水利用氧化塘处理后就近回用于农业灌溉。集中回用，是指城市污水经集中处理后，或单独回用或汇入国家供水管路远距离输送至南部沙漠地区。即使对农业灌溉回用水，也采用节水型喷灌或滴灌技术。此外，对农作物、蔬菜、果树的灌溉水质均制定了较严格的水质标准并进行卫生监测。

以色列于 1972 年制定了“国家污水再利用工程”计划，开始大规模将污水再利用。目前该国污水再利用率达 70%，居世界首位，其中 1/3 用于灌溉农田，约占全国总灌溉水量的 1/5。此外，美、法、德、澳大利亚、墨西哥、印度、沙特阿拉伯等国家，纷纷加强制定政策法规和研究实用技术。

美国目前已建成 3400 多个污水再利用工程，全国 50 个州市有 45 个州采用处理后的污水进行灌溉，灌溉范围包括荒地、草场、森林。城镇附近往往有土地可供城镇污水处理厂出水进行土地处理与处置，灌溉系统的规模一般较小，大约 70% 的农业灌溉系统规模约小于 $2.9\times10^5 m^3/d$，面积约小于 $8.0\times10^5 m^2$，平均城市服务人口数在 1.1×10^4 人以下。这些灌溉系统作为污水土地处理和处置的手段，管理粗放、监控不严。美国对灌溉不与人接触草地、树木、谷物的回用水要求达到污水一级处理以上出水水质标准，而执行 1972 年联邦水污染控制法后，多数城镇污水处理已达到二级或二级以上处理水质标准。因此，从总体上讲，用于灌溉的回用水水质是好的。

美国有一些管理完善的大型回用水灌溉系统。如始建于 19 世纪的 MelbDurneAust 饲料农场灌溉系统，其规模达 $4.35\times10^4 m^3/d$，灌溉面积 $11\times10^8 m^2$。农场夏季实行地面灌溉，冬季实行喷灌、雨季用氧化塘处理。农场实行回用水水质监控，污水 BOD 去除率为 95%、SS 去除率为 92%，运行费用低廉。

日本直接回用于农业灌溉的污水占的比重较小，截至 1986 年大约只有 7 处，总规模 $3.9\times10^4 m^3/d$。其原因之一是需限制以水稻种植为主的灌溉水中的氮（特别是氨氮）含量，故绝大部分污水回用是污水处理厂出水排入地面水体经稀释缓冲后间接回用。

在印度因夏季气候干旱少雨，利用城市污水灌溉受到鼓励。据报导，至1985年至少有200多个农场利用城市污水进行灌溉，总面积达23000hm^2。由于相当一部分污水回用未经处理，造成对农作物和人体的危害。据调查，直接接触污水的农业工人的消化道、呼吸道、皮肤和寄生虫等疾病的发病率比对照组约高出2~5倍。污水回用的卫生学问题已引起了有关部门的关注，建造了一些氧化塘和污水处理厂来处理回用于灌溉的污水。

(3) 水质标准

使用再生水灌溉农田，应保证不危害作物生长、不影响农产品质量、不破坏土壤结构与性能、不污染地厂水。当再生水用于农田灌溉时，水质应满足我国的《农田灌溉水质标准》(GB 5084—2005)。标准中要求严格按照所规定的水质及农作物灌溉定额进行灌溉，严禁使用污水浇灌生食的蔬菜和瓜果；同时，该标准不适用医药、生物制品、化学试剂、农药、石油炼制、焦化和有机化工处理后的废水进行灌溉。

表5-5列举了部分国家和地区以及世界卫生组织再生水用于非限制性灌溉时的卫生学指标要求。

再生水用于非限制性灌溉的卫生学指标标准 **表5-5**

制定机构或地区	类型	根据公众健康提出的水质要求
美国环保局 (EPA，1992)	指南	所有样品中，粪大肠菌数不能超过14MPN/100mL，这一数值意味着实际当中将检测不出粪大肠菌，二级处理后应进行混凝、沉淀、过滤和消毒处理
亚利桑那	法规	总大肠菌数不能超过2.2MPN/100mL（中间值）和25MPN/100mL（单个样品）
加利福尼亚 (CA/T—22，1978)	法规	粪大肠菌数不超过2.2MPN/100mL（每月不得少于一份样品中的大肠菌有机物不可超过23MPN/100mL）；二级处理后要有过滤和消毒处理
科罗拉多	指南	总大肠菌数不能超过2.2MPN/100mL（中间值）；出水需经氧化、混凝、沉淀、过滤和消毒处理
佛罗里达	法规	以30d为期，在75%的样品中粪大肠菌数不能超过25MPN/100mL，二级处理加过滤和深度消毒；COD 20mg/L（年平均值），TSS 5mg/L（单样品）
佐治亚	指南	粪大肠菌数不能超过30MPN/100mL；要求经过生化处理（BOD 30mg/L，TSS 30mg/L）
爱达荷	法规	总大肠菌数不能超过2.2MPN/100mL（中间值）；二级出水要求混凝、沉淀、过滤和消毒处理
印第安纳	法规	粪大肠菌数不能超过100MPN/100mL（中间值），2000MPN/100mL（单个样品）
北卡罗来	法规	粪大肠菌数不能超过1MPN/100mL，要求经过三级处理（TSS月平均值为5mg/L，日最大值10mg/L）
新墨西哥	指南	粪大肠菌数不能超过1000MPN/100mL
俄勒冈	法规	总大肠菌数不能超过2.2MPN/100mL（中间值）和23MPN/100mL（单个样品）；要求二级处理后，应进行混凝、沉淀、过滤和消毒处理
得克萨斯	法规	粪大肠菌数不能超过75MPN/100mL；经过氧化塘系统处理后BOD最低应达到20mg/L，采用其他工艺BOD应达到10mg/L
犹他	法规	总大肠菌数和粪大肠菌数分别不能超过2000MPN/100mL，200MPN/100mL（平均30d）；要求经过二级处理后BOD 25mg/L和TSS 25mg/L（平均30d)
华盛顿	指南	总大肠菌数不能超过2.2MPN/100mL（平均值）和24MPN/100mL（单个样品）；最低要求经过包括过滤的二级处理

续表

制定机构或地区	类型	根据公众健康提出的水质要求
怀俄明	法规	粪大肠菌数不能超过200MPN/100mL，出水BOD不超过10mg/L（日均值）
加拿大（阿尔伯达）	法规	（在大于20%的样品中）总大肠菌数不能超过1000MPN/100mL（几何平均数），粪大肠菌数不能超过200MPN/100mL；灌溉蔬菜的回用水的总大肠菌数不能超过2400MPN/100mL（任何一天）
塞浦路斯（1997）	标准	粪大肠菌数在每月80%的样品中不超过50MPN/100mL，最大允许值100MPN/100mL；肠道线虫不超过1个/L；三级处理后接消毒处理
以色列（1978）	规定	总大肠菌数在50%的样品中不超过2.2MPN/100mL，在80%的样品不能超过12MPN/100mL；二级处理或相当于二级处理（例如：长期贮存过程）接消毒处理
约旦	法规	粪大肠菌数低于200MPN/100mL
科威特澳大利亚（新南威尔士）	标准 指南 法规	总大肠菌数低于100MPN/mL；经过深度处理之后BOD和TSS均低于10mg/L
沙特阿拉伯	法规	耐高温大肠菌数低于10MPN/100mL（中间值）；最低处理要求二级处理和过滤，出水浊度不超过2NTU
突尼斯（1975）	法律	总大肠菌数低于2.2MPN/100mL，BOD和TSS均低于10mg/L肠道线虫小于等于1个/L，最低处理要求稳定塘或相当工艺
世界卫生组织（1989）	指南	为降低健康风险，粪大肠菌数（灌溉用水）≤200MPN/100mL，肠道线虫≤1个/L；要有一级、二级处理过程，适当增加过滤和消毒过程

再生水用于渔业时，水质应满足《渔业水质标准》(GB 11607—89）的要求。

4. 再生水回用于景观水体

1）典型工艺

中国市政工程华北设计研究院提出的工艺：

二级出水→格栅→A^2/O→微絮凝过滤→消毒→出水

日本东京都多摩川流域多磨川上流处理场用于河川补给水的工艺流程：

二级出水→砂滤→加氯消毒→出水

2）国内外再生水回用于景观水体的相关水质标准

由于再生水回用景观水体的应用在我国还是刚刚起步，因此相关水质标准与技术措施尚处于经验摸索阶段而遇到很多问题。我国先后颁布了若干与景观水体有关的水质标准。《地表水环境质量标准》(GB 3838—2002）中的Ⅲ～Ⅴ类水体考虑了景观娱乐水体水质的考核要求，从标准中可以看到，天然景观水体的水质标准中对COD、BOD_5、溶解氧以及氮、磷等指标控制极为严格。随着我国再生水回用于景观水体的不断实践，原建设部颁布了再生水回用于景观水体的水质标准。这些标准与GB 3838—2002中的景观娱乐用水的标准相比较，主要的水质指标要求都偏低，其中磷指标要求更低，这主要是考虑到现阶段的可实现性。《城市污水再生利用景观环境用水水质》(GB/T 18921—2002）与《城镇污水处理厂污染物排放标准》(GB 18918—2002）的一级A标准相近。GB/T 18921—2002相对于旧标准《再生水回用于景观水体的水质标准》(CJ/T 95—2000)(2002年废止）而言，对氮和磷的指标要求有所提高，而且内容不断完善。GB/T 18921—2002分别从感观性状指标、水质常规指标、水中营养盐含量、卫生学指标等方面对再生水回用于景观水体水质指标加以规定，而且增加了与人群健康密切相关的毒理学指标。在水质指标的确定方面主要考虑水体的美学价值以及对人体健康的潜在危害，在控制措施上以强调水体的自净能力为主导思想，着重强调水体的流动性，标准中还对景观水体的流动换水方式和水力停留时间作了说明。

国外的再生水回用景观水体起步较早，尤其是美国、日本以及比利时等国家。美国加利福尼亚州是世界上开展污水回用较早的地区，加利福尼亚州法律委员会在1967年推荐州公共卫生部制订《全州性污染标准》。这一标准指出回用水在各种使用情况各种组分的最高允许浓度，标准中规定再生水回用的观赏湖泊和限制性娱乐湖泊中每100mL水中平均最多有2.2个大肠杆菌，对非限制性娱乐湖泊要求出水中浊度不得高于10度，对大肠杆菌数的限制要求和观赏湖泊相同。加利福尼亚的兰开斯特（Lancaster）市从1974年起，将洛杉矶县卫生区第14号再净水厂的再净废水用于3个人工湖的用水，这些人工湖是阿波罗县公园（ApolloCountyPark）的焦点，人工湖中磷酸盐要求控制在0.5mg/L以下；美国国家环保局（U.S.EPA）在总结国内外城市污水回用的技术经验的基础上，编制了《水回用指南》（1992年），该指南对污水回用类别、处理方法、回用水水质与监测、水回用注意事项作了介绍，指南中对再生水作为景观水的水质说明见表5-6。从表中可以看出，《水回用指南》中对景观水体的水质要求比我国现行GB/T 18921—2002标准中的水质要求高。

美国环保局对城市污水回用的建议和指导部分内容 表5-6

再利用种类	再生用水水质	注意事项
风景河道湖泊	pH6～9	回用水应不损害人的皮肤和眼睛
偶尔接触人体以及完全与人接触的再生水	BOD_5≤10mg/L	回用水应清澈、无毒、无臭
	浊度≤2NTU	应去除营养素，以避免粪类繁殖
	不检查出粪大肠杆菌	过滤前应投加混凝剂或助凝剂，使水质符合规定要求
	余氯<1mg/L	回用水中不应有致病菌
		需使余氯量高，接触时间长，使病毒及寄生虫卵灭活
		所捕的鱼可以食用处理方法合理、可靠、有效
风景景观塘湖不允许公众与再生水接触	BOD_5≤30mg/L，SS≤30mg/L	需要脱氮以避免藻类在塘湖生长需要脱余氯以防护水生动植物
	大肠杆菌≤200个/30mL	处理方法要合理、可靠
	余氯>1mg/L	

3）再生水回用于景观水体存在的问题

对再生水处理的程度取决于再生水的回用方式。就再生水回用于景观水体而言，要严格考虑再生水中存在污染物和病原体对水体美学价值和人体健康的危害。作为景观水体，首先要求在感观上给人舒适的感觉，要求水体清澈，透明度高，不出现浑浊，黑臭以及富营养化现象。景观水体是人们休闲娱乐的理想处所，一旦景观水体发生富营养化，使得水体透明度下降，水体浑浊，臭味弥漫，大煞风景，使水体的旅游观光的价值大减，甚至丧失观赏功能。

其次就是景观水体对人体健康的影响，尤其是娱乐性景观水体。因为水体要与人体有轻微接触，因此水中不能含有对眼睛的隔膜、耳隔膜以及皮肤有害的化学物质；在城市污水中经常检验到肠道疾病的因素有杆状细菌和阿米巴痢疾、霍乱、伤寒和副伤寒病菌等。

研究指出，处理肠道病毒特别困难，这种病毒水体自然环境中与在大多数给水和废水的处理过程中的抵抗灭活的能力比大肠杆菌大，经消毒处理的再生水中仍然存在着一些游离的传染性肠道病毒，如艾柯病毒（Echovirus）、脊髓灰质炎病毒（Poliovirus）和柯萨奇（Coxsackie）病毒都是对人体有危害的肠道病毒。在再生水回用的所有方式中，肠道病原体对景观水体的危害最大。虽然观赏性景观水体与人体非直接接触，但是仍然不可避免地会与人体有一些接触，如果以再生水作观赏性喷泉，喷泉产生的气溶胶会对吸入者造成细菌、病毒感染的直接危害。所以，再生水作为景观水体时不宜用作观赏性喷泉。如果水体出现了富营养化现象，许多富营养化优势藻属如蓝藻中的微囊藻属（Microcystis）、鱼腥藻属（Anabaena）、束丝藻属（Aphanizomenon）等都能产生藻毒素，它们都是由蓝藻产生的二次代谢产物，藻毒素主要分为肝毒素、神经毒素、脂多糖毒素三大类，藻毒素一般都是细胞内毒素，在细胞内合成，细胞破裂后释放出来并表现出毒性，不仅危害水生动物，而且对人体健康也有潜在的危害作用。

富营养化是再生水作为娱乐性、观赏性人工水体的最大障碍之一，主要原因是：

由于城市污水处理厂再生水是来自经过一定处理的生活污水或不包含重污染工业废水在内的城镇污水，使得再生水的污染物本底值相对较高，这是发生富营养化的根本原因，而且水体的稀释自净能力较天然景观水体差。

缓慢的水流是富营养化发生的必要条件，富营养化多发生在缓流水体中，景观水体，如公园以及住宅区内的水景，属于非连续流动水体，流速缓慢，有的甚至是静止水体，为藻类的生长提供了稳定的水环境，因此，易发生富营养化。

人工景观水体属于浅水水体，水深一般在1～2m。就湖泊而言，有浅水和深水湖泊之分。所谓深水与浅水之分，并无明确的界限，长江中下游平原的浅水湖泊水深小于10m，平均水深仅2m左右。国际上对于浅水湖泊的研究经验表明，浅水湖泊比深水湖泊更易发生富营养化问题。景观水体与浅水湖泊类似，也具有水浅这一特点。因此，和浅水湖泊一样易发生富营养化。

综合以上几点原因，再生水回用的景观水体比天然河流、湖泊更易发生富营养化问题。《城市污水再生利用景观环境用水水质》(GB/T 18921—2002）中氮、磷指标要求高于天然水体富营养化水平的临界指标，因此，富营养化问题是再生水回用于景观水体首先要考虑的问题，必须采取措施预防和控制景观水体富营养化的发生。

富营养化的防治过程，实际上就是通过调节诱发富营养化发生的主要控制性条件，抑制富营养化发生。治理再生水回用的景观水体富营养化问题，应该从富营养化发生的机理并结合再生水自身污染物本底值高以及水体的稀释自净能力较天然水体差，以及景观水体为缓流水体和浅水水域等特点出发进行考虑。当再生水回用到景观水体后，可以采取一些方法来控制富营养化发生，如增加景观水体流动的水力循环系统；循环过滤净化系统；化学药剂除藻；生物调控法和人工湿地生态系统等。

目前再生水回用于人工景观水体在我国的应用刚刚起步，相关的一些水质标准还需进一步健全，只有制定更加严格的水质标准，才能保证再生水回用于景观水体的娱乐价值和安全性。当再生水回用的景观水体投入使用时，一定要注意对景观水体的维护，以保证景观水体的美学价值以及防治景观水体中微生物对人体的危害。其中富营养化是再生水作为娱乐性、观赏性人工水体的最大障碍。富营养化问题的治理要针对再生水的特点以及景观水体的特点进行考虑，虽然目前对水体富营养化的治理已经取得了一些进展，这方面的相关报道也很多，但是仍然存在一些问题需要进一步研究。

5. 再生水补充地下水

地下回灌水源包括地表水、雨水、回用的城市污水等。随着兴建的污水厂越来越多，将城市污水处理厂二级出水深度处理后用于工业、农业，尤其是用于地下回灌的研究势在必行。

利用再生水回灌地下水可补充地下水水量的不足，防止地面下沉和海水倒灌，调蓄地下水量并有一定的水质净化作用，是污水资源化利用的重要方面。我国水资源的人均占有量很低，时空分布极不均衡。随着人口的增长和国民经济的发展，水资源供需矛盾日益突出，人口相对密集、经济相对发达的城市地区水资源短缺问题尤为严重。许多地区，尤其是以地下水作为供水水源的北方城市和部分沿海城市缺水量大，长期超采地下水，使地下水位逐年持续下降，形成大面积地下水降落漏斗，并不断扩大，水质日趋恶化，引发环境地质问题。因此在缺水地区迫切需要利用再生水有效、合理地回补地下水，增加水资源量。

国内外研究与实践经验表明：由于地下水是人类极为宝贵的水资源，与地表水体相比，地下水一旦被污染，存在着水质恢复费用昂贵，技术难度大，恢复周期漫长等突出问题，世界各国在地下水保护方面都奉行“以防为主、重在保护”的原则。再生水补充地下水作为人类自觉的、有意识的行为，必须以不污染地下水和不引起地下水区域性恶化、有利于地下水质量的改善为前提。我国每年约产生350亿m^3城市污水，具有极大的再生利用空间，但目前二级生物处理率尚不足30%，在城市污水中还含有大量的工业废水，造成我国城市污水水质成分相当复杂，含有多种有毒有害成分。经城市污水处理厂二级处理后的出水BOD、COD、SS明显降低，但仍含有有机微污染物、粪大肠菌群、致病菌和病毒等有毒有害物质，不宜直接用于补给地下水。我国目前尚无地下水回灌的水质标准、技术规范，更缺乏再生水地下水回灌的实践经验，极大地影响了再生水回灌地下水这一重要资源化工程的开展。因此，研究再生水回灌地下水的水质指标及控制技术，防止地下水污染，保护人体健康，提供清洁水源，是当前发展再生水回灌地下水的关键问题之一。

（1）国内外再生水补给地下水概况

再生水补给地下水在国外已有较长的历史，美国早在20世纪70年代就开始使用再生水补给地下水，以防止海水入侵和地下水位的下降。随着全球性水资源短缺和水污染的加剧，美、法、德、以色列等发达国家都在推行再生水回灌技术。1991年美国加州有200多个污水回用厂，为850多个用户提供再生水，回用量每年约3.3亿m^3，其中约14%被回灌至地下，到1995年，该比例已经增加到27%，而且将成为污水回用的主要方向。在法国，有30~50座污水处理厂采用土壤渗滤技术进行污水处理，出水或储存于含水层或抽走回用。在以色列，再生水回灌地下占污水回用的30%左右。Dan Region工程是以色列最大的水回用项目，服务人口130万人，处理城市污水$2.7\times10^6m^3/d$，负责Tel-Aviv地区和临近地区城市污水的收集、处理、地下回灌和回用，回灌地下后，获得高质量的再生水，可不受限制地用于各种农作物灌溉等非饮用用途。

（2）国内再生水补给地下水研究简况

我国再生水回灌利用仍处于试验研究阶段，目前尚无利用再生水进行地下水回灌的应用实例。但是，我国对地下水受污灌的影响，污染物在地下水中的转移净化规律，地下水硬度和硝酸盐升高等问题的研究积累了丰富的资料，为开展再生水补充地下水的研究提供了依据。为探讨可以回灌地下水的各类水源，北京市水文监测总站选择污染程度不同的龙潭泵站河水、凉水河水、京密引渠水，分别淋滤表层2m厚不同岩性的土层，进行模拟河、渠、沟、池连续渗漏的试验研究，结果表明：

1）各类不同的水体，通过不同岩性的地层后，其淋出液中各种污染物含量决定于加入液的水质和地层岩性。以NH_4^+－N和COD_{Mn}的降解率为最大，以砂质黏土和黏质砂土的净化能力为最强。

2）COD_{Mn}的降解率除砂层为12.8%～44.2%外，其他岩性的地层净化率均大于85.0%。NH_4^+－N的降解率砂层为83.9%～87.3%，其他岩性的地层净化率均大于95.0%，最大可达99.9%。

3）各类不同岩性的地层对硬度和硝酸盐氮的净化率决定于加入液的硬度和NH_4^+－N的含量及地层中Ca^{2+}、Mg^{2+}和硝酸盐氮的含量。硬度除龙潭泵站河水通过黏质砂土和砂质黏土有所降低外，其他条件下均增高了。凉水河淋出液以粉土质砂土升高幅度为最大，升高率高达70.6%，砂层和粉土升高率较小，分别为5.3%和25.9%。硝酸盐氮的含量降低了5.1%～87.5%，而龙潭泵站河水中NH_4^+－N的含量高达59.37mg/L，严重超过地层的自然净化能力，其淋出液硝酸盐氮升高了20～110倍。

4）各类地层对高浓度的TDS具有一定的净化能力，而TDS含量低的加入液，溶解地层中的无机盐类，使其淋出液中TDS升高，一般升高6.3%～20.3%，最高达24.9%。

5）淋出液中Cl^-和SO_4^{2-}含量变化不明显，总的趋势Cl^-降低，SO_4^{2-}升高。

由此可见，污水通过各类不同岩性的地层后，NH_4^+－N和COD_{Mn}基本上得到降解，NO_3^-－N和硬度升高，部分地层使其TDS和SO_4^{2-}升高。污染物含量较低的河水，通过各类地层后，对NH_4^+－N、COD_{Mn}净化能力较强，对硝酸盐氮、亚硝酸盐氮和氯离子具有一定的净化作用，而对地层中的无机盐类有一定的溶解作用，使其淋出液中TDS升高，但升高幅度较小。

（3）再生水补充地下水水质控制项目及建议指标

1）影响补充水渗入量的指标

主要是引起回灌设施的物理淤塞、化学淤塞、气相淤塞、生物淤塞的物质，包括：

① 悬浮物　其含量过高会造成回灌区或回灌井透水层的堵塞，使回灌能力不断减小直至无法回灌。因此，一般对回灌水的悬浮物要求非常严格。

② 营养盐　主要指氮、磷等，一般以总氮、氨氮、硝酸盐氮、总磷等作为控制指标，以控制微生物的生长。

③ 有机物　以BOD、COD或TOC等作为控制指标，以控制微生物的生长和保证水质。

④ 微生物　以细菌总数、大肠菌群数、粪大肠菌群数等作为控制指标，防止生物堵塞和保护人体健康。

2）影响地下水水质的指标

① 影响地下水水化学类型及离子变化的指标。主要包括：pH、含盐量、氯离子、硫酸根、总硬度等。

② 再生水中可能含有的对环境和人体健康有危害的污染物。根据我国再生水的水质特性，主要包括：常规污染物、重金属、有毒有害化学物质、持久性有机物、消毒副产物等。

③ 卫生学指标。控制病原微生物，主要包括：细菌、病毒和原生动物。国内外的研究表明，病毒、贾第鞭毛虫和隐性孢子虫在某些条件下具有比大肠杆菌更强的耐消毒能力，因而受到世界各国广泛的关注，使长期以来“以大肠杆菌作为水生物性污染指标”的观点受到挑战，但由于水中病毒和原生动物的检测程序非常复杂，目前也只有亚利桑那州的再生水回用标准规定了病毒和原生动物控制指标，现有的世界各国再生水回用水质标准仍以总大肠杆菌群数或粪大肠杆菌数作为卫生学控制指标。因此，选择粪大肠杆菌群数作为再生水补充地下水卫生学控制指标。同时借鉴国外的经验，病原微生物在地下水人工回灌过程中，会因过滤、吸附、死亡等原因随着在地下贮留时间的增长而逐渐减少。为保证卫生安全，将再生水回灌后在地下的停留时间也作为卫生学的控制指标。根据以上原则共筛选出水质控制指标基本控制项目23项，选择控制项目52项，其各项指标推荐值列于表5-7和表5-8。

再生水地下水回灌基本控制项目及限值（除标注外其余为mg/L）　　**表5-7**

序号	基本控制项目	地表回灌		井灌
		表层黏性土厚度<1.0	表层黏性土厚度≥1.0	
1	色度（稀释倍数）	≤15	≤30	≤15
2	浊度（NTU）	≤5	≤10	≤5
3	pH（无量纲）	6.5~8.5	6.5~8.5	6.5~8.5
4	总硬度（以$CaCO_3$计）	≤450	≤450	≤450
5	溶解性总固体	≤1000	≤1000	≤1000
6	硫酸盐	≤250	≤250	≤250
7	氯化物	≤250	≤250	≤250
8	挥发酚类（以苯酚计）	≤0.002	≤0.5	≤0.002
9	阴离子表面活性剂	≤0.3	≤0.3	≤0.3
10	高锰酸盐指数	≤6.0	≤15	≤6
11	COD	≤20	≤40	≤20
12	BOD_5	≤4	≤10	≤4
13	硝酸盐（以N计）	≤15	≤15	≤15
14	亚硝酸盐（以N计）	≤0.02	≤0.02	≤0.02
15	氨氮（以N计）	≤0.2	≤1.0	≤0.2
16	总磷	≤1.0	≤1.0	≤1.0
17	动植物油	≤0.05	≤0.5	≤0.05
18	石油类	≤0.05	≤0.5	≤0.05
19	氰化物	≤0.05	≤0.05	≤0.05
20	硫化物	≤0.2	≤0.2	≤0.2
21	氟化物	≤1.0	≤1.0	≤1.0
22	粪大肠菌群数（个/L）	≤3	≤1000	≤3
23	抽取利用前在地下停留时间（月）	≥12	≥6	≥12

再生水地下水回灌选择控制项目及限值 表 5-8

序号	选择控制项目	标准值（mg/L）	序号	选择控制项目	标准值（mg/L）
1	总汞	0.001	27	三氯乙烯	0.07
2	烷基汞	不得检出	28	四氯乙烯	0.04
3	总镉	0.01	29	苯	0.01
4	六价镉	0.05	30	甲苯	0.7
5	总砷	0.05	31	二甲苯	0.5
6	总铅	0.05	32	乙苯	0.3
7	总镍	0.05	33	氯苯	0.3
8	总铍	0.002	34	1，4—二氯苯	0.3
9	总银	0.05	35	1，2—二氯苯	1.0
10	总铜	1.0	36	硝基氯苯	0.05
11	总锌	1.0	37	2，4—二硝基氯苯	0.5
12	总锰	0.1	38	2，4—二氯苯酚	0.093
13	总硒	0.01	39	2，4，6—三氯苯酚	0.2
14	总铁	0.3	40	邻苯二甲酸二丁酯	0.003
15	总钡	1.0	41	邻苯二甲酸二（二乙基己基）酯	0.008
16	总并（a）芘	0.00001	42	丙烯腈	0.1
17	甲醛	0.9	43	滴滴涕	0.001
18	苯胺类	0.1	44	六六六	0.005
19	硝基苯	0.017	45	六氯苯	0.05
20	马拉硫磷	0.05	46	七氯	0.0004
21	乐果	0.08	47	林丹	0.002
22	对硫磷	0.003	48	总α放射性（Bq/L）	0.1
23	甲基对硫磷	0.002	49	总β放射性（Bq/L）	1
24	五氯酚	0.009	50	三氯乙醛	0.01
25	三氯甲烷	0.06	51	丙烯醛	0.1
26	四氯化碳	0.002	52	硼	0.5

3）再生水补给地下水处理技术

再生水是以城镇污水处理厂出水作为水源的，因城镇污水处理厂所采用的工艺和排放标准要求的不同，其出水的水质也不同。城镇污水处理厂出水仅达到排放要求，一般说来仍不能达到本研究提出的回灌水质建议值的要求，需进一步去除水中的悬浮物、有机物、重金属、有毒物质、病原微生物、溶解盐等。再生水处理的主要工艺有物化法、生物法和膜法。

① 物化法

二级出水→调节池→混凝沉淀→过滤→消毒→再生水

② 物化法处理与生物法联用

二级出水→调节池→微絮凝过滤→生物活性炭→消毒→再生水

③ 曝气生物滤池

二级出水→调节池→曝气生物滤池→消毒→再生水

④ 膜法脱盐（双膜法）

二级出水→调节池→超（微）滤→RO脱盐→消毒→再生水

5.3 小城镇再生水的资源化利用

5.3.1 再生水回用的发展历程及存在的问题

污水经系统处理达到回用水质标准后，可实现其资源化，并且是城市有可靠保证的新水源。1997 年日本全国共有 163 座公共污水处理厂为 192 处提供污水回用水，另外，还为 1475 座建筑物和小区提供厕所冲洗用水，全年回用水量共 $2.06\times10^8m^3$。

我国的再生水利用理论研究和实践经历了"六五"期间的起步阶段（1980～1985 年），"七五"到"九五"期间的技术储备和示范工程引导阶段（1986～2000 年），2001 年以"十五"纲要明确提出污水回用为标志，污水回用进入到全面启动的阶段。

1. 起步阶段

1976 年以后，我国进入以经济建设为中心的新时期，水资源的紧缺已经影响到了国民经济的发展，引起了领导和专家的关注。建设部在"六五"专项科技计划中，最先列入了城市污水回用课题，分别在青岛、大连开展试验。在大连的小试于 1983 年 10 月 27 日通过了建设部鉴定，认为是国内首个有关城市污水回用的有价值成果，填补了国内空白。青岛于 1984 年也顺利完成了中试研究。这两个成果表明，污水可以通过简易深度处理再次回用，是很有前途的水源，我国污水回用完成了起步阶段工作。

2. 引导阶段

从 1986 年开始，污水资源化相继列入了国家"七五"、"八五"、"九五"重点科技（攻关）计划。"七五"（1986～1990 年）攻关项目"水污染防治及城市污水资源化技术"下设 7 个专题，就污水再生工艺、不同回用对象的回用技术、回用的技术经济政策等进行了系统研究。

"八五"（1990～1995 年）攻关项目为"污水净化与资源化技术"，课题名称为"城市污水回用技术"，下设 5 个专题，分别以大连、太原、天津、泰安、燕山石化为依托工程，开展工程性试验。"八五"提供的成果较"七五"提高到实用水平，研究内容经过了生产性检验，涵盖了污水回用的大部分领域。

"九五"(1995～2000 年）攻关，所属项目为"污水处理与水工业关键技术研究"，专题名称为"城市污水处理技术集成化与决策支持系统建立"，攻关内容有：

（1）回用技术集成化研究

通过将单项技术成果和示范工程经验筛选整理优化，提供系统完整的集成化技术。

（2）城市污水地下回灌深度处理技术研究

根据污水回用方式及水循环过程，污水回用可实施两种战略，即"管对管"式短循环战略和地下回灌长循环战略。所谓短循环是以工业、农业、中水回用等为主，污水处理后在本系统内闭路循环复用或在该地区的局部范围内回用。这种方式对水质的要求相对较低，周期短，因此受到各领域的重视。所谓长循环是指将城市污水处理厂二级处理出水经深度处理达到一定水质标准后回灌于地下，水在流经一定距离后同原水源一起作为新的水源开发。这种战略要求污水处理程度高，循环复用的周期长，但可提供较高质量的水源水乃至饮用水。它既可减少污水量，又可减少原有水资源的开发量，充分体现了"小量化、无害化、资源化”的可持续发展原则。

引导阶段出台的政策法规有“北京市中水设施建设管理试行办法”(1987）和建设部“城市中水设施管理暂行办法”(1995)；出台了《生活杂用水水质标准》(CJ 25.1—89)、城市污水回用设计规范（CECS 61：94)、《再生水回用于景观水体水质标准》(CJ/T 95—2000)(2002 年废止)。

3. 发展阶段

2000 年的大旱，给人们敲响了警钟，开发城市第二水源被提到议事日程。以全国城市供水节水会议为契机，以“十五”纲要为标志，污水回用被正式写入文件，表明全国开始全面启动污水回用。代表性研究课题有“污水资源化利用技术与示范”；出台了《建筑中水设计规范》(GB 50336—2002）和《城市污水再生利用景观环境用水水质》(GB/T 18921—2002)。

我国推进污水资源化过程中面临着许多困难和问题，主要是：

(1）污水处理价格形成机制不合理

污水处理价格形成机制不合理，严重制约着城市污水处理和污水回用设施的建设与发展。普及城镇污水处理设施、提高污水再生利用率，需要大量的资金投入。我国在计划经济体制下长期实行低水价政策，水资源价格的形成与水资源供需的实际情况相脱节，城市供排水设施的建设运营财政负担沉重。近年来国家加强了对水价改革的政策引导，并明确提出了将污水处理收费尽快调整到保本微利水平的要求，但由于受多种因素的制约，按上述要求调整到位尚需时日。目前征收污水处理费的城市不足一半，已经征收污水处理费的城市，大部分标准偏低，尚难满足设施的日常运行维护，更谈不上形成合理利润，吸引社会资金的投入。

(2）污水处理设施投资和运营的融资渠道不畅

污水处理设施投资和运营的市场化程度低与不合理的价格形成机制相关联，目前我国城市污水处理设施建设的投资主体主要局限于政府，管理运营也几乎完全由政府直接操作。财政拨款成了污水处理设施投资建设或维护管理的主要来源。这种状况，一方面导致投资渠道的单一，资金严重匮乏；另一方面也导致经营管理上的政企不分、政事不分，使企业缺乏活力，造成投资效益低下。这种格局严重阻碍了污水处理市场的发育，制约了污水处理和再生利用的投资运营良性机制的形成。

(3）技术法规和配套政策体系不健全

目前，污水资源化的推进急待建立法律和制度保障。完善的立法和技术标准，是污水处理和污水资源化规范发展、安全运行的重要保障。我们充分认识到，制定科学的技术标准和规范、提出合理的指导性和强制性要求、确定相应的产业和经济政策，是推进污水资源化快速有序发展的重要保证。

5.3.2 再生水资源化利用的策略与方式

1. 再生水资源化利用的基本策略

(1）综合考虑区域社会经济发展，各类水资源（包括污水在内）的开发分配以及水污染控制，它们之间对立统一的关系，寻求最佳处理与回用结构体系，从而达到促进经济发展、充分与合理利用水资源、保护水体环境等目的。

（2）回用系统规划应选择区域回用水量大、工艺低质用水，工业冷却水，市政杂用，农业用水等作为回用目标，通过技术经济比较后确定。

（3）要搞好污水资源化工作，应将系统分析应用于再生水回用的决策与规划中。该回用系统是一个包括水资源、水环境等自然系统和社会经济人工系统在内的复合系统，不确定因素多，系统内部各系统之间，系统与外部环境之间都存在相互依存、错综复杂的关系（图5-1），回用系统应根据内在联系作出统一规划。

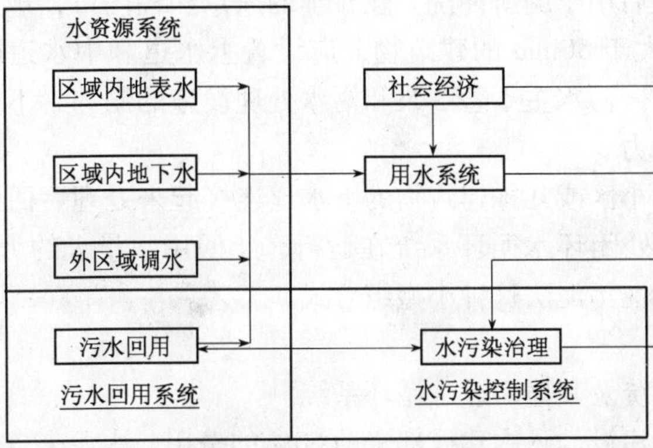

图5-1　再生水回用系统与外界环境的关系

（4）为使再生水得到充分合理的利用，有关部门应出台明确的优惠政策和必要的强制性政策。

1）优惠政策

凡是能够利用再生水的工厂、企事业单位和居民都能享受优惠的自来水水价（额定指标内的自来水用水量）。凡积极使用再生水的单位和个人，其原核定的自来水用水指标不予减少。

2）强制性政策

对能够使用再生水的工厂、企事业单位（再生水水质能达到用水水质标准）而无正当理由却不接受使用再生水的单位进行宣传，协助解决思想技术问题，并采取加倍收取自来水水费的临时措施，使其很快接受使用再生水。对仍坚持不使用再生水的要核减其自来水用水指标。

2. 再生水资源化利用的基本方法

（1）以城市污水的二级出水为水源，因城市污水量大，易汇集，可以成为统一稳定的水源。

（2）实行区域分质供水，城市污水的二级出水经适当处理后，通过专设回用管线，供给有关用户。

（3）区域与工业企业规划时，在满足区域功能和企业行业要求情况下，应把能使用再生水的工业企业集中规划，以便就近统一供应同一水质的水和近距离输送再生水。

（4）对区域规划、经济规划、厂矿分布、排水管网及污水处理厂现状等进行详细调查，查明人口、用水量、排水量各相关参数变化，对规划年份这些参数进行预测，做好前期周密调查研究。

（5）污水处理厂是再生水回用的关键环节，应充分利用现有排水系统，以各污水处理厂为中心划分规划区，实现分片回供。

3. 再生水资源化利用的基本方式

（1）闭环水循环系统

该系统可分为独立建筑物循环系统和小区水循环系统。独立建筑物循环系统是对大型办公楼或公寓的污水就地处理后用于厕所冲洗。在日本的东京和福冈市，规定建筑面积超过 $3000 \sim 5000m^2$ 或供水管径大于 50mm 的建筑物，应设置上水道和中水道两种系统。这种需要的原因是由于供水设施、污水主干管、泵和污水处理设施的制约，不能够容纳增加的供水量和污水量以及处理能力。

小区水循环系统是把住宅小区或几栋建筑物的下水道连接起来处理后回用作为厕所冲洗水。1997 年日本共有 1475 处闭环水循环系统在运行，年回用水量大约为 $7.1 \times 10^7 m^3$。典型污水处理是开发膜分离活性污泥法这种小型组合式新工艺。

（2）开放式水循环系统

该系统有大规模水循环系统及其他用途水循环系统。

对于大规模水循环系统的建设，日本建设部资助 50% 的费用。水源来自于城市污水处理厂经三级或高级处理后回用。该系统回用水主要用于厕所冲洗和环境景观用水，也可用于灌溉和融雪。

其他用途的水循环系统主要用于工业、农业、环境景观用水及融雪等，其回用水使用后并不一定返回到城镇污水处理厂。

（3）用于增加河水流量

该系统是将回用水用泵从处理厂压送到河流某处以增加和满足各种流量的需要。通常是将回用水压送到上游的大量取水点的地方（图 5-2）。

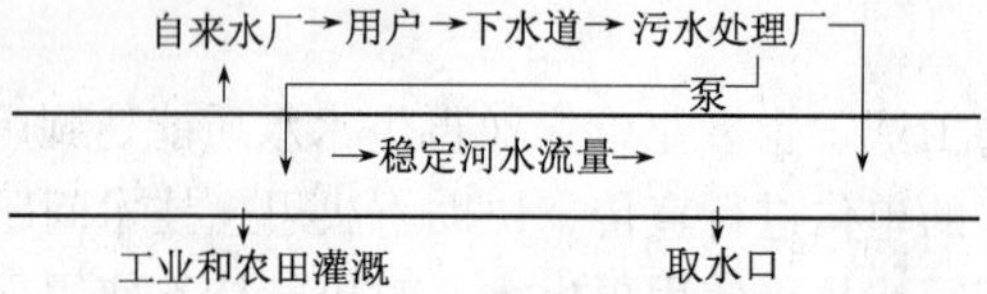

图 5-2　污水回用于增加河水

（4）水循环再生工程

随着城镇化的快速发展，城镇的水循环会发生很大的改变。首先，不渗透性路面的扩大，下水道的铺设会使降雨在短时间内形成洪水，河水高峰流量增大；相反，不渗透性道路的增加，会使地下水涵养量减少，涌水的枯竭，引发地下水位降低、地面下沉、河水常流量的减少以及减水区域的发生。其次，生活水平的提高，人口的增加，需水量和排污量都将增加；污水不处理会使河水、湖泊水质恶化，引起水生态系统改变；第三，随着小城镇土地的开发利用，以及水面和绿地的减少，会引起蒸发量的减少，气温的上升，改变城镇气候（如热岛现象等）。第四，水环境恶化，水文化的丧失等。

图 5-3 是自然地域和城镇的水循环概念图，箭头粗细表示水量的多少。在自然地域，

雨水的下渗，洼地截留，蒸发量较多，地表径流量较少；在城镇地域，屋顶和道路等不渗透面积的增加，与自然地域相反，雨水下渗，洼地截留，蒸发量减少，地表径流量增加，洪水灾害发生性增多了。另外，河水常流量在自然地域由于地下水的涌水量丰富而保证正常，在城镇地域由于雨水在地表大量流出，使地下水的涌水量减少，导致河水流量枯竭。自然地域土壤的渗透、蒸发、洼地截留等，地表流入河水流量与自然地形有关。城镇地域由于房屋及地面铺砌等原因，雨水的渗透量、蒸发量的减少，地表径流增加，使河水流量增大。

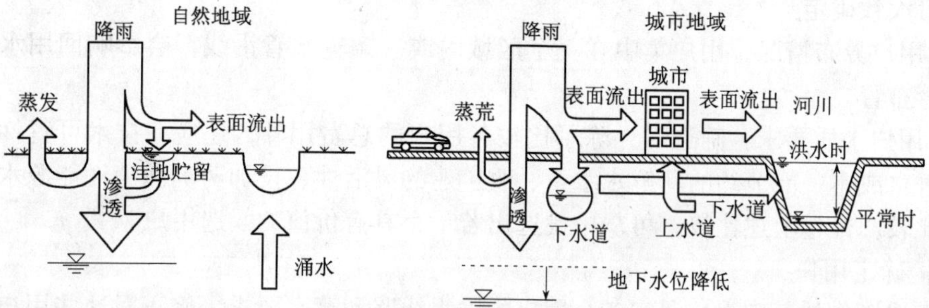

图 5-3　城镇化引起的水循环变化

为了改善水循环变化，最大限度地恢复其自然状态，有必要讨论各种对策和措施，如雨水贮存、设置渗透设施以抑制直接流出，雨水和下水处理水的利用等（图 5-4）。这种系统工程就是水循环再生工程，它涉及到水利、市政、城镇建设、房地产开发、园林、道路、水资源、环境等各部门以及大众的理解和支持。

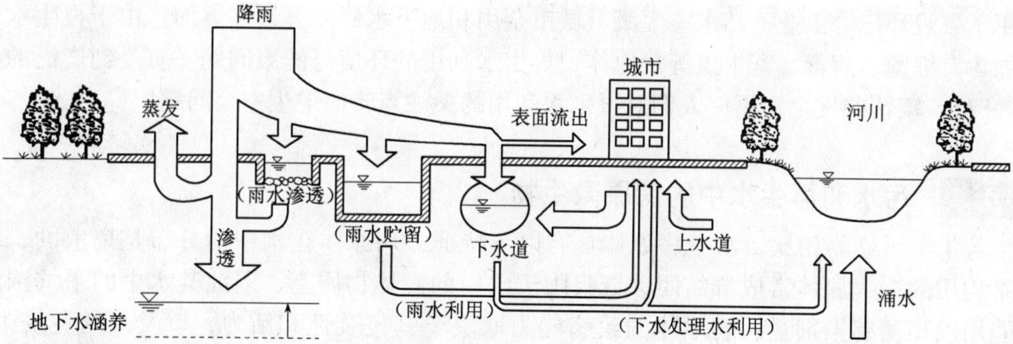

图 5-4　水循环再生工程

为增加地下水量减少地面径流量而强化雨水贮留、渗透设施，以及利用雨水和实现污水资源化，减少自来水使用量，保持河水常流量。

4. 再生水用户的确定

再生水用户的确定，可分为调查、筛选和确定三个阶段。

（1）调查阶段

主要工作是收集现状资料，确定可供回用的全部污水以及使用这些水的潜在用户。这一阶段需要和当地供水部门讨论主要潜在用户情况，然后与这些用户联系，与供水部门和潜在用户建立良好的工作关系是很重要的。潜在用户关心回用水水质、供水可靠性、政府对使用回用水的规章制度，以及有无能力支付管线连接费或增加处理设施所需费用等。

（2）用户筛选

通过调查，按用水量大小、水质要求、经济上的考虑对上阶段被确认的潜在用户分类排队，筛选出若干个候选用户。筛选用户的主要标准如下：

1）用水量大小，这是因为大用水户的位置常常决定回用水管线的走向和布置，甚至规模也可大致确定。

2）用户分布情况，用户集中在一个区域内或一条输水管沿线，会影响回用水厂选址和输水管布置。

3）用户水质要求：筛选时，除了比较各用户的总费用外，还应在技术可行性、回用水与新鲜水成本、能节约的新鲜水水量、改扩建的灵活性、投加药剂和消耗能源水平等方面进行比较。经过上述比较，可从中挑选出若干个具有价值的候选用户。

（3）确定用户

在上述工作的基础上，研究各个用户的输水线路和蓄水要求，修正对这些用户输送回用水所需的费用估算；对不同的筹资进行比较，确定用户使用成本；比较每个用户使用新鲜水和回用水的成本。

5.4 再生水的卫生安全性评价

随着全球淡水资源短缺日趋严重，再生水作为解决水资源短缺最有效的途径已广泛地应用于景观环境、工业冷却水、灌溉、城市杂用和地下水回灌等诸多方面。由于再生水中可能含有细菌、病毒、寄生虫等病原体，再生水利用的环境与健康问题一直受到广泛的关注。SARS 疫情的发生，更使人们对再生水利用的关注点转向卫生安全问题。

5.4.1 污水和再生水中的病原微生物

与化学污染物相比，水中病原体具有以下特征：病原体在水中的分布是离散的，而不是均质的；病原体常成群结团，或吸附于水中的固体物质上，因此其水中的平均浓度不能用以预测感染剂量；病原体的致病能力取决于其侵袭性和活力，以及人的免疫力；一旦造成感染，病原体可在人体中繁殖，从而增加致病的可能；病原体的剂量—反应关系不呈累积性。一般认为，人被感染传染病应具备三个条件：（1）有病原体的存在；（2）具有一定的病原体浓度；（3）易感染体以被感染方式接触病原体。研究污水与再生水中病原微生物的种类与数量，对于评价使用再生水可能对人体健康造成的影响具有非常重要的意义。

美国环保局列出了污水、污泥中可能存在的各种不同的病原菌、病毒、原生动物和寄生虫的名单，见表 5-9。表 5-10 是美国城镇污水处理过程中病原微生物的去除效果，表 5-11为某国典型污水处理前的生物学指标。

未经处理生活污水、污泥中的病原体　　表 5-9

病原体分类	病　菌	疾　病
细菌	志贺氏菌（Shigella sp） 沙门氏菌（Salmonella sp） 沙门氏菌（Salmonella typhi） 霍乱弧菌（Vibriocholerae） 埃希氏大肠杆菌 （Enteropathogenic - Escherichiacoli） 耶尔森氏菌（Yersinia sp.） Campylobacter jejuni	痢疾 肠胃炎 伤寒 霍乱 多种肠胃疾病 肠胃炎 Campylobacteriosis（gastroenteritis）
病毒	肝炎病毒（Hepatitis A Virus） 诺沃克病毒（Norwalk viruses） 轮状病毒（Rotaviruses） 脊髓灰质炎病毒（Polioviruses） 柯萨奇病毒（Coxsackie viruses） 艾柯病毒（Echovzruses）	传染性肝炎 急性肠胃炎 急性肠胃炎 急性骨髓灰白质炎 流感 流感
原生动物	内阿类巳属 histolyiica（Entamoebahistolytica） 兰氏贾第鞭毛虫（Giardia Lamblia） 隐孢子虫（Cryptosporidium sp.） Balantidium coli	阿米巴病 肠胃炎 肠胃炎 肠胃炎
寄生虫	蛔虫（Ascaris sp.） 绦虫（Taenia sp.） 线虫属（Necatoramerwanus） 鞭虫属（Trichuristrichuria）	蛔虫病 绦虫病 钩口线虫病 鞭虫病

美国城镇污水处理过程中微生物的去除效果　　表 5-10

微生物	每 100mL 污水中的个数			
	未处理水	一级处理水	二级处理水	三级处理水①
粪大肠菌 MPN	109	107	106	<2
沙门氏菌 MPN	8000	800	8	<2
志贺氏菌 MPN	1000	100	1	<2
肠道病毒 PFU	50000	15000	1500	0.002
寄生虫卵	800	80	0.08	<0.08
贾第鞭毛虫	10000	5000	2500	3

① 包括混凝、沉淀、过滤和消毒。

某国典型城市污水处理前的生物学指标　　表 5-11

微生物	每毫升污水中的个数	微生物	每 100mL 污水中的个数
总大肠菌	105~109	隐性孢子虫	0.1~1
粪大肠菌	104~105	寄生虫卵	0.01~10
沙门氏菌	1~100	肠道病毒	10~100
贾第鞭毛虫	0.1~100		

5.4.2 再生水卫生学控制指标及其标准

检测既能指示粪便污染又能反映污水处理和消毒效果的微生物是检测污水和再生水中病原微生物的一种实用、可行的方法。常用的指示微生物为总大肠杆菌和粪大肠杆菌。总大肠杆菌在环境中的出现，尤其是粪大肠杆菌的出现，将意味着水体受到了动物和人畜粪便的污染，也意味着许多相关病原体的存在。肠道致病菌与自然界作用的方式和大肠杆菌相似，所以总大肠菌群数的降低程度可间接反映致病菌相应数量级的减少。

但国内外的研究成果表明：总大肠菌群数并不足以反映病毒、原生动物和寄生虫的存在，许多肠道病毒对化学消毒剂的抵抗力更大。以总大肠菌群数和粪大肠菌群数作为卫生安全控制指标的科学性受到了挑战。不少研究者开始寻找可替代的指示微生物或可直接检测病原微生物的方法。

免疫学法和分子生物法在环境微生物学中的应用，增加了在自然界中（如土壤和水）病原体微生物含量较低时被检出的可能性。荧光抗体（Fluorescent Antibody，FA）法可用于个别病原体（如贾第鞭毛虫和隐孢子虫）的定性和定量的测试。聚合酶链反应（PCR）方法学的应用有助于低含量病原体微生物的检测。这些灵敏度高的检测方法虽然使得监测更加准确，但一般只有有限的实验室才具备相应的人员和设备条件，分析时间长达 4 个星期。因此，现有国内外回用水水质标准中，卫生学控制指标仍以总大肠杆菌和粪大肠杆菌为主。

5.4.3 再生水卫生安全评价方法

目前评价再生水中病原体微生物对人类健康的影响主要有两种方法：现实风险评价法和定量风险评价法。

1. 现实风险评价方法

现实风险评价法也称低技术（低费用）控制风险法，是以流行病学研究为基础，结合现有污水处理技术对病原体的处理效果，分析再生水回用健康风险的方法。世界各国现有的再生水回用水质标准多采用此法制定，如 WHO 污水回用于农业的安全指南、美国的回用水指南等。

2. 定量风险评价方法

定量风险评价方法也称高技术（高费用）低风险方法。它可定量地评价再生水在回用过程中暴露于病原体的人类健康风险。其评价程序与化学污染物风险评价程序相同，包括：

（1）危害识别：识别再生水中可能含有的人们关注的病原体。

（2）暴露评价：确定再生水在使用过程中，人暴露于病原体的途径、持续时间和暴露量。

（3）剂量—反应关系评价：根据病原体的剂量—反应关系，估算与人的实际暴露水平相似的条件下的感染概率。

（4）风险特征分析：依据暴露和剂量反应的假设，计算理论风险。

大多数病原体的剂量—反应资料很难通过临床研究和流行病学调查得到，所以该方法的应用受到限制。Hass（1983 年）最早对饮用水微生物的危险度进行了定量研究。他利用已有数据，研究并发现β^-泊松模型能很好地表达传染的概率，见式（5-3）。

$$P_i = 1 - (1 + N/\beta)^{-\alpha} \tag{5-3}$$

式中 P_i——传染概率；

α，β——曲线界定参数；

N——暴露量。

用该模型还可估测临床疾病的危险度，饮用水轮状病毒疾病的死亡率及霍乱病的危险度。之后提出的指数模型式（5-4）用来评价沙门氏菌、隐孢子虫、贾第鞭毛虫等。

$$P_i = 1 - e - \gamma^N \tag{5-4}$$

式中 P_i——传染概率；

γ——曲线界定参数；

N——暴露量。

随着再生水应用的日益普及，这些模型已被应用于再生水的病原体风险评价。常用模型及相应参数见表5-12。

不同微生物的最佳拟合剂量——反应模型与参数　　表5-12

微生物	最佳模型	模型参数
沙门氏杆菌	指数式	$\gamma = 0.00752$
隐孢子虫	指数式	$\gamma = 0.00467$
贾第鞭毛虫	指数式	$\gamma = 0.0198$
霍乱弧菌	β－泊松	$\alpha = 0.49$，$\beta = 1073.2$
轮状病毒	β－泊松	$\alpha = 0.24$，$\beta = 0.42$
艾柯病毒12	β－泊松	$\alpha = 0.374$，$\beta = 186.7$

表5-13是利用以上模型对圣彼得斯堡再生水厂出水用于高尔夫球场、公园、学校和大商业区景观灌溉时对人体健康的风险评价结果。

圣彼得斯堡再生水厂出水用于景观灌溉年风险概率　　表5-13

微生物	接触类型			
	Ⅰ①	Ⅱ②	Ⅲ③	Ⅳ④
轮状病毒（a）	2.3×10^{-6}	3.7×10^{-6}	9.3×10^{-6}	2.3×10^{-5}
艾柯病毒（b）	7.3×10^{-9}	1.2×10^{-8}	3×10^{-8}	7.3×10^{-8}
隐孢子虫	1.3×10^{-6}	2.1×10^{-6}	5.3×10^{-6}	1.3×10^{-5}
贾第鞭毛虫	3.5×10^{-6}	5.8×10^{-6}	1.5×10^{-5}	3.5×10^{-5}

① 通过气溶胶接触的个体，0.1mL/d，365d/a；
② 高尔夫运动者和公园参观人员，1mL/d，60d/a；
③ 居民用户，1mL/d，150d/a；
④ 一般用户，1mL/d，365d/a。

一般在进行病原微生物风险评价时，认为可接受的年风险概率应小于1×10^{-4}。从以上评价结果看，经过高级处理和消毒的再生水用于绿化、灌溉和景观娱乐时基本上是卫生安全的。

5.5 小城镇污水资源化发展的经济分析

小城镇污水资源化存在外部经济性。污水资源化的外部性理论是制定再生水回用经济政策的理论依据。探讨污水资源化的外部经济性原理，据此制定推动再生水回用的经济政策，对于推动我国小城镇污水资源化，缓解小城镇水资源供需矛盾，具有极为重要的现实意义。

5.5.1 污水资源化的外部经济性分析

1. 外部性的含义及特征

外部性问题成为当代经济学的一个重要研究领域。所谓外部性，是指一个经济主体的活动对其他经济主体的外部影响，这种影响并不是在有关各方以价格为基础的交换中发生的，因此其影响是外在的。道格拉斯·诺斯认为外部性是："个人收益或成本与社会收益或成本之间的差异，意味着有第三方或者更多方在没有他们许可的情况下获得或承担一些收益或者成本"。

在现实经济生活中，根据外部性的影响，可以分为正的外部性和负的外部性。正的外部性是指一个经济主体的经济活动导致其他经济主体获得额外的经济利益，也称外部收益；负的外部经济性是指一个经济主体的经济活动导致其他经济主体蒙受的额外经济损失，也称外部成本。

分析外部性的概念发现，外部性的存在导致资源配置中边际私人成本与边际社会成本之间，以及边际私人收益与边际社会收益之间出现差异。原因是：经济主体在进行决策时，只考虑对自身利益产生直接影响的成本和收益，而忽略了与自身利益没有直接关系的成本和收益。从社会的角度来看，这种差异会导致资源配置的失误。因此，无论是正外部性还是负外部性的存在，都不利于市场产生最优的结果，即外部性的存在造成"市场失灵"。

2. 城镇污水资源化具有正的外部性

小城镇污水资源化是将小城镇排放的大量污水处理后，进行直接或间接的再利用，使之成为城镇水资源的一个重要组成部分。污水再生利用除了给用户带来微薄的节水收益之外，主要体现在外部经济性上，具体表现在：

(1) 社会经济效益

社会效益主要体现在节约水资源建设与水环境治理投资方面，城镇污水资源化可以节约大量的城市供水，由于用水的减少一方面可以减少水资源开发以及水处理和输配水工程的费用，降低给水处理和供水费用；另一方面由于再生利用也可减少城镇污水排放及相应的排水工程投资与运行费用，同时与开发其他的水资源相比，可以节约水资源费和远距离输水的管道建设和电耗。

(2) 环境生态效益

城市污水再生利用为城市水环境的改善创造了很好的条件，减少了排入自然水体的污染物含量，可以实现自然水体的自然净化过程，从而实现城镇水循环的良性发展，极大地改善了生态环境和城市的生存环境，促进和保障人体健康，减少疾病（特别是致癌、致畸、致基因突变）危害；具有很大的环境生态效益。但是所有这些外部效益的获得，社会并没有因此而向再生水用户支付一定的报酬，造成再生水回用所带来的社会收益大于消费者的私人收益，具有很强的外部经济性。

图5-5为污水再生利用的外部经济性与市场均衡图。假定MR为再生水用户其私人节水收益，MC为私人成本，MSR为再生水回用所产生的社会收益。因再生水回用具有正的外部性，再生水回用的边际社会收益MSR大于用户的边际私人收益MR，其差额为边际外在收益MER。根据经济学个人收益最大化原则，用户愿意使用再生水的均衡量Q_1由边际收益曲线MR与边际成本曲线MC的交点决定；而从整个社会的角度来看，社会最优的再生水均衡量应该是由MSR曲线与MC曲线的交点所对应的Q^*。因此，在自发的市场机制下用户使用再生水的均衡量Q_1小于社会最优的均衡量Q^*，其差额为Q^*-Q_1。显然，在存在外部收益的情况下，私人活动的水平常常低于社会所要求的最优水平，帕累托最优状态没有得到实现，还存在帕累托改进的余地。

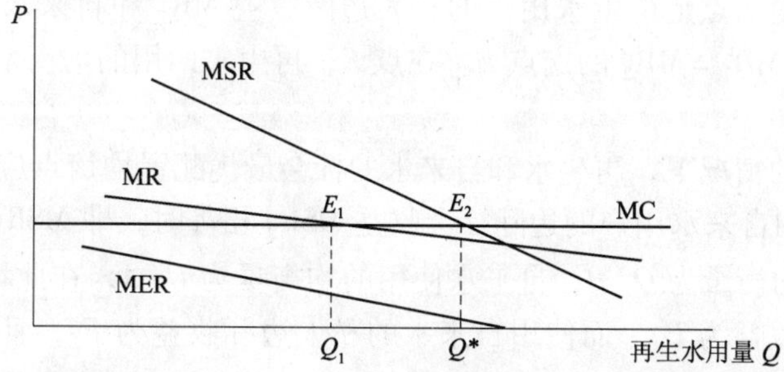

图5-5 污水资源化的外部经济性与市场均衡

5.5.2 再生水的市场配置分析

1. 再生水的“市场失灵”

市场失灵是指在有些情况下，仅仅依靠价格调节并不能实现资源配置最优。市场失灵来自于公共物品、外部性以及垄断。再生水回用的前提是采取必要技术措施对现有管道和工艺进行改造。用户使用再生水必然要为此增加改造成本，这部分增量成本目前只能由用户承担。按照目前的用水价格和再生水价格，对用户来说，由于使用再生水而增加的投入很难在短期内得到补偿，但是用户增加的投入远小于社会获得的综合效益，如水资源的节约、环境质量的改善、水资源开发费用的节约以及对经济增长的贡献等，这是典型的外部经济现象，也是城镇节水难以单纯依靠市场机制推动的重要原因。在市场机制条件下，是否使用再生水的市场配置是由“经济人”的收益最大化原则决定的，而外部收益或外部成本不在其决策的收益或成本之内，因此由于外部性的存在导致再生水“市场失灵”。

2. 再生水的最优市场配置

图5-6为再生水的市场配置模型，假设市场上只有再生水和自来水。图中横坐标上的每一点到左边A点的距离代表自来水需要量，而到右边B点的距离则代表再生水需要量，总量固定为AB。图中的曲线MR_1、MSR_1为再生水回用的边际私人收益曲线和边际社会收益曲线，而MR_2、MSR_2为使用自来水的边际私人收益曲线和边际社会收益曲线。

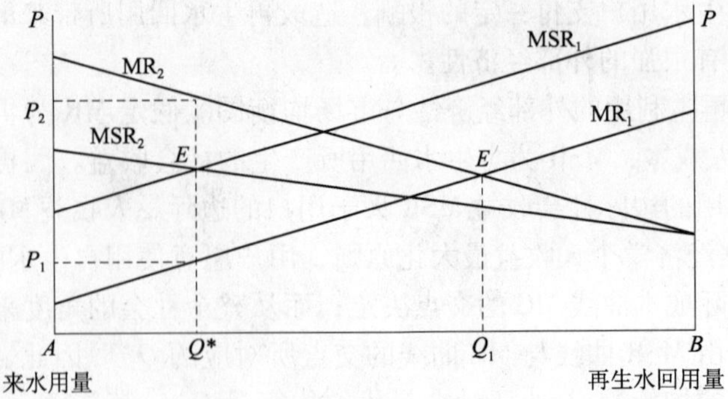

图 5-6 再生水的市场配置模型

在不存在外部性的情况下，在某一交点上，再生水回用和自来水使用在市场机制的作用下达到均衡，此均衡点是再生水用户的私人边际收益 MR_1 和自来水用户的私人边际收益 MR_2 相等点，即 $MR_1=MR_2$ 的交点 E。在点 E，再生水回用的均衡量为 Q_1B，使用自来水的均衡量为 Q_1A。

在存在外部性的情况下，再生水和自来水的社会最优配置均衡点应在再生水用户的边际社会收益 MSR_1 和自来水用户的边际社会收益 MSR_2 相等时，即 $MSR_1=MSR_2$ 的交点 F，F 点再生水回用的均衡量为 Q^*B，自来水使用的均衡量为 Q^*A，在此均衡点 Q^* 上，再生水回用的私人边际收益为 P_1，而使用自来水的私人边际收益为 P_2，且在市场自发配置与社会最优配置的再生水之间形成了一个差额 Q^*Q_1。尽管在社会最优配置下，自来水使用量应该控制在 Q^* 点（数量为 Q^*A），但在这种情况下就会导致使用自来水的私人边际收益与再生水回用的私人边际收益之间产生价差 $\Delta P=P_2-P_1$，对于再生水用户来说，由于外部收益不能内部化，将导致 Q^* 点向 Q_1 点移动，即再生水回用 Q^*Q_1 趋向于转为使用自来水。因此，外部性的存在会导致再生水的“市场失灵”，再生水回用与自来水的市场配置不能达到社会的最优水平。外部性的存在造成社会脱离最优的生产状态，使得市场经济机制不能很好地实现其优化资源配置的基本功能。

5.5.3 城镇污水资源化外部性的消除

根据经济学的理论，解决外部性的基本思路是：让外部性内部化，即通过制度安排将经济主体的经济活动所形成的社会收益或社会成本，转为私人收益和私人成本。有效的处理策略有：税收和补贴、企业合并、科斯定理。在上述几种解决方案中，企业合并是为了纠正企业对其他企业的外部性的，在这里不适用；由于谈判对手的模糊性使得谈判成本太高，所以同样不适用；根据再生水回用的特点及实际情况，应重点考虑通过税收和补贴的方式来消除再生水回用的外部性。

1. 城镇污水资源化外部性消除的经济原理

设再生水用户的私人成本 C_P，私人收益 V_P，即 $V_P<C_P$；由于存在外部经济性，私人收益 V_P 小于社会收益 V_S，即 $V_P<V_S$，如果再生水回用的私人成本大于私人收益而小于社会收益，则 $V_P<C_P<V_S$。尽管从社会的角度看，该行为是有益的，但行为主体从个人角度出发是不会自愿进行这项活动的。显然，在存在外部收益的情况下，私人活动的水平常常低于社

会所要求的最优水平，帕累托最优状态没有得到实现，还存在帕累托改进的余地。再生水用户的损失为（$C_P - V_P$），而社会上其他人由此而得到的收益为（$V_S - V_P$），由于（$V_S - V_P$）大于（$C_P - V_P$），若从社会上其他人所得到的收益中拿出一部分来补偿行为者的损失，则结果是社会上某些人的状态变好而没有任何人状况变坏，符合帕累托改进准则。

图 5-7 为再生水回用正外部性的消除原理，图中 MEB 曲线再生水回用的边际外部收益。从个人利益最大化角度来看，用户使用再生水的边际私人收益曲线 MR 与边际成本曲线 MC 的交点 E_1 所决定的均衡点为 Q_1，而从社会的角度来看，再生水用户的边际社会收益曲线 MSR 与边际成本曲线 MC 的交点 E_2 所对应的均衡点为 Q^*。在图中的均衡点 Q_1 与 Q^* 之间，(MSR − MR) > (MC − MC_1)，社会总收益大于个人损失，从而增加了社会总福利。

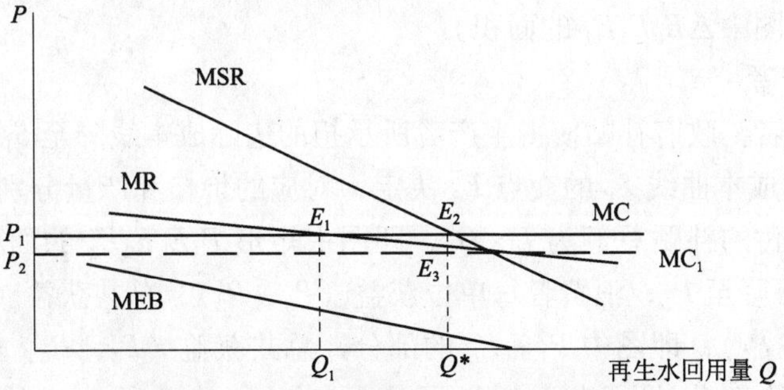

图 5-7　再生水回用的外部经济性消除

政府可考虑采取措施对由于使用再生水而增加的成本进行补偿，使再生水回用的外部性在经济上实现内部化，即通过外部收益内部化来提高用户使用再生水的积极性，这是一条有效的途径。如果政府采取有效措施，使得再生水回用的成本由 MC 降为 MC_1，或者使自来水用户的 MC_1 增加到 MC。由此会刺激更多的用户使用再生水。如果 MC_1 与边际私人收益曲线 MR 的交点为 E_3，而 E_3 所对应的均衡点恰好是 MC 曲线与 MSR 的交点 E_2 所对应的再生水均衡点 Q^*，在这种状况下，就达到了社会所要求的最优水平，整个社会将达到帕累托最优状态。

2. 补贴对外部性的补偿分析

根据经济学理论，补贴是消除外部性的有效手段，可以对消费者补贴，也可以对生产者补贴。在市场经济条件下，无论对再生水生产者补贴，还是对再生水消费者补贴，生产者和消费者都将从中获益，获益的大小与对谁补贴没有关系。只要补贴是相等的，补贴行为所形成的效率损失也没有区别，这一点从图 5-8 中可以清楚地表现出来。

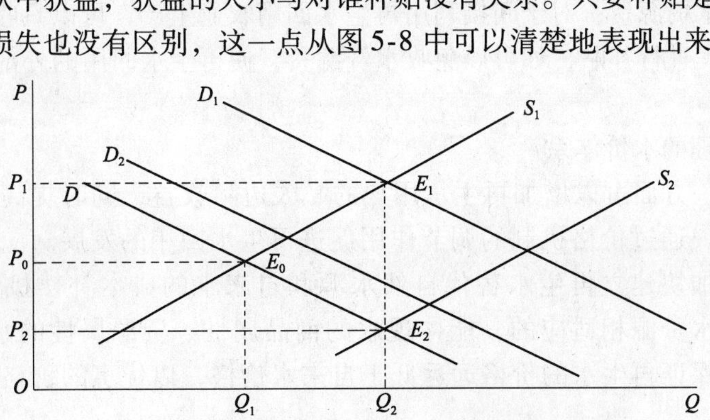

图 5-8　对生产者和消费者进行补贴比较

（1）补贴消费者

如图5-8所示，D是需求曲线，S是供给曲线，均衡点为E_0，对应的价格为P_0，产量为Q_0。如果补贴消费者，就增加了消费者的边际效益，需求曲线D上移至D_1，移动距离为L，新均衡点E_1，对应价格为P_1，产量增加为Q_1。在此产量下，原需求曲线对应的点为E_2，价格为P_2。这样，政府为此支付的补贴额为$L \times Q_1$，也就是（$P_1 - P_2$）$\times Q_1$，即图中矩形$P_1E_1E_2P_2$的面积。生产者和消费者所获取的利益由供给曲线和需求曲线的弹性决定，对消费者补贴使均衡价格由P_0上升到P_1，生产者每单位获益（$P_1 - P_0$），总共获益（$P_1 - P_0$）$\times Q_1$，消费者每单位获益为$L - (P_1 - P_0)$，即图中（$P_0 - P_2$）的部分，总共获益（$P_0 - P_2$）$\times Q_1$。消费量由Q_0增加至Q_1，增加的消费量边际成本超过了边际效益，所产生的效率损失为图中$\triangle E_0E_1E_2$的面积。

（2）补贴生产者

如果补贴生产者，政府补贴使得生产者所承担的边际成本线降至S_1，产出水平由需求曲线D和新的边际成本曲线S_1的交点E_2决定，对应的价格和产量分别为P_2和Q_1。政府对生产者补贴所支付的补贴总额为$L \times Q_1$，即图中矩形$P_1E_1E_2P_2$的面积。对生产者补贴使均衡价格由P_0下降至P_2，消费者每单位获益（$P_0 - P_2$），总共获益（$P_0 - P_2$）$\times Q_1$，生产者获益$L \times (P_0 - P_2)$，即图中$P_1 - P_0$的部分，总共获益（$P_1 - P_0$）$\times Q_1$。消费量由Q_0增加至Q_1，增加的部分边际成本超过了边际效益，补贴所造成的效率损失为图中$\triangle E_0E_1E_2$的面积。综上，上述两种方式政府所支付的补贴总额完全相等。

3. 城镇污水资源化的经济政策

（1）对再生水的运营企业给予信贷、税收等政策扶持

加大对小城镇污水再生利用工程的投资，对再生水的运营企业在信贷、税收等方面给予扶持，国家对污水再生运营企业可以免收营业税、增殖税，减免所得税和相应的建设税费，实行电价优惠，对于暂时还不能按成本价售出的再生水，可以由政府在财政上给予适当补贴，确保再生水企业的运营进入能够自我发展的良性循环。从而降低再生水用户的私人边际成本，即出现图5-7中的MC曲线向下移动至MC_1。

（2）对再生水用户实行补贴、税收等优惠政策

对于使用再生水的企业在税收政策上按照环保企业对待，对于使用再生水的企业可以免收水资源费。再生水回用于农业生产时，如果直接使用再生水，可以只收取地面工程输水成本费，免收水资源费；对于间接利用再生水回用农业生产，可以只收取水资源费，对使用再生水的居民进行补贴，如可以免收水资源费，使再生水回用的外部性在经济上得以补偿。

（3）建立合理的水价体系

合理的水价一方面可以增加再生水用户的私人边际收益，同时提高自来水用户的私人边际成本MC_1，通过价格机制的调节作用促进再生水回用的发展。应该根据我国城镇的水资源战略，加快建立再生水替代自然水源和自来水的成本补偿机制和价格激励机制，制定与我国水资源相适应的，能体现水的商品属性、资源属性的水价体系和政策，实行按质论价，保证再生水的价格远远低于自来水价格，以优惠的价格政策鼓励使用再生水。

(4) 加快建立相应的小城镇再生水利用的规范及水质标准

国家有关部门要加快对小城镇污水再生利用的研究，尽快建立相应的城市污水再生利用的规范和水质标准，在卫生安全、生产过程、产品质量等方面健全法规，保障再生水的使用者免受不良影响。为减少再生水用户对再生水使用风险的担忧，国家有关部门加快研究和建立有关再生水使用的保险制度，开展再生水利用的保险业务，对使用再生水的用户可能造成的风险和损失，通过相关保险给予经济上的补偿，确保再生水用户的利益不受损害。

(5) 加强再生水回用宣传教育

再生水回用是一项社会公益性较强的事业，应充分发挥媒介机构的引导作用，开展丰富多彩、形式多样的宣传教育活动，不断加强再生水回用知识的普及，提高全社会对再生水回用的认识，从而逐步提高人们使用再生水的自觉性。

5.6 小城镇建筑中水回用

随着城乡建设和经济的发展，水资源供需矛盾日益增加，并在不同程度上制约着城市和国民经济的发展。若实现小区循环中水系统或区域循环中水系统，不仅可以节约用水，减轻城镇供水的压力，还可以在遇到干旱或其他灾害时作为保证部分供水的一个手段而加以利用，同时可以减少向江河水系排放的污染物总量。

办公楼、宾馆、饭店和生活小区等集中排放的污水就地处理后的水称为“建筑中水”，主要用于冲厕、洗车、消防、绿地等生活杂用，也称为“杂用水”。

中水道是指介于上下水之间的一种生活杂用水系统，从供水意义上而言，属分质供水方式，以生活污水作为水源，进行就地收集、处理、回用。不少国家已着手建筑中水道系统的研究和实施，根据自己区域特点确定出适合其国情的中水回用技术。

采用建筑中水系统，若仅利用建筑中水回用冲洗厕所、洗拖布等杂用，便可节水30%～40%。发展小区循环中水系统，减轻城镇排水系统的压力，符合《中华人民共和国水污染防治法》中提高水的重复利用率的要求，尤其在我国缺水地区势在必行。

5.6.1 中水水源、用途及水质标准

1. 中水水源

中水水源可取自生活污水和冷却水，一般按下列顺序取舍：冷却水→沐浴排水→盥洗排水→洗衣排水→厨房排水→厕所排水。医院污水不宜用作中水水源。

中水水源可分为以下三类：(1) 不含厨、厕排水，以冷却水、雨水、淋浴水为主的优质杂排水；(2) 含厨房排水的杂排水；(3) 杂排水+厕所排水。

建筑中水水源应根据排水的水质、水量、排水状况和建筑中水回用的水质、水量确定。

建筑物的排水量可按建筑物给水量的80%～90%确定。用作建筑中水水源的水量宜为中水回用水量的110%～115%。

各类建筑物的各种给水量及百分率应根据实测资料确定，在无实测资料时可参照表5-14确定。

各类建筑物生活给水量及百分率　　表 5-14

类　别	住　宅		宾馆、饭店		办 公 楼		附　注
	水量［L/（人·d）］	（%）	水量［L/（人·d）］	（%）	水量［L/（人·d）］	（%）	
厕所	40～60	31～32	50～80	13～19	15～20	60～66	
厨房	30～40	21～23					
沐浴	40～60	31～32	300	79～71			盆浴或淋浴
盥洗	20～30	15	30～40	8～10	10	40～34	
总计	130～190	100	380～420	100	25～30	100	

注：1. 洗衣用水量可根据实际使用情况确定；
　　2. 此表摘自《建筑中水设计规范》(CECS 30∶91)。

在无实测资料时，各类建筑物各种排水的污染浓度可参照表 5-15 确定。

各类建筑物各种排水的污染浓度　　表 5-15

类别		厕所	厨房	沐浴	盥洗
住宅	BOD（mg/L）	200～260	500～800	50～60	60～70
	COD（mg/L）	300～360	900～1350	120～135	90～120
	SS（mg/L）	250	250	100	200
宾馆饭店	BOD（mg/L）	250		120～150	70
	COD（mg/L）	300～360		80	150～180
	SS（mg/L）	200			150
办公楼	BOD（mg/L）	300			70～80
	COD（mg/L）	360～480			120～150
	SS（mg/L）	250			200

此表摘自《建筑中水设计规范》(CECS 30∶91)。

2. 中水用途及水质标准

根据不同的处理程度、出水指标和各用途的用水水质标准，中水可作不同的用途（表 5-16）。中水的最大用途是冲洗厕所，占使用量的 90% 以上。

各类中水用途及水质标准　　表 5-16

用　途	冲洗厕所		空调冷却		洗车、消防		洒　水		北京中水水质标准
国家或地区	美国	日本	美国	日本	美国	日本	美国	日本	
浊度（NTU）	20	<5～30	10	<10	10	<5～15	20	<5～25	—
pH	—	5.8～9.0		5.8～9.0	—	5.8～9.0	—	5.8～9.0	6.5～9.0
COD（mg/L）	—	<20～60	—	<20～60	—	<20～60	—	<20～60	50
余氯（mg/L）	—	—	—	—	—	>0.2	—	>0.2	管网末端>0.2

续表

用途	冲洗厕所		空调冷却		洗车、消防		洒水		北京中水水质标准
国家或地区	美国	日本	美国	日本	美国	日本	美国	日本	
硬度（以 $CaCO_3$ 计）(mg/L)	—	<300~500	300	<300	—	<200~500	—	<300~500	—
悬浮物（mg/L）									10
蒸发残渣（mg/L）	—	<500~1000	800	<300	500	<500	—	<1000	—
氨氮（mg/L）	—	<20	—	<20	—	<10	—	<10	—
ABS（mg/L）	<1	<2	<1						<2
大肠杆菌（个/L）	—	0~1	—	—	—	0~1	—	0~1	<3
细菌总数（个/mL）	—	<100	—	—	—	—	—	—	<100
BOD（mg/L）	—	10~20	—	<10		<10	8	<10	<10
色度（度）	40	10~50	30	无不快感	30	<20~30	30	<20~50	<40

5.6.2 建筑中水系统

1. 建筑中水原水系统

建筑中水原水系统就是把确定为建筑中水水源的单体建筑或建筑楼群、小规模区域性的原排水收集起来的系统，原排水诸如污水、废水。受一定污染来自生活和生产的排出水称为污水。居民活动过程中排出的水及径流雨水总称为废水，它包括生活污水、工业废水和初期降雨径流及流入排水管渠的其他水。

建筑中水原水系统分为污、废水合流系统和污、废水分流系统。建筑中水原水系统应采用后者。如在水源奇缺、难于分流、污水无处排放、有充裕的处理场地等条件下，需经技术经济比较确定。

中水系统应设分流、溢流设施和跨越管，这是由中水系统的特点决定的。分流井的构造既要能把排水引入处理系统又能把多余水量或事故停运时的原水排入排水系统，而不影响原建筑排水系统的使用。可采用隔板、网板倒换方式或水位平衡道流方式，宜与格栅井相结合。

2. 水量平衡

（1）建筑中水系统设计应进行水量平衡计算

建筑中水系统设计进行水量平衡计算是合理用水的需要，也是合理运行的需要。要使集水、处理、供水集于一体的中水系统协调地运用，就需要各种水量间保持合理的关系。

水量平衡就是将单体建筑或区域性建筑楼群给水量、污、废水排量、中水原水量、贮存调节量、处理量、处理设备耗水量、中水调节贮存量、中水用量、自来水补给量等进行计算和协调，较其平衡，并把计算和协调的结果用图和数字表示，即绘制水量平衡图。

（2）在处理设施前设调节池（箱）

为了均衡中水的原水水质和水量，保障其处理效果和经济效果，应在处理设施前设调节池（箱）。其调节容积应按中水原水量及处理量的逐时变化曲线求算。也可按下列方法计算（摘自 CEC 330：91）：连续运行时，调节池的容积按日处理水量的 30% ~40% 计算；间歇运行时，调节池容积按处理工艺运行周期计算。

5.6.3 中水处理

据中水水源的水质，我国一般采用以下几种处理工艺：

1. 物化处理

原水→格栅→调节池→混凝或气浮→过滤→消毒→出水，适用于Ⅰ、Ⅱ类原水。

2. 生化处理

原水→格栅→调节池→生物处理→沉淀→过滤→消毒→出水，适用于Ⅰ、Ⅱ类原水。

二段生化处理：原水→格栅→调节池→一段生物处理→沉淀→二段生物处理→沉淀→过滤→消毒→出水，适用于Ⅱ、Ⅲ类原水。

3. 物化-生化处理

原水→格栅→调节池→混凝或气浮→沉淀→生物处理→沉淀→过滤→消毒→出水，适用于Ⅱ、Ⅲ类原水。

我国自 20 世纪 80 年代起建立了一些中水回用试点工程并逐步推广，主要采用物化与生化相结合的方法。

5.6.4 中水的回用方式

1. 单独循环方式

单独循环方式是指在单体建筑物中建立中水处理和回用设施，这种方式不需要在建筑物外建立中水管道，但其处理费用较高。

2. 小区循环方式

小区循环方式一般用于大规模的住宅区、较新的开发区等范围较小的地区，区内建筑可共同使用一套中水处理系统和中水道。

3. 地区循环方式

利用城市污水处理厂的三级出水、雨水、河水等作为中水水源，供给某个区域的建筑或住宅。

5.6.5 中水供水方式

中水的供水方式由建筑物高度、室外中水配水管网的可靠压力、室内管网所需压力等因素决定。

1. 简单的供水方式

当室外中水配水管网所具有的可靠水压大于室内中水系统所需总水压时，可采用不另设泵和水箱中水供水方式。该种方式水平干管可布置在首层地下、地沟内或地下室顶棚下，也可布置在最高层的顶棚下、吊顶内或技术层中。这种方式的优点是设备少、维护简单、投资少。

2. 单设屋顶水箱的供水方式

当室外中水配水管网的水压大部分时间可满足室内中水系统所需水压，只是在某一用水高峰时间不能保证室内供水时，可采用只设屋顶水箱的中水供水方式。当室外中水配水管网压力较大时，可供水给楼内用户和水箱；当水压下降时，高层的用户可由水箱供给中水，该方式的水平干管一般为下行敷设。

3. 设置水泵和屋顶水箱的供水方式

当室外管网水压低于室内所需水压时，靠水泵抽水到屋顶水箱。

4. 分区供水方式

对于多层和高层建筑，为缓减管中配水压力过高，可将建筑竖向分区供水。低区由室外配水管网直接供水，高区由水泵和水箱供水。

5.6.6 中水道的效益

中水道的应用，无疑增加了处理设施建设费、运行费和管道铺设费等费用，但从长远来看，中水回用具有以下效益：

1. 降低城镇管网总投资

中水就近回用，缩短了远距离输水距离，且由于减少了城镇供水和排水量，而减轻了城镇给水排水管网的负荷，对总投资而言是经济的。

2. 水资源费低于其他水源

为了取得水源，一些城市不惜远距离调水，取水费高达 0.10 元/m^3（如上海市）。北京从怀柔水库引水修建的供水规模为 100 万 m^3 的水源九厂，工程投资为 7 亿元，张坊水库总投资为 7.2 亿元。每天处理 1m^3 污水的投资大约为 1200～1500 元，处理相当于 1m^3 自来水的污水投资约为 960～1350 元（按 80%～90% 计），那么城镇每日供应 1m^3 自来水，不包括供水管网和排水管网，其总投资约为 2160～2850 元，而中水处理工程造价约为同等规模上、下水工程造价的 35%～60%。

3. 降低维护管理费用

中水道的维护管理费低于上下水维护管理费，而随着上下水价格的提高，中水的成本逐步接近上、下水费。使用 1m^3 的中水就相当于少用 1m^3 的上水，同时少排放接近 1m^3 的污水，这就相当于 2m^3 的上下水的价格和维护费用，故利用中水比较经济。

4. 节约水资源

中水回用可节省水资源，减少水资源污染，具有良好的社会效益、环境效益和经济效益。一般而言，商住小区设置中水系统可节水 70%，研究单位可节水 40%，民用住宅区可节水 30%。

第6章 海水淡化与利用

随着我国加入 WTO，我国的农产品价格体系将逐步溶入世界农产品价格体系，这将对我国的“三农”（农业、农村和农民）产生极大的冲击，为应对这一严峻的形势，有学者指出：“三农”问题的最好出路是实行小城镇建设。但是，我国的水资源的严重不足及城镇化相应的水环境问题成为制约我国小城镇建设的瓶颈问题之一。而且，以上问题在沿海地区尤为突出。

我国 18000 多公里的海岸线和 6500 多个岛屿，人口占全国 40% 以上，社会总产值占 60% 左右，是我国人口最多、经济最发达的地区，但这些地区的可持续发展面临着相当严峻的形势和问题，水资源日趋紧缺是其中之一。以浙江省舟山群岛为例，人均当地水资源量为 582.9m^3，目前有 30 万人的饮水存在不同程度的困难，其中特别困难的有 20 万人，占人口总数的 20.3%。此外，水质性缺水问题同样较为突出。影响沿海地区水质的主要是咸潮。近年来，我国沿海地区频频传来咸潮袭击的消息。如珠海尽管地处珠江五大出海口，淡水资源十分丰富。但近年来，西江水位下降，径流量减少，导致每年冬季咸潮上溯，珠江水倒灌内河。

综上，发展海水淡化产业和海水直接利用产业是解决沿海小城镇淡水不足的最根本出路。

6.1 海水的水质特征

海水是一个含有多种无机物和有机物的复杂的溶液体系，其中许多胶体为亲水胶体，因而，海水中的悬浮颗粒具有较强的分散稳定性，较淡水中更难以沉降。

几十亿年来，来自陆地的大量化学物质溶解并贮存于海洋中。如果全部海洋都蒸发干，剩余的盐将会覆盖整个地球达 70m 厚。根据测定，海水中含量最多的化学物质有 11 种：即钠、镁、钙、钾、锶等五种阳离子；氯、硫酸根、碳酸氢根（包括碳酸根）、溴和氟等五种阴离子和硼酸分子。其中排在前三位的是钠、氯和镁。为了表示海水中化学物质的多寡，通常用海水盐度来表示。海水的盐度是海水含盐量的定量量度，是海水最重要的理化特性之一，它与沿岸径流量、降水及海面蒸发密切相关。盐度的分布变化也是影响和制约其他水文要素分布和变化的重要因素，所以海水盐度的测量是海洋水文观测的重要内容。

海水的盐度一般在 3.5% 左右，海洋中发生的许多现象都与盐度的分布和变化有密切关系，所以盐度是海水的基本特性。有些海区如红海，由于日照相当强烈，蒸发量大，盐度可高达 4.0% 以上；而降雨量大，河流注入较多的波罗的海北部的波的尼亚湾里，盐度可低至 3‰。即使在同一海区，海水的盐度在水平方向和垂直方向上都有不同的变化。海水越深，压力越大，温度也就越低，盐分的浓度就越高。

海洋因为洋流、潮汐和风，会产生波动。海面的波动比较激烈，而深海处几乎没有太大的变化。

就水质来说，我国沿岸和近海海水水质较好，平均值一般不超过《海水水质标准》中的二类水质标准，见表6-1。由于海水中溶解氧较高，有机物降解较快，高锰酸盐指数在0.47～1.63mg/L之间，平均值为1.01mg/L，符合一类海水标准。但有机物降解产生的营养盐较丰富，近海无机氮、磷的含量一般超过一类海水标准，符合二类海水标准，河口和海湾的无机磷一般能达到二类海水标准，但无机氮的含量普遍超过三类海水标准。近海石油污染不重，符合二类海水标准。重金属因易与颗粒物结合而沉淀，在水中的含量不高，一般不超过一类海水水质标准。

我国沿岸及近海海水污染特征 **表6-1**

项　目	COD_{Mn} (mg/L)	DO (mg/L)	无机磷 (mg/L)	无机氮 (mg/L)	石油类 (mg/L)	重金属 (mg/L)
均值	1.01	6	0.02	0.11	0.005	
标准	一类	一类	二类	二类	二类	一类

6.2 海水淡化理论与技术

海水淡化，向占全球水总储量96.5%的海水要淡水，是解决沿海地区水资源短缺和繁荣沿海小城镇经济的重要措施之一。面对水资源紧缺，如何向大海要淡水？一方面要进一步加大科技攻关，加大集成，降低海水淡化的成本；另一方面，各级政府从政策和资金等方面进行扶植和引导，调动更多的企业和科技人员投身到海水淡化的工作中，让海水淡化形成规模。

6.2.1 引言

1. 海水淡化的含义

按含盐量或电阻率，水分为淡化水、脱盐水、纯水和高纯水。

(1) 淡化水

淡化水指经局部除盐，其含盐量为每升几个至数百毫升，电阻率约数百Ω·cm的水。

(2) 脱盐水

脱盐水即去除大部分强电解质的水，其含盐量约为1～5mg/L，25℃时的电阻率约为$(0.1\sim1.0)\times10^6\Omega\cdot cm$。

(3) 纯水（深度脱盐水）

纯水指已去除绝大部分强电解质和部分弱电解质的水，其含盐量小于1mg/L，25℃时的电阻率约为$(1\sim10)\times10^6\Omega\cdot cm$。

(4) 高纯水（超纯水）

高纯水中的电解质几乎全部去除，其含盐量小于0.1mg/L，25℃时的电阻率超过$10\times10^6\Omega\cdot cm$。

所谓海水淡化是指将海水处理成淡水，即处理后水可供日常生活、生产或其他一般用途。海水淡化技术亦适用于苦咸水处理，故习惯上在不专门针对海水而言时统称水淡化。脱盐水、纯水和高纯水处理称为除盐。

2. 海水淡化的国内外现状

400 多年前，有人首次提出海水淡化的问题。现代意义上的海水淡化是在第二次世界大战以后才发展起来的。战后由于国际资本大力开发中东地区石油，使这一地区经济迅速发展，人口快速增长，这个原本干旱的地区对淡水资源的需求日益增加。而中东地区独特的地理位置和气候条件，加之其丰富的能源资源，又使得海水淡化成为该地区解决淡水资源短缺问题的现实选择，并对海水淡化装置提出了大型化的要求。在这样的背景下，20 世纪 60 年代初，多级闪蒸海水淡化技术应运而生。现代海水淡化产业也由此步入了快速发展的时代。特别是沿海国家，在 20 世纪 70 年代已经实现了海水淡化的产业化。海水淡化技术的大规模应用始于干旱的中东地区，但并不局限于该地区。由于世界上 70% 以上的人口都居住在离海洋 120km 以内的区域，因而海水淡化技术迅速在中东以外的许多国家和地区得到应用。最新资料表明，到 2003 年止，世界上已建成和已签约建设的海水和苦咸水淡化厂，其生产能力达到 3600 万 t/d。目前海水淡化已遍及全世界 125 个国家和地区，养活世界约 5% 的人口，并由此带动了淡化水产品提供、设备制造、工程安装、技术服务等相关产业市场的发展。目前世界上每年海水淡化市场的成交额已达数百亿美元。海水淡化已经成为世界许多国家解决缺水问题，普遍采用的一种战略选择，其有效性和可靠性已得到越来越广泛的认同。

我国是继美、法、日、以色列等国之后研究和开发海水淡化技术的国家之一。继西沙群岛日产 200t 电渗析海水淡化装置成功运行后，又先后在舟山建成了日产 500t 反渗透海水淡化站，在大连长海建成日产 1000t 海水淡化站。我国最大的日产 18000t 苦咸水淡化工程也已在河北沧州建成投产。目前我国海水淡化年产量已超过千万吨。

近年来世界上海水淡化正向高效化、智能化和规模化的目标发展，反渗透（SWRO）、多级闪蒸（MSF）和多效蒸发（MED）成为更适用于大型海水淡化技术的主流。

近年来，MSF 技术主要进展表现在：单机容量进一步扩大，系统设计最佳化、管理软件化、操作自动化；采用聚羧酸酯等新型防垢、抑垢和分散剂，可提升运行温度；开发新兴高级奥氏不锈钢代替镍基合金，提高运行可靠性、稳定性；工艺改进，利于降低能耗，目前总体水平处于 10 ~ 14kWh/m^3 淡水状态。

MED 方法的主要进展是低温多效操作技术的开发，以减少结垢、腐蚀，降低成本，一般能耗在 6.0 ~ 8.0kWh/m^3 淡水。

SWRD 技术在膜、组件和工艺方面已日趋成熟，近年来重大进展在于功能交换器和压力交换器的成功开发，可使能量回收高达 90% 以上，从而使其能耗降至 3.8 ~ 4.3kWh/m^3 淡水。

我国海水淡化技术研究始于 1958 年，起步时采用的是电渗析技术，以后逐步发展到反渗透技术和蒸馏技术。1981 年，我国在西沙群岛建成第一个日产 200m^3 的电渗析海水淡化站，之后，在浙江嵊泗县、山东长岛县和大连常海县相继建立了千吨级的海水淡化工程。在科技部、国家计委等有关部委及地方政府的支持下，我国的海水资源开发利用技术在“八五”、“九五”期间发展很快，在一些关键技术领域已取得了重大突破。我国已全面掌握国际上已经商业化的蒸馏法和反渗透（膜）法等海水淡化主流技术。“十五”期间已经进入示范工程阶段。目前在辽宁、山东、浙江、河北、甘肃等地已建、在建规模在

500～18000m^3/d 海水和苦咸水淡化示范工程已达12项。全国包括引进系统在内的反渗透海水、苦咸水（半海水）淡化产量估计日产达35000m^3以上。随着技术的进步、新材料的应用，不仅产量不断提高，且淡化成本也在大幅降低。海水淡化的成本已从20世纪90年代的7元/m^3左右降至目前的5元/m^3左右。

3. 海水淡化产业的发展潜力

海水淡化业市场主要包括工程设计、设备制造、工程安装、淡化水产品提供、技术服务等，存在巨大的发展潜力。

从国际市场方面来看，20世纪70年代以来，大多数沿海国家因水资源问题日益突出，都加快了海水淡化产业的发展。无论是中东的产油国还是西方的发达国家，都建设有相当规模的海水淡化厂或海水淡化示范装置；北欧、南美和东亚地区每年海水淡化设备进口和工程安装市场有近100亿美元，且仍在高幅增长之中；南亚、中亚和非洲也有众多的海水淡化潜在用户。海水淡化的国际市场规模日益扩大。

从国内市场方面来看，针对我国的国情，海水淡化主要用于市政用水的补充，以缓解供水紧张状况，同时也可用于污水回用。我国海水资源极其丰富，西部地区也蕴藏着相对丰富的苦咸水资源，这为我国海水淡化产业的发展提供了前提和基础。另一方面，我国淡水资源的紧缺已众所周知，每年全国缺水数百亿立方米，因缺水影响的国民产值达数千亿元，工程设计、设备制造、淡水提供、技术服务等海水淡化产业因此具有广阔的国内市场发展空间。特别是海水淡化设备制造市场，目前我国已基本具备了海水淡化设备的加工制造能力，质量保证体系也可以满足要求，其设备制造成本比国外至少低30%左右，在国际市场上具有很强的价格竞争能力。

4. 海水淡化的经济分析

在海水淡化技术日益成熟的今天，经济性是决定其广泛应用的重要因素。在我国，成本和投资费用过高造成海水淡化难以广泛应用，但实际上这是一个“认识”上的问题。

目前世界上常用的淡水取用方式主要有地下取水、远距离取水和海水（苦咸水）淡化三种。不同淡水获取方式成本比较见表6-2。开采地下水作为一个重要的开源措施，具有工程量小、成本低等优点，但受资源条件限制很大，而且许多地区多年来由于过度开采地下水，已形成地下漏斗，造成房屋倾斜，甚至导致了海水倒灌等环境危害，地下水的开采已受到制约。

几种淡水获取方式的成本比较 **表6-2**

取水方式	平均成本（元/m^3）	取水方式	平均成本（元/m^3）
开采地下水	限制开采量	海水淡化	4～7
远距离取水（如引滦入津）	2.3	苦咸水	2～4
南水北调	5～20		

远距离取水，目前并没有把工程投资费用以及被引水地区的间接经济损失计算在内，仅以日常运行费用、管理费计算其成本，这与实际成本相差很大。引水工程除了巨额的投资之外，还要占用大量耕地，同时存在被引水地区的环境危害等问题。如引黄济青工程，占地达6.2万亩，还会造成黄河断流、植被破坏等生态环境问题，而生态环境的破坏在经济上是难以估量的。20世纪80年代实施的引滦入津工程，时至今日每立方米成本仍达

2.3元左右，有相当部分需政府补贴。专家预测，南水北调工程实施后，长江水流到北京，按现行不变成本计算，综合成本将超过5元/m^3，甚至有专家预测每立方米将达20元。美国有资料认为，远距离取水超过40km，成本将超过海水淡化。

对于海水淡化，能耗是直接决定其成本高低的关键。40多年来，随着技术的提高，海水淡化的能耗指标降低了90%左右（从26.4kWh/m^3降到2.9kWh/m^3），成本随之大大降低。目前我国海水淡化的成本已经降至4～7元/m^3，苦咸水淡化成本则降至2～4元/m^3，如天津大港电厂的海水淡化成本约为5元/m^3左右，河北省沧州市的苦咸水淡化成本约为2.5元/m^3。如果进一步综合利用，把淡化后的浓盐水用来制盐和提取化学物质等，则其淡化成本还可以大大降低。至于某些生产性的工艺用水，如电厂锅炉用水，由于对水质要求较高，需用自来水进行再处理，此时其综合成本将大大高于海水淡化的一次性处理成本。可见，如果抛开政府补贴等政策性因素而单从经济技术方面分析，海水淡化尤其是苦咸水淡化的单位成本实际上是很有竞争力的。

在我国，由于受计划经济的影响，长期以来一直没有良性的水价形成机制，自来水的价格与价值严重背离，政府负担着巨额补贴，自来水的价格普遍偏低，目前自来水的价格一般为1.5～2元/m^3，随着淡化技术的不断进步和产业化规模效益的显现，海水（苦咸水）淡化的成本将会越来越低。随着淡水资源的日趋缺乏，各个城市节水措施已经出台，实行自来水限量使用，超标加价。由此可以预见，在不久的将来，一方面海水淡化成本不断降低，另一方面自来水的价格不断上涨，两者将越来越接近，自来水价格甚至将高于苦咸水淡化的成本，海水淡化的成本问题将得以解决，由此将会对海水淡化的广泛应用及产业化进程产生极大的促进作用。

5. 我国海水淡化产业展望

（1）膜技术是未来海水淡化发展的趋势。目前我国膜技术发展滞后，大多数采取反渗透技术的海水淡化厂需要从国外大量进口膜，国家有关部门应加大投资力度，加快研发解决膜生产技术问题，让膜技术的推广摆脱进口束缚。

（2）做大本土海水淡化设备制造业。我国在海水淡化的技术上已经没有太大的难题，但生产设备的厂家规模太小，无法适应国家计划要求的进度。另外，未来20年仅海水淡化的国际市场就将有近700亿美元的商机，需求潜力巨大，我国企业不能只盯着国内市场，还要考虑国际市场的需求，争取打入国外海水淡化市场。

（3）降低能耗是海水淡化无法回避的问题。据了解，日产几十万吨淡化水的大型工厂要耗费大量电力。降低能耗是海水淡化低成本的关键因素之一，但在专家寻找到适合于大规模海水淡化的经济能源之前，大批量上马淡化项目可能会陷入能源紧缺的被动局面。

海水淡化产业发展的关键在于：

（1）政府引导是发展海水淡化产业的关键。国外海水淡化产业发达的国家，其发展海水淡化有一个共同的特点，即政府对于海水淡化发展起着主导和推动作用。我国已发布实施《海水利用专项规划》，国务院有关部门应加快研究制定相关财税激励政策，建立和完善海水利用标准体系、市场准入标准，积极开展试点示范，并对示范项目给予一定的资金支持。同时，各级政府应按照国务院有关要求，加大水价改革力度，通过合理调整水价及其结构，促进海水淡化水的生产和使用。要依据有关规定，合理确定海水淡化水价格，允许进入城市供水系统，并保证一定的使用量。

（2）技术创新是海水淡化产业化发展的源动力。国际上一些长期从事海水淡化技术研究的知名大公司，虽然在当今的世界海水淡化市场上占据有利地位，但为了保持他们的地位，仍在加大新技术的研发力度。我国海水淡化经过40余年的发展，在数量、规模、技术水平等方面都取得了重要进展，基本具备产业化发展条件。但与国外一些国家相比，还存在着工程规模小、设备国产化率不高、关键设备还有赖于进口等突出问题。建议国务院有关部门进一步加大海水淡化技术原始创新、集成创新、引进消化吸收再创新力度。组织重大技术攻关，开发具有自主知识产权的共性技术和关键技术，提高海水淡化技术支撑能力和创新能力。

（3）投融资机制创新是促进海水淡化产业发展的重要保障。国外特别是中东国家大都采取多渠道融资方式，促进海水淡化产业发展。在保证政府对淡化水控制权的前提下引入竞争机制，加快海水淡化工程项目建设，降低海水淡化工程的建设和运行成本。可以通过国家、地方、企业、社会多方筹集资金，采取企业自筹、银行贷款、社会融资、利用外资、地方配套、国家补助等多种方式，建立多元化、多渠道、多层次、稳定可靠的海水利用投入保障体系。

6.2.2 海水淡化技术

水的淡化，实际上是用物理、化学方法从溶液中将水和溶质分离的技术：淡化技术还包括废水（包括其中的污染物质）的回收与再利用，以及化工过程的分离、浓缩、提纯等。目前的海水淡化技术主要有：

1. 蒸馏法

蒸馏法是将含盐水（海水或苦咸水）加热汽化，再将蒸汽冷凝成蒸馏水的淡化方法。蒸馏法的主要优点是不受水的含盐量限制，适用于有余废（废热）可利用的场合。设备容量大，故多设于沿海的火力发电厂、核电站。其缺点是设备费用高，系统设备、管路的结垢与腐蚀较严重。

根据采用的设备，蒸馏法分为蒸汽压缩蒸馏法、低温多效蒸馏法、多级闪急蒸馏法等。

（1）低温多效蒸馏法

多效蒸发是让加热后的海水在多个串联的蒸发器中蒸发，前一个蒸发器蒸发出来的蒸汽作为下一蒸发器的热源，并冷凝成为淡水。其中低温多效蒸馏是蒸馏法中最节能的方法之一。低温多效蒸馏技术，是在20世纪60年代的闪急蒸发技术基础上发展起来的，它利用火力发电厂在蒸汽轮机中做了功的低温饱和蒸汽或用温度更低的饱和蒸汽进行机械压缩提高压力，用参数为0.02～0.04MPa的蒸汽作为热源对海水蒸馏，获得淡水的技术。其特征是将一系列的水平管喷淋降膜蒸发器串联起来，用一定量的蒸汽输入通过多次的蒸发和冷凝，后面一效的蒸发温度均低于前面一效，从而得到多倍于蒸汽量的蒸馏水的淡化过程。低温多效蒸馏技术由于节能的因素，近年发展迅速，装置的规模日益扩大，成本日益降低。

我国在20世纪80年代末开始研究低温多效蒸馏法海水淡化技术，初期主要是基础理论研究，到“九五”期间天津海水淡化研究所开展双效压汽蒸馏技术研究，在设备的效间联接、防蚀保护和材料选择等方面取得了成果。

低温多效蒸馏淡化技术的流程如下：

进料海水在排热冷凝器中被预热和脱气后分成两股物流。一股物流作为冷凝液排放回大海，另一股物流变成蒸馏过程的进料液。

加入阻垢分散剂之后，料液被引入到热回收段各段温度最低的一组中。喷淋系统把料液喷淋分布到各蒸发器中的顶排管上，在沿顶排管向下以薄膜形式自由流动的过程中，一部分海水由于吸收了在蒸发器内冷凝蒸汽的潜热而汽化。被轻微浓缩的剩余料液用泵打入到蒸发器的下一组中，该组的操作温度要略高于上一组，在新的组中重复蒸发和喷淋过程。剩余的料液接着往前打，直至最后在温度最高的效组中以浓缩液的形式离开该效组。

生蒸汽输入到温度最高一效的蒸发管内，在管内发生冷凝的同时，管外也产生了与冷凝量基本相同的蒸发。产生的二次蒸汽在穿过浓盐水液滴分离器以保证蒸馏水的纯度之后，又引入到下一效的传热管内，第二效的操作温度和压力要略低于第一效。

这种蒸发和冷凝过程沿着一串蒸发器的各效一直重复，每效都产生了相当数量的蒸馏水，到最后一效的蒸汽在排热段被海水冷却液冷凝。

第一效的冷凝液被收集起来，该蒸馏水的一部分又返回到蒸汽发生器，超过输入的生蒸汽量的部分流入到一系列特殊容器的首个容器中，每一个容器都连接到下一低温效的冷凝侧。这样使一部分蒸馏水产生闪蒸并使剩余的产品水冷却下来，同时把热量传给热回收效的主体中去。

如此产品水呈阶梯状流动并被逐级闪蒸冷却。放出的热量提高了系统的总效率，被冷却的蒸馏水最后用产品水泵抽出并输入到储液罐中。

这样生产出的产品水是完全的纯水，它不含任何污染物，平均含盐量小于20×10^{-6}。如果安装两级捕沫网，产品水盐含量可小于5×10^{-6}。

像蒸馏水一样，浓缩海水从第一效呈阶梯状流入一系列的浓盐水闪蒸罐中，闪蒸冷却以回收其热量。经过冷却之后，浓盐水经浓盐水泵打入大海。

不凝性气体从每一根冷凝管中抽出，并从一效流到另一效。这些不凝性气体最后在排热冷凝器的最冷端富集，并用蒸汽喷射器或机械式真空泵抽走。

根据一次蒸汽源不同，设备有两种型式：1）直接低温多效（MED）。目前MED最大的单机出力可到20000t/d；2）机械压缩低温多效（MAC）。这种淡化装置在蒸汽源缺乏的场合下适用，其单机生产能力可达3000t/d。

低温多效技术有以下优点：

1）操作温度低，完全避免或减缓了设备的腐蚀和结垢。

2）进料海水的预处理更为简单。系统低温操作带来的另一优点是大大地简化了海水的预处理过程。海水进入低温多效装置之前只需经过筛网过滤和加入5×10^{-6}左右的阻垢剂，而不像多级闪蒸那样必须进行加酸脱气处理。

3）系统的操作弹性大。在高峰期，该淡化系统可以提供设计值110%的产品水；而在低谷期，该淡化系统可以稳定地提供额定值40%的产品水。

4）系统的动力消耗小。低温多效系统用于输送液体的动力消耗很低，可降低淡化水的制水成本。

5）系统的热效率高。30℃的温差即可安排12以上的传热效数，从而达到10左右的造水比。

6）系统的操作安全可靠。在低温多效系统中，发生的是管内蒸汽冷凝而管外液膜蒸发，即使传热管发生了腐蚀穿孔而泄漏，由于汽侧压力大于液膜侧压力，浓盐水绝对不会流到产品水中。

虽然低温多效蒸馏法在技术上有许多优势，但是盐水蒸发温度必须低于70℃也成为该技术进一步提高热效率的制约因素。冷凝和蒸发过程的传热系数随其操作温度提高而提高，另外由于低温操作时蒸汽的比容较大，使得设备的体积较大，无形中增加了设备的投入。因此，提高装置单机造水能力，采用廉价材料降低工程造价，提高操作温度和传热效率，是近几年国际海水淡化界努力解决的问题，也是我国今后海水淡化技术研究和发展的方向。

（2）多级闪急蒸馏法（MSF）

多级闪急蒸馏法，简称多级闪蒸法，是针对多效蒸发结垢较严重的缺点而发展起来的，具有设备简单可靠、防垢性能好、易于大型化、操作弹性大以及可利用低位热能和废热、运行安全性最高、弹性大等优点。因此一经问世就得到较快的应用和发展。目前已成为海水淡化工业中最成熟的技术，适合于大型和超大型淡化装置，并主要在海湾国家使用。多级闪蒸法不仅用于海水淡化，而且已广泛用于火力发电厂、石油化工厂的锅炉供水、工业废水和矿井苦咸水的处理与回收，以及印染、造纸工业废碱液的回收等。一般是与火力电站联合运行，以汽轮机低压抽汽作为热源。

将原料海水加热到一定温度后引入闪蒸室，由于该闪蒸室中的压力控制在低于热盐水温度所对应的饱和蒸汽压的条件下，故热盐水进入闪蒸室后即成为过热水而急速地部分气化，从而使热盐水自身的温度降低，所产生的蒸汽冷凝后即为所需的淡水。多级闪蒸就是以此原理为基础，使热盐水依次流经若干个压力逐渐降低的闪蒸室，逐级蒸发降温，同时盐水也逐级增浓，直到其温度略高于天然海水温度。

图6-1为一生产能力为9100m^3/d多级闪蒸再循环式海水淡化装置的系统流程图。该装置采用盐水再循环，蒸汽射流总体串联抽气工艺流程。其蒸馏装量总共由25级闪蒸室组成，分层布置（上层14级、下层11级）。工艺参数为：生产能力为9100m^3/d；造水比（蒸馏水量/所需蒸汽量）为8.0；循环比为12.8；浓缩比为1.5；海水入口水温32.3℃；浓缩水出口水温90.5℃；高压蒸汽量（1.4MPa、371℃）；低压蒸汽量（0.07MPa、128℃）；所需海水总量2730m^3/h；海水溶解性固体量48200mg/L。

（3）蒸汽压缩法（VC）

20世纪30年代，蒸汽压缩技术进入商业用途。该方法是利用机械压缩机把海水蒸发所产生的二次蒸汽压缩、升压和升温，再作为加热和使海水蒸发热源的过程。优点是：1）需要蒸汽作为热源，所需要的仅是电能；2）需要冷却水，设备结构紧凑，过程效率高；3）设备可靠，可长期无故障运行。但存在压汽机造价高、设备容易结垢、规模较小等缺点。

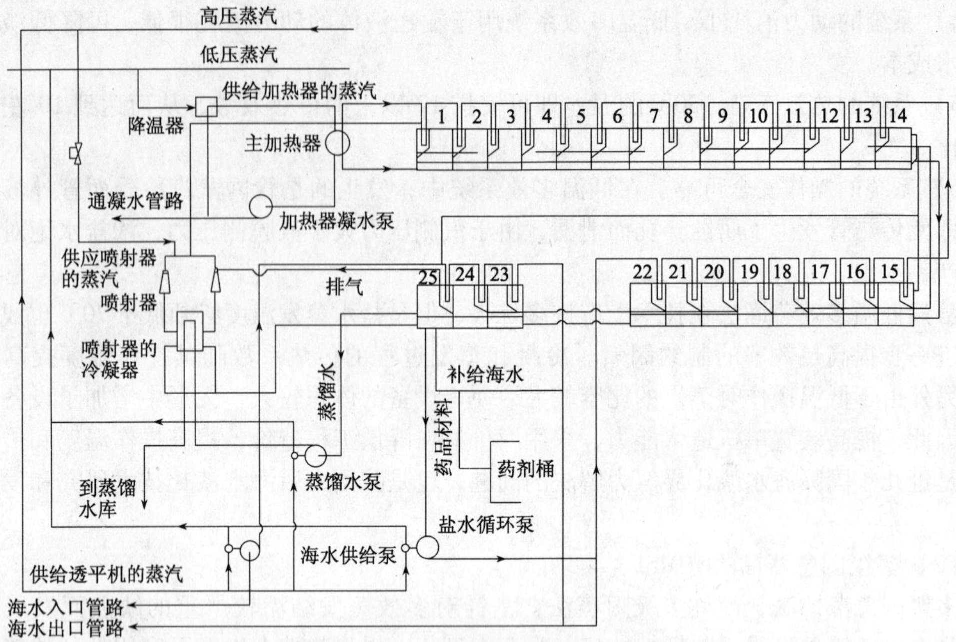

图 6-1　多级闪蒸再循环式海水淡化装置

(4) 多效蒸馏法（MED）

虽然多效蒸馏法是最早使用的海水淡化技术，但由于结垢和腐蚀等问题，一直未得到广泛应用。随着低温多效蒸馏技术的出现和发展，其所占的市场份额不断扩大。其原理是：利用高温蒸汽与海水之温差进行热交换后，将受热沸腾而蒸发的水蒸汽冷凝并收集而成。与多级闪蒸相比，其优点是：1）传热系数高，所需的传热面积少；2）动力消耗低；3）操作弹性大；4）热利用效率高。而其主要缺点有：1）由于海水在加热表面上沸腾，容易在传热管壁上结垢，需要经常进行清洗和采用严格的防垢措施；2）规模较小，而且主要与发电站联运。

2. 膜法

膜法作为一种新型的分离技术，半个多世纪来取得了长足的进展。海水淡化是膜分离技术主要应用领域之一。与蒸馏法相比，膜法具有适用范围广、分离效率高、设备简单、操作方便、能耗低等优点。

(1) 反渗透法（RO）

反渗透法通常又称超滤法，是 1953 年才开始采用的一种膜分离淡化法。该法是利用只允许溶剂透过、不允许溶质透过的半透膜，将海水与淡水分隔开的。在通常情况下，淡水通过半透膜扩散到海水一侧，从而使海水一侧的液面逐升高，直至一定的高度才停止，这个过程为渗透。此时，海水一侧高出的水柱静压称为渗透压。如果对海水一侧施加一大于海水渗透压的外压，那么海水中的纯水将反渗透到淡水中。

反渗透法的最大优点是节能。它的能耗仅为电渗析法的 1/2，蒸馏法的 1/40。因此，从 1974 年起，美日等发达国家先后把发展重转向反渗透法。

反渗透海水淡化技术发展很快，工程造价和运行成本持续降低，主要发展趋势为降低反渗透膜的操作压力，提高反渗透系统回收率，廉价高效预处理技术，增强系统抗污染能力等。

与蒸馏法相比，反渗透法具有以下突出的优点：1）反渗透海水淡化过程不发生相变化，所以，它是最节能的海水淡化方法；2）设备简单，效率高；3）占地面积小；4）操作方便，容易控制；5）设备投资低，建设周期短。其主要缺点是对进水水质要求较高。

1970年，第一座反渗透法海水淡化厂建成后，反渗透法海水淡化技术取得了突飞猛进的发展，主要表现：

1）反渗透膜的性能（产水量和脱盐率）

经过近30年的不断发展，海水淡化反渗透膜的性能取得了较大的提高。目前的反渗透膜材料多采用芳香族聚酰胺，其特征水通量是1978年的3倍，盐的透过率约为1978年的1/4。目前已开发出具有99.7%脱盐率、产水量为9000gpd（$34m^3/d$）的商用膜元件。此外，膜的抗污染和抗氧化性能也得到了提高，而且反渗透膜的销售价格也不断下降，从而大大减低了海水淡化系统的投资成本。

2）能量回收装置效率

反渗透海水淡化的操作压力很高，但回收率较低；因此浓缩水具有较高的压力，流量较大，含有巨大的能量。如何高效地回收这部分能量对于减低系统能耗是非常重要的。目前已商业化的能量回收装置主要有：涡轮透平、涡轮增压器和压力（功）交换器，其中涡轮透平的能量回收效率为35%～70%，涡轮增压器的能量回收效率为45%～83%，而压力（功）交换器的能量回收效率达到了95%左右。

压力（功）交换器的出现是反渗透海水淡化技术的一个重大突破，其工作原理是：浓盐水经能量回收系统高压入口，把绝大部分的能量转移到进入能量回收系统内低压入口的海水；受压后的海水经提升泵增压后，与通过高压泵的海水汇合后进入反渗透系统；而浓盐水则通过低压出口排出。

由于反渗透海水淡化技术的飞跃发展，导致其成本锐减，其市场占有率越来越大，并已逐步成为海水淡化技术的主流。

（2）电渗析法

电渗析法的操作过程是：将具有选择透过性的阳膜与阴膜交替排列，组成多个相互独立的隔室海水被淡化，而相邻隔室海水浓缩，淡水与浓缩水得以分离。离子交换膜是0.5～1.0mm厚度的功能性膜片，按其选择透过性区分为正离子交换膜（阳膜）与负离子交换膜（阴膜），新型离子交换膜的研制是电渗析法技术关键。电渗析法不仅可以淡化海水，也可以作为水质处理的手段，为污水回用作出贡献。此外，这种方法也越来越多地应用于化工、医药、食品等行业的浓缩、分离与提纯。

电渗析法的优点有：1）设备简单，操作方便；2）化学药剂消耗少，环境污染小；3）设备规模和脱盐浓度范围适应性大；4）与蒸馏法相比，能耗低。其缺点是：1）对非电解质和弱电解质难以去除；2）设备部件装配技术要求高；3）溶液中离子浓度越高，电耗越高，越经济；因此，电渗析法主要适用于含盐量在500～5000mg/L的苦咸水淡化；4）目前海水淡化不建议使用电渗析法。

3. 联合技术

（1）水电联产

水电联产主要是指海水淡化水和电力联产联供。由于海水淡化成本在很大程度上取决于消耗电力和蒸汽的成本，水电联产可以利用电厂的蒸汽和电力为海水淡化装置提供动力，从而实现能源高效利用和降低海水淡化成本。国外大部分海水淡化厂都是和发电厂建在一起的，这是当前大型海水淡化工程的主要建设模式。

（2）热膜联产

热膜联产主要是采用热法和膜法海水淡化相联合的方式（即 MED-RO 或 MSF-RO 方式），满足不同用水需求，降低海水淡化成本。目前，世界上最大的热膜联产海水淡化厂是阿联酋富查伊拉海水淡化厂，日产海水淡化水量为 45.4 万 m^3，其中，MSF 日产水 28.4 万 m^3，RO 日产水 17 万 m^3。其优点是：投资成本低，可共用海水取水口。RO 和 MED/MSF 装置淡化产品水可以按一定比例混合满足各种各样的需求。

此外，以上方法的其他组合也日益受到重视。在实际选用中，究竟哪种方法最好，也不是绝对的，要根据规模大小、能源费用、海水水质、气候条件以及技术与安全性等实际条件而定。

实际上，一个大型的海水淡化项目往往是一个非常复杂的系统工程。就主要工艺过程来说，包括海水预处理、淡化（脱盐）、淡化水后处理等。其中预处理是指在海水进入起淡化功能的装置之前对其所作的必要处理，如杀除海生物，降低浊度、除掉悬浮物（对反渗透法），或脱气（对蒸馏法），添加必要的药剂等；脱盐则是通过上列的某一种方法除掉海水中的盐分，是整个淡化系统的核心部分，这一过程除要求高效脱盐外，往往需要解决设备的防腐与防垢问题，有些工艺中还要求有相应的能量回收措施；后处理则是对不同淡化方法的产品水针对不同的用户要求所进行的水质调控和贮运等处理。海水淡化过程无论采用哪种淡化方法，都存在着能量的优化利用与回收，设备防垢和防腐，以及浓盐水的正确排放等问题。

海水淡化技术的发展与工业应用，已有半个世纪的历史，在此期间形成了以多级闪蒸、反渗透和多效蒸发为主要代表的工业技术。专家普遍认为，今后三四十年在工业应用上，仍将是这三项技术占主导，但反渗透占的比重将越来越大。从地区上来讲，中东海湾国家仍将以多级闪蒸为首选，因为它具有大型化和超大型化（单台设备产水量目前已高达日产淡水 4 万 ~5 万 t）、适应于污染重的海湾水以及预处理费用低的优势；然而在中东以外地区将以反渗透或膜法为首选，因为膜法的能耗和成本都具有优势，以北美地区为例，近期的发展已经表明，在淡化和水处理方面都将以膜法为主。

4. 其他方法

（1）太阳能法

人类早期利用太阳能进行海水淡化，主要是利用太阳能进行蒸馏，所以早期的太阳能海水淡化装置一般都称为太阳能蒸馏器。被动式太阳能蒸馏系统的例子就是盘式太阳能蒸馏器，人们对它的应用有了近 150 年的历史。由于它结构简单、取材方便，至今仍被广泛采用。目前对盘式太阳能蒸馏器的研究主要集中于材料的选取、各种热性能的改善以及将它与各类太阳能集热器配合使用上。与传统动力源和热源相比，太阳能具有安全、环保等优点，将太阳能采集与脱盐工艺两个系统结合是一种可持续发展的海水淡化技术。太阳能海水淡化技术由于不消耗常规能源、无污染、所得淡水纯度高等优点而逐渐受到人们的关注。

（2）冷冻法

冷冻法即冷冻海水使之结冰，在液态淡水变成固态冰的同时盐被分离出去。冷冻法与蒸馏法都有难以克服的弊端，其中蒸馏法会消耗大量的能源并在仪器里产生大量的锅垢，而所得到的淡水却并不多；而冷冻法同样要消耗许多能源，但得到的淡水味道却不佳，难以采用和推广。

6.2.3 海水淡化技术的比较

目前已商业化的海水淡化方法都各有特点，适用于不同的场合。以下就产水量、能耗、预处理要求、产品水水质、环境影响、占地面积、装置规模等方面对各种方法进行综合比较。

1. 产水量

据2002年IDA（国际脱盐协会）统计：截止到2001年底，全球已建或即将建成的淡化工厂共有15233座，日产淡水3240万m^3；其中海水淡化工厂有4600多座，日产淡水1900万m^3。

截至2001年，43.5%全球淡水产量来自多级闪蒸法（MSF），与历年相比（1995年为48.1%，1997年为44.1%）有所下降。与之相反的是，反渗透法（RO）产量占全球淡水产量的比例则不断上升，从1995年的35.9%逐步上升到2002年的43.5%。

截至2001年，全球淡化工厂中，RO为66.2%，ED为10.3%，MSF为8.6%，VC为7.2%，MED为4.6%。

目前，全世界的多级闪蒸多集中在海湾国家，而在欧洲、美洲和亚洲，大、中型生产规模的海水淡化都以反渗透为首选。

2. 能耗

能耗的高低是评价各种海水淡化方法优劣的主要指标。只要始、终状态相同，各种海水淡化方法的理论能耗值就相同，即1.41kWh/m^3。但由于技术水平的限制，目前海水淡化的能耗远远大于理论值。

由于反渗透法无相变，所以其能耗比热法要低。此外，由于热法需要更高的操作温度，蒸馏法脱盐需要的温度范围在40～120℃，而膜法操作的温度范围仅为0～40℃。蒸汽是热法主要消耗的能量形式，许多MSF海水淡化厂都与电厂合建，通过利用电厂产生的废热来提高经济性。而膜法并不需要蒸汽，其大部分的能耗来自于使盐水透过膜元件所需要的压力。所以反渗透法能耗占总运行成本的比例要低于热法。

3. 预处理要求

预处理的目的是去除对淡化设备有害的物质，如悬浮物、胶体、细菌、微生物、有机物、溶解气体等。海水淡化预处理的主要内容有：杀菌、降浊、阻垢、脱气等。不同的海水淡化方法，对预处理系统要求也各不相同。

蒸馏法中海水中溶解的气体能在传热面上而形成气膜，减低传热速度；此外，溶解氧会加速设备和管道的腐蚀；CO_2的存在会引起钙镁结垢。因此热法必须严格脱气，而膜法则不需要。但总体而言，与反渗透法相比，蒸馏法对进入装置的海水水质要求不高。

由于反渗透膜不耐氯等氧化性物质，而且海水中的有机物、藻类、细菌会导致膜的污染，因此需要必要的预处理以防止膜的污染和结垢。

4. 淡化水水质

蒸馏法是经过蒸发、冷凝产生淡水的过程，因此热法的产品水质优于膜法。一级反渗透法所产淡水纯度为300~500mg/L左右，而热法淡化水的含盐量仅为5~10mg/L。反渗透产水纯度很大程度上与进水水质有关，可利用二级反渗透工艺提高出水水质，但这种方法会增加投资和操作成本。但是，值得注意的是，膜工艺在脱盐的同时，还可以去除一些污染物，如杀虫剂、微生物等。

5. 环境影响

海水淡化对环境影响主要涉及浓盐水的排放。浓盐水浓度大约是原海水浓度的1.5~2倍，还含有预处理中添加的各种化学药剂，如阻垢剂、酸等。绝大多数的海水淡化厂的浓盐水直接排回大海，其稀释的速度取决于排放位置的深度和潮流的流速。许多环境专家认为浓盐水的排放还不足以对海洋生态造成影响。

6. 占地面积

土地作为一种特殊的自然资源，具有稀缺性。以日产37850m^3的海水淡化厂为例，多级闪蒸、多效蒸馏、蒸汽压缩和反渗透的占地面积分别为5000m^2、6000m^2、5000m^2、3000m^2。由此可见，反渗透法在节约占地方面优势明显。

7. 装置规模

多级闪蒸具有大规模生产的优点，单机容量可达6万t/d。而蒸汽压缩和低温多效蒸馏的单机容量仅为几千至两万吨/日。虽然反渗透淡化装置的本体不能按比例无限制放大，但由于采用模块化设计，可使多台组合使用，且可具有较大的操作弹性。

6.3 海水的利用

海水利用主要有以下三条途径：一是海水代替淡水直接作为工业用水和生活杂用水、用量最大的是作工业冷却用水，其次还可用于洗涤、除尘、冲灰、冲渣、化盐制碱，印染等；二是海水经淡化后，提供高质淡水，供高压锅炉用，淡化水经矿化作饮用水；三是海水综合利用，即提取化工原料。

6.3.1 海水的直接利用

1. 国内外直接利用海水概况

海水经灭菌、杀生及除藻处理后，可替代淡水，直接作为工业冷却水、城市生活用水、农业灌溉用水、工业生产用水、环境用水及其他用水。海水直接利用就是用海水代替淡水的技术和过程。利用海水做工业冷却用水，成本低廉，只有淡水成本的5%~10%，具有明显的社会效益和经济效益。城市用水中，工业用水占70%~80%，而工业用水中70%~80%为工业冷却水。目前，工业冷却水是海水在工业上直接利用的主要用水，约占海水总利用量90%，广泛用于电力、钢铁、化工、机械、纺织、食品、建材、印染等行业。

海水用作工业冷却水已有几十年的历史。日本早在20世纪30年代就使用海水作为工业冷却水。1995年电厂海水利用量就已达1200亿t。

美国20世纪70年代末80年代初海水的直接利用量已达720亿m^3。2000年工业用海水达到30%。英、法、荷、意等西欧国家，1970年海水利用量为371亿m^3，2000年工业用海水增至2500亿m^3。

我国和其他国家一样，海水作工业用水，目前主要是用作工业冷却水。海水作工业冷却水，主要用于滨海火电、核电、化工和冶金等企业。海水直流冷却技术具有深海取水温度低、冷却效果好和系统运行管理简单等优点；同时存在取水量大、工程一次性投资大、排污量大和海水污染明显等问题。目前国内外都仍以直流冷却为主。海水循环冷却技术在国外已有应用实例，最大的海水循环量达22000m^3/h，在我国尚处于研究阶段，千吨级示范工程正在进行中。

总的来说，美、欧、日等国家和地区年用海水作为冷却用水都近3000亿m^3。而我国与发达国家相差甚远，还不足200亿m^3。当前阻碍海水利用技术产业发展的根本原因有以下三个方面：

（1）对我国淡水资源缺乏的问题认识不足，对海水利用的重要性认识不足。

（2）海水利用技术的研究开发不够，海水淡化和海水化学物质利用缺乏经济合理性。

（3）陆上淡水、自来水水价偏低，使海水利用缺乏竞争性。

2. 海水用作工业用水

（1）用作工业冷却水

1）海水直接用作工业冷却水的优点

① 水源水质稳定：海水自净能力强，水质较稳定，采用量不受限制。

② 水温适宜且稳定：工业生产利用海水冷却，带走生产过程中多余的热量。海水，尤其是深层海水的温度较低，且水温较稳定，如大连海域全年海水温度在0～25℃之间。

③ 动力消耗低：一般多采取近海取水，无需远距离输送。

④ 设备投资少，占地面积小：与淡水循环冷却相比，可省却回水设备、冷却塔等装备。

2）海水作工业冷却水的技术问题

海水作工业冷却水涉及的技术问题很多，包括取海水、预处理、海水腐蚀和海洋生物附着等，其中最关键的是防腐和防海洋生物附着问题。

海水冷却分为海水直流冷却和海水循环冷却。直流冷却指原海水经换热设备进行一次性冷却后排放的过程，该项技术有近80年的发展历史，有关防腐蚀、防海洋污损生物附着技术已基本成熟；循环冷却指原海水经换热设备完成一次冷却、再经冷却塔冷却后循环使用的过程，该项技术和相关的防腐、阻垢和防污损生物附着和防盐雾飞溅等技术基本成熟。

目前比较广泛使用的抗腐材料主要是砷铝黄铁和钛合金，前者使用期在5年以上，后者使用期一般在15～30a。海水对碳素钢的腐蚀速度为0.7～1.0mm/a；对一般钢材则高达3.0mm/a。化工行业普遍使用的3.5mm厚的碳钢立式列管冷却器，如果用淡水作冷却水使用期为25年，用海水作直流冷却水若不作防腐处理，冷却器1.5年即穿孔渗漏。

防止海洋生物附着的技术主要有：涂防污涂料、加氯杀生、电解海水杀生及窒息法杀生等。臭氧杀生、辐射杀生和电击杀生等技术在国内极少采用。海水作循环冷却水的主要问题是腐蚀和结垢，通过添加缓蚀剂和阻垢剂可以解决该问题，目前此项技术尚处于研究阶段。

海水含盐量高且成分复杂，仅海水的电导率就比一般淡水高两个数量级，这就决定了海水腐蚀时电阻性阻滞比淡水小得多，海水较淡水有更强的腐蚀性；且海水所含盐分中氯化物比例很大，海水的氯度高达19%，因此大多数金属如铁、钢、铸铁等在海水中不能建立钝态。同时，海水中微生物和大生物的种类多、含量高，易产生生物污损，进而导致危害较大的微生物腐蚀或垢下腐蚀。另外，海水中的成垢离子如 Ca^{2+}、Mg^{2+} 等的浓度远高于一般淡水，随浓缩倍数提高，结垢倾向加大，普通阻垢分散剂不能有效控制化学污垢沉积。因而，采用海水作循环冷却水存在着严重的腐蚀、结垢和污损生物附着问题。海水循环冷却水处理较淡水循环具有更大的难度。但是，海水循环冷却技术实验室研究表明，通过添加海水缓蚀剂、阻垢分散剂、菌藻杀生剂等药剂，在腐蚀控制、污垢控制、菌藻控制等方面可以达到或接近国家有关标准规定的技术指标要求。

3）海水作工业冷却水的实际应用

海水作工业冷却水主要用于火力发电厂及核电厂，其次是石油化工企业和钢铁企业。一座 2×20 万 kW 装机容量的滨海热电厂，海水用量约为 2.16 万 m^3/h。我国的滨海电厂以及炼油、化纤、制碱、制酸、合成氨、油脂化学、染料等工业生产过程中都大量采用海水作为冷却水，取得了显著的社会效益和经济效益。主要成果有：

① 燃煤火电厂和核电站利用海水作为循环水

我国许多建设在海边的燃煤电厂早已利用海水作为循环水，如已建的大亚湾、秦山一期核电站等。

② 燃煤火电厂利用丰富的海水脱硫已取得经验

③ 燃煤火电厂采用低温多效海水淡化供应工业用水已取得经验，且证明具有经济合理性。

（2）其他用途

海水用作工业用水的其他用途有：1）用海水做树脂再生还原剂和溶剂。如用海水作为离子交换树脂再生还原剂软化锅炉水、海水化盐等；2）海水除尘及传递动力。如水幕除尘及海水冲灰、用海水代替淡水传递动力等；3）海水洗涤；4）用于印染；5）燃煤电厂用海水烟气脱硫等。

3. 海水用于大生活用水

（1）大生活用海水处置技术

利用海水作为大生活用水是一项综合技术，其涉及的技术有：1）海水取水、前处理、双管路供水、贮水、卫生洁具等系统的防腐和防生物附着技术；2）大生活用海水与城镇污水系统混合后含盐污水的生化处理技术；3）合理利用海洋稀释自净能力处理大生活用海水。

目前防腐技术和防生物附着技术已基本成熟。大生活用海水技术研究的关键技术是冲厕海水的后处理技术，其主要内容有：

1）大生活用海水进入城镇污水系统后混合污水的生化处理技术

进入城镇污水系统后，冲厕海水中的高含盐量必然会对污水生化系统带来影响，甚至会使原污水生化处理系统不能正常运行，因此，该问题是大生活用海水排放的关键。

经过长期实验研究，国家海洋局海水淡化与综合利用研究所利用自己研制的四套活性污泥处理系统，研究了大生活用海水进入城镇污水系统后海水盐度的影响，探讨了不同海水盐度下生化处理系统的 COD 去除率、耗氧率、基质氧利用率的变化和污泥的沉降性能。摸索出生活杂用海水与城镇污水混合污水生化处理系统的设计参数。

研究表明，分析不同盐度下，每个反应器各阶段的 COD 去除率、F/M 等指标的平均变化情况，随着原污水中海水比例的增大，COD 去除率并未降低，基本保持在 85% 以上。

2）利用海洋稀释自净能力将大生活用海水深海排污的研究

海洋生态系统中存在着永恒不息的三种过程和反应：物理过程、化学过程和生物过程，外界输入的物质、能量经过这三种过程的联合作用，完成其分布、形态组成、种类与数量变迁，使得海洋生态系统能够在长时间内维持一种相对平衡的状态。广阔的海洋生态系统因此具有极强的自我恢复能力，这种自我恢复能力是以上三种过程对外界输入的物质、能量的一种同化作用能力的表征，称之为自净能力。我国有 18000 多公里的海岸线，平均水深在 20～100m 之间，海域辽阔，其中有很多水交换能力强的海域，存在巨大的可利用的自净资源。有效利用海洋自净能力将冲厕海水进行深海排污无疑是一种明智的选择。但必须有严格的限制条件和要求。

（2）海水作为大生活用水的环境问题

海水的含盐量很高，所以利用海水作为大生活用水排放海水的后处理技术成为关键。如：

1）海水进入城镇污水生化系统后，系统的微生物群落将随之发生变化。如污水中含 24% 以上海水时，后生动物及更高等微生物无法存活，系统中的微生物主要以原生动物为主。污水中海水比例低于 48% 时，COD 去除率可基本保持在 85% 以上；当超过 48% 时，COD 去除率开始下降。

2）海水盐度有利于污泥沉降。系统中含盐量不高时，污泥容积指数（SVI）在 100 左右，随着污水中海水比例的增大，SVI 逐渐降低，污水中海水占 36% 时，SVI 值一般保持在 30mL/g 左右。

因此，海水作为大生活用水需要注意以下方面的问题：

1）含海水城镇污水的物化处理

海水中悬浮颗粒具有较强的分散稳定性，自然沉降困难，这对于海水含量较高的城镇污水一级处理可能有一定影响。有研究表明，向海水中投加适当的混凝剂，沉淀效果较好。但其中城镇污水中含有多少海水才能显著影响其沉降性能、采用混凝剂的种类及其絮凝条件等问题，目前还缺乏研究。

2）含海水城镇污水的生化处理

海水对城镇污水二级生物处理的影响，主要体现在各类盐离子对微生物代谢活性的影响。由海水水质特征分析可知，可能产生影响的盐离子主要有：K^+、Na^+、Ca^{2+}、Mg^{2+}、SO_4^{2-}、Cl^-，其中除 Cl^- 以外，其他元素都是生物正常生长必须的营养成分，低浓度时对生物生长有促进作用，而高浓度时会产生强烈的抑制作用。

高盐环境对淡水微生物的抑制作用主要发生在以下几个方面：升高渗透压，引起细胞质壁分离；代谢酶活性受阻；增加水体密度，影响污泥凝聚沉降。一般认为当污水含盐量为 5000～10000mg/L 时，对生物处理系统将会产生明显的影响。但近来也有很多研究表明，经过适当的污泥驯化，当盐浓度达到 2 万～3 万 mg/L 时，也能够达到较好的处理效果。

高盐环境及盐浓度的变化会对正常的生物处理系统产生一定的冲击，冲击强度与盐的种类有关。经过适当的驯化和筛选，生物处理系统对盐的忍耐力可以得到加强，抑制浓度能够提高数倍。对于一般的城市污水处理厂，以总盐量及各盐类离子的中等抑制浓度推算出城镇污水中可以接受的海水百分比，如表 6-3 所示。

城市污水中海水的理论允许含量 表 6-3

项目	Na^+	K^+	Ca^{2+}	Mg^{2+}	SO_4^{2-}	Cl^-	总盐量
百分比（%）	32～51	100	100	80～100	18～36	25～50	15～30

分析上表发现，海水中 K^+、Ca^{2+} 和 Mg^{2+} 对生物处理基本没有抑制作用，而 Na^+、SO_4^{2-}、Cl^- 和总盐量的抑制作用相对明显。但是，当海水占城镇污水的比例低于 10% 时，则影响不大。

考虑到海水直接利用特别是海水冲厕的应用一般在新建城区，单独建设集中式污水处理厂的可能性较大，因而，有必要研究高海水含量的城镇污水处理技术。

3）含海水城镇污水的排海处理

含海水的城镇污水深海排放也是可行的处理途径之一，其环境影响与正常城镇污水的排海基本一致，在某些方面的影响可能还小于单纯的城市污水。但必须注意微生物特别是病原微生物可能产生的影响。一般来说，当淡水与海水快速混合时，淡水中的微生物很快死亡。但海水在城市用水中的直接利用，使得病原微生物先经历了一个低盐环境的适应期，再进入海水后，生存期有可能延长，传播距离可能更远。Mezrioui 等经对比研究发现，在秋季，大肠杆菌和沙门氏杆菌在一个突然提高盐度的环境中，约可存活 45h 和 56h；而在一个逐渐提高盐度的条件下，则可存活 110h，存活时间延长了 1 倍。但对海水直接利用条件下病原微生物在海水中的存活状况，目前还缺乏研究。

（3）海水用于大生活用水的应用——海水冲厕

海水经简单的预处理后，可代替淡水冲洗厕所。据分析，冲厕用水约占城镇生活用水的 1/3 左右。利用海水代替淡水冲厕，可缓解淡水资源日益紧缺的局面，将获得显著的节水经济效益。

4. 海水用于市政用水

海水可作为消防用水、市政道路冲洗用水。日本阪神地震灭火的水源几乎全部采用海水。

5. 海水用于农业

海水在农业中的应用主要包括：农业灌溉、果蔬洗涤、牲畜饮用、浅海湾和河口湾的水禽养殖。

地中海沿岸干旱的国家、阿拉伯半岛、意大利、澳大利亚、美国、印度洋的岛屿都曾尝试利用海水灌溉。一些国家还在努力开发能够使用海水灌溉的新的农作物。

对于承受着巨大人口压力且拥有 18000km 漫长海岸线和 20779km^2 沿海滩涂的我国而言，发展海水灌溉农业，将具有积极的经济、社会、生态意义。

海水农业是在沿海盐碱荒地或内陆盐碱地上，种植能用海水直接浇灌的盐生、有经济价值作物的一类农业。海水农业扩大了直接利用海水的领域，作为现代化农业的一个新分支正在兴起，是人类面临自然灾害、生态环境恶化的合理选择与有效对策，也是 21 世纪农业领域令人瞩目的发展方向。

（1）海水灌溉农业的概念和特点

徐质斌把海洋渔业称为“海水农业”，把农业划分为陆地农业和海洋农业。海水农业或海洋农业是人类利用生物机能在海洋环境中将物质能量转换为使用价值的社会生产部门。包括海洋动物采捕和养殖业、海洋林业和海水灌溉耐盐作物业。

海水灌溉农业基本上相当于“海水灌溉耐盐作物业”，还包括需要人工增水的滨海湿地的海洋林业。从大农业系统的结构看，海水农业是农业的一个分支；而海水灌溉农业又是海水农业的一个分支。海水灌溉农业不但区别于一般陆地农业，且区别于其他海水农业，其特点表现在：

1）灌溉是指通过渠道和管道把水引进田间以满足作物对水需求的生产活动，包括地面灌溉、地下灌溉和空中灌溉——喷灌、滴灌、人工降雨等。海水灌溉农业是用海水或者与淡水混合的水进行灌溉。世界上的植物能与海水相容的很多，由于地球上的海水是淡水的近百倍，海水植物的数量应该超过淡水植物。但是大多数的海水植物直接生活在海水环境中，如海带等藻类、红树林等木本植物，它们无需人工灌溉。目前需要和能够用海水灌溉的植物极少。

2）海水灌溉农业的生物资源可以是海中和陆上的植物，我们追求的更高目标是用海水灌溉陆上植物。因此，可以给出这样一个简单的定义：“海水灌溉农业是以海水资源、沿海滩涂资源和耐盐植物为劳动对象的特殊农业。”海水灌溉农业的显著特点是海陆两大地理单元的资源交叉组合。

陆地农业的水、土、苗都是陆地体系的：海洋农业中的海藻种植、红树林栽培，水、土、苗是纯海洋的；而海水灌溉农业中的水、土是海洋的，植物却可以是陆生的。这种资源体系的二元化是海水灌溉农业的本质特征。它体现着海水灌溉农业节水、产品独特等优点，也直接制约着产业的分布，将其限制在沿海岸线的狭长地带，并可能是不连续的（被基岩海岸割断），土地高程一般不高于海平面。

（2）中国发展海水灌溉农业的重要性

1）获取巨大的生态环境价值

一般沿海地区生态环境脆弱，土地盐碱化、风沙化严重。其原因是地下水位高，矿化度大，随土地毛细管蒸发，水变成了蒸汽，而把盐碱留在地表。如果改地下水地表蒸发为通过植物叶片蒸腾，地下水中的盐分就积聚不到地面上来，耐盐作物植被覆盖了地面，抑制了风沙，腐败的枝叶和根部微生物活动还会提高土壤肥力。有些耐盐植物如大米草、互花米草等，具有良好的消浪、促淤、护滩作用。

2）具有独特的经济价值

由于耐盐作物多数品种是陆地农业所没有的，即便与陆地共有的品种，性状也有较大区别，所以它们具有独特的经济价值。

美国亚利桑那州立大学的塔可逊环境研究实验室从800种耐盐植物中筛选出一种海蓬子，可用海水灌溉和漫灌，其种籽的含油量占质量的30%，油中含有73%的亚油酸，优于大豆，具有食用、药用价值，油饼还富含40%的蛋白质，是高营养饲料。

3）为内陆盐碱地的农业利用开辟道路

除了沿海滩涂，中国还有大约$3.7\times10^7hm^2$的内陆盐碱荒地，包括咸水湖周边的滩涂。如果解决了海水灌溉的关键技术和农艺问题，尤其是培育出优良的抗盐作物，也就有可能给内陆盐碱荒地的农业利用提供启发和某些通用技术，从而获得更为可观的经济、社会和生态价值。

(3) 中国发展海水灌溉农业的可行性

中国蕴含丰富的海水灌溉农业所必须的自然资源，包括海水、滩涂和耐盐植物。中国有大陆岸线18000km，海岛岸线14000km，可以利用海水的国土范围巨大。目前有沿海滩涂2077900hm^2，由于入海江河携带大量泥沙，河口滩涂还以每年（2.0～3.0）$\times 10^4 hm^2$ 的速度继续淤长；我国的滩涂分布相对集中（表6-4），为海水灌溉农业的发展提供了有利条件。

主要沿海省份海洋国土资源　　表6-4

省　份	江　苏	山　东	广　东	浙　江	福　建
滩涂面积（km^2）	5090	3224	2530	2444	2069
大陆岸线（km）	953	3122	3368	1840	3051

此外，盐生植物的筛选、改良和利用技术以及通过细胞工程、基因工程培育耐海水和高度耐盐的农作物新品种等问题也已初步解决。

6. 海水直接利用的成本效益分析

海水直接利用的经济效益显著。以海水直接利用作工业冷却水为例，如果海水取水费以0.15元/m^3 计，年运行时间为320d，对于一个海水冷却水量为1万 m^3/h 的冷却系统，考虑到循环冷却系统基建折旧费、水稳药剂费、补充水水费和运行管理费等，海水循环冷却与海水直流冷却相比，当浓缩倍数为2时，海水循环冷却系统的运行费每年至少可节省40多万元；当浓缩倍数为3时，每年可节省400万元左右。

6.3.2 海水利用中的一些问题

海水用水系统的结垢、腐蚀和海生生物蔓延繁殖一直是海水利用面临的突出问题，也是影响海水利用效果的主要原因。

1. 阻垢

在海水用水系统中，当温度低于100℃时，其水垢主要来自于碳酸钙沉积，温度高于100℃时也有碳酸钙沉积。此外，在温度高于60℃时还可能在石灰石等非金属材料表面形成水垢。

用于海水用水系统的阻垢方法，主要有：

(1) 酸化法，以降低水的pH和总碱度；

(2) 软化处理法，以减少水中钙、镁等构成硬度的离子含量；

(3) 投加阻垢剂，如羧酸型聚合物；此外也可投加聚合磷酸盐、含磷有机缓蚀阻垢剂。

2. 防止腐蚀

海水的高度腐蚀性主要与其含氧量和温度有关，但水中的 Mg^{2+} 可减缓腐蚀。从我国沿海城市利用海水的情况看，海水用水系统的腐蚀远比结垢问题严重，但是由结垢和海生生物结壳而产生的沉积物下面的金属腐蚀却不能忽视。

防止海水用水系统腐蚀的途径有：

（1）合理选用材质

合理选用海水用水系统小管道、管件、箱体、设备的材质，对于防止腐蚀有决定性影响。

可供选择的材质有：

1）铸铁或球墨铸铁具有良好的防腐性能，目前仍是管材、管件公认的首选材质。但不宜用于易磨损的组件。

2）铜或铜合金

铜与铜合金具有良好的综合性能，如防腐、传热、成型加工、焊接等。这种材料更适合于作热交换装置的换热管，常用材料有磷青铜、77-2 加砷铝黄铜、海军黄铜等。

3）硬质聚氯乙烯塑料（PVC-U）

用 PVC-U 加工的管材、管件、箱体、设备、防腐性能好、易加工、焊接、管材内壁光滑、水流阻力小。

4）低合金钢

国内已有十几种耐海水腐蚀的合金钢，据分析以其中的 10CrMoAl、$10Cr_2MoAlRe$、10CrAlCn 三种钢材的耐腐蚀性能最佳。

5）钛或钛合金

钛或钛合金的耐腐蚀性强，使用年限长，价格高。但据认为，采用钛或钛合金设备的综合经济效果还好，目前有推广应用之势。

6）混凝土

限于各类钢筋混凝土管材，亦具有较好的耐腐蚀性能。

（2）涂敷防腐涂料

金属表面常用的防腐涂料有：富氧锌、酚醛树脂、环氧树脂、环氧焦油或沥青等涂料或硬质橡胶、塑料等，以此其他一些新近开发的特种涂料。通常以富氧锌作底漆，比较合理。

（3）阴极保护法

可采用牺牲阳极法或外加电源保护法。

牺牲阳极保护法是在被保护的金属上连接由镁、铝等具有更低电位的金属组成的阳极，在被保护金属（阴极）与阳极之间形成的电位差作用下，金属表面始终保持负电位并被极化，使金属不致腐蚀。在较强电流强度下，镁、铝构成的牺牲阳极的消耗量约为 10.4kg/a。这种方法应用方便，但其保护范围有限，故只适用于被保护金属物体的表面积小、外形较简单的场合。

外加电源保护法应用较为广泛，该方法是将被保护金属同直流电源的负极相连，另用一辅助阳极接电源正极，使被保护金属极化不致腐蚀。这时辅助阳极或接地线应采用抗腐蚀材料，如硅铁或铂钛合金构成，电极在海水中的电位差约为 1.5～2V，接地点应妥善分布。

（4）去除水中的溶解氧

去除海水中的溶解氧也不失为防止海水用水系统腐蚀的可选方案。除氧的方法很多，一般为真空除氧、热力除氧、化学除氧、解吸除氧和离子交换树脂、氧化还原或接触催化除氧树脂除氧等。实践中，应视具体条件选择方法。

在实践中经常综合运用上述各种腐蚀方法，以提高防腐效果及海水用水系统工作的可靠性。

3. 海生生物防治

海水用水系统中的有机污垢主要由水中的细菌、藻类、软体动物（海鞘、海葵等）和甲壳动物（贝类、牡蛎）等所引起。

目前防治海生生物繁殖的措施有：

（1）投氯法

投氯适用于防治所有的海生生物。

对于藻类，可考虑间歇投氯。剂量约 3～8mg/L，每日 1～4 次，余氯量宜保持在 1mg/L以上，持续时间 10～15min。

对于甲壳类海生生物，宜在每年春秋两季连续投氯数周，剂量为 1～2mg/L，余氯量约保持 0.5mg/L。当水温高于 20℃时建议不间断投氯。实际情况表明，定期投氯是防治海生生物的有效方法。

投氯法存在的主要问题是操作管理较麻烦、长期投氯可能使海生生物产生抗药性、腐蚀金属材料。

（2）电解海水法

直接电解海水产生的次氯酸钠同样可防治海生生物。它是继投氯法之后研究开发的易行和较安全的防治海生生物的方法。试验结果表明，当冷凝器出水余氯保持在 0.5mg/L 以下时，即可有效地防止海生生物在管中附着。电解海水法目前在国外应用较多。

（3）窒息法

窒息法主要用于防治贝壳类海生生物。原理是封闭充满水的管路系统，使海生生物因缺氧及食料而自灭。

此法简单易行、耗费少、效果良好，但需使管路系统停止运行，有时可能影响生产。

（4）热水法

此法用于杀灭贝壳类海生生物。可取得良好的防治甲壳类海生生物效果，但需要足够的热源，也需使管路系统停止运行。

6.3.3 我国海水利用产业发展的战略与规划

1. 发展战略

（1）提高海水认识、确定战略定位

从战略的高度充分认识海水利用的重要性和紧迫性，明确海水位沿海缺水地区（含海岛）重要水源的战略定位。各级政府、行业协会和企业等要积极宣传海水利用的重要性和战略意义，加强技术培训和技术交流，因地制宜地发展海水利用产业，把海水利用作为沿海地区实现水资源可持续利用、保障经济社会可持续发展的不可或缺的战略措施。

（2）加快结构调整，优化用水结构

沿海各地区应根据水资源承载能力，制定区域经济发展战略，调整产业结构和布局。

严格限制在沿海缺水地区新建或扩建以淡水为水源的高耗水项目，鼓励火电、石油石化、化工、钢铁等高耗水行业使用海水在内的非传统水资源。优化用水结构，积极引导海水替代，具体措施有：一是鼓励企业采用海水淡化作锅炉补充水或是直接利用海水作为工业冷却水；二是鼓励海水淡化水进入城市供水管网，优化水资源结构，推进分质供水进程；三是通过试点，逐步建立水权交易市场，鼓励有偿转让其因利用海水而节省的自来水用水指标。

（3）依靠科技进步，提高整体水平

加快海水利用技术开发、示范和产业化步伐，加大关键技术和设备制造的自主研发力度。加强能力建设，强化自主创新和引进、消化吸收再创新，不断提高技术创新能力，建设国家海水利用工程技术研究中心、国家海水利用产业化基地和设备制造基地，整合技术资源、促进强强联合，提高我国海水利用技术及设备制造的整体水平。

（4）实行激励政策，扶持产业发展

研究制定鼓励海水利用产业发展的产业政策和金融、价格及财税政策，以激励政策扶持产业发展。一是研究制定包括新、扩建项目取水及用水结构、海水淡化水进入管网、技术研发和设备制造等在内的相关产业政策；二是加快水价改革，建立反映资源稀缺性的水价体系；三是对从事有关海水利用特别是海水淡化的企业给予必要的税收优惠；四是国家利用政府投资对海水利用重大项目给予适当倾斜；五是拓宽海水利用融资渠道。

（5）建立法律法规、强化规划引导

研究和建立海水利用标准体系，制定和实施相关标准、规范，严格海水利用产品的质量监督检验；海水利用发展要严格执行国家环境保护（包括海洋环境保护）的相关法律法规和标号等，并加大执法力度，确保海水利用产业的规范化和法制化建设的健康发展。

沿海各地区要结合当地实际，因地制宜地制定海水利用规划，并强化规划的指导作用；各地区、各部门及相关行业协会，要积极配合，积极发挥对海水利用产业发展的指导和协调作用。

2. 主要任务和发展目标

（1）主要任务

目前，海水利用产业发展的主要任务是：充分认识海水利用的重要意义；加快海水淡化、海水直接利用、海水化学资源综合利用技术、装备研发及推广应用；建立和完善海水利用政策法规体系和管理服务体系等；不断扩大海水利用规模，优化用水结构，使海水真正成为沿海地区的重要水源之一，以海水利用促进沿海地区经济社会的可持续发展。

（2）发展目标

我国海水利用产业的发展目标是，到2010年末，我国海水淡化能力达到80万～100万m^3/d；海水直接利用能力达到550亿m^3/a；积极发展海水化学资源的综合利用，海水利用解决沿海地区约20%的缺水问题。

3. 发展重点和区域布局

（1）发展重点

1）重点领域

我国海水利用的主要领域：一是海水直接利用，即以海水为原水，直接替代淡水作为工业用水和生活用水。二是海水淡化，即利用海水脱盐生产淡水。三是海水化学资源的综合利用，即从海水中提取化学元素、化学品及深加工等。

2）发展重点

① 积极推动海水利用重大项目和示范工程项目建设，扩大海水利用规模

在海水淡化方面，一是以海水淡化水作为城镇居民用水的海水淡化工程项目；二是以海水淡化水作为工业企业生产和生活用水，特别是作为锅炉补充水等工业用高纯水的海水淡化工程项目。在海水直接利用方面，一是沿海地区重点行业（如电力、钢铁、石油石化、化工等高用水行业）的工业企业以海水为原水替代淡水作为工业用水如冷却水等的海水直接利用工程项目；二是以海水作为大生活用水（如海水冲厕等）的海水直接利用工程项目。同时，积极开展海水化学资源综合利用，发展循环经济模式，培育海水利用产业链。

② 大力发展海水利用技术及装备制造业

加强海水利用技术与装备的自主创新，提高设备制造能力，不断提高国产设备在国家重点工程和示范工程中的比例，建立国家海水利用工程技术研究中心、国家海水利用产业化基地和装备制造基地，培育海水利用新兴产业。重点发展1万m^3/d级海水淡化技术和10万m^3/d及以上级海水淡化成套设备制造技术，积极发展海水直接冷却和海水冲厕技术；要加快高性能海水淡化反渗透膜、能量回收装置和高压泵等设备的组建，以及高效蒸馏部件等关键技术和设备的国产化进程；积极鼓励发展风能、太阳能、潮汐能等可再生能源与海水淡化结合的工艺与技术，低温核能海水淡化工艺技术，综合利用海水淡化后的浓海水制盐和提取钾、溴、镁、锂及其深加工等海水化学资源高附加值利用技术；积极支持苦咸海水淡化技术的开发和应用。

③ 建立和完善海水利用政策、法规体系和服务管理体系

加快海水利用产业发展相关政策和法规的研究，建立健全海水利用标准体系和质量监督检验体系，形成促进海水利用产业发展的长效机制；建立有效的中介服务体系，加强行业协调，规范行业行为，推动海水利用产业健康有序的发展。

（2）区域布局

在布局上，应根据我国沿海各地区的水资源供需状况，城市发展战略，区域产业结构、布局和特点，以及各地区海水利用的基础和条件，因地制宜实施海水利用区域的合理布局，并明确建设重点。

在我国沿海地区，要大力发展海水和海水直接利用；积极发展海洋化工产业；创建海水利用综合示范区和城市；建设国家海水利用产业化基地和装备制造基地，北方可重点建立蒸馏法海水淡化技术装备生产基地，南方可重点建立膜法海水淡化技术装备生产基地。

第7章　小城镇水资源保护和可持续发展

7.1 水资源保护的含义

保护是人类针对特定的对象为某种目的而采取的积极行动。根据对象不同，有环境保护、资源保护和劳动保护等。资源的保护是人类为满足发展的需要，维持资源属性，通过经济、行政、法律和科学的手段，有效地安排资源的开发利用，并对影响资源的行为进行干预的活动。

水资源保护是指以水资源可持续利用为目的，通过经济、法律、行政和科学的手段，合理开发、利用和管理水资源，并对影响水资源经济属性和生态属性的各种行为进行干预的活动，以满足社会实现经济可持续发展对淡水资源的需求，实现水资源的合理利用与科学管理。

这个定义有以下几层含义：

（1）由于水的特性，影响水资源有多种方式和途径，所以水资源保护的手段有多种，要有针对性地采取经济的、行政的、法律的和科学的手段。

（2）水资源保护调整的对象是影响水资源的行为。水资源主要受两个因素影响：一是自然因素；二是人为因素。对自然因素的影响，人们主要是通过兴修水利，调节径流，改变水的储存形态、时空分布等措施来进行保护；对人为因素影响的控制，就是要保证人们在开发利用水资源和其他资源的同时还要保护水资源，实现开发利用与保护相协调，对影响水资源的行为进行干预和控制。

（3）水资源保护的对象主要是水资源的功能，要保障水资源的永续利用就是要维持水资源的各种功能。不同的功能其保护标准是不一样的，有的是要维持合理的量，有的是要保证一定的质，有的两者兼具，还有的是要维持一定的水位等。

根据水的不同分类形式，水资源保护有不同的外延。

根据水的资源要素，可将水资源保护分为水量保护和水质保护。根据水的储存形态，又分为地面水资源保护和地下水资源保护。其中，地面水资源根据水体的不同，分为江河水资源保护、海洋水资源保护和湖泊、水库水资源保护等。

通常意义所说的水资源保护概念有广义、狭义之分，二者的区别在于其外延有延伸和收缩。如有的将广义的水资源保护理解为包括水量、水质的保护，而相对的狭义理解则为仅包括水量或水质的一个方面。也有的将广义的水资源保护理解为保护水资源的经济功能和生态功能，而与其对应的狭义则为保护水资源经济功能。

实际立法中，关于水资源保护的法定解释，与此法律中对水资源的定义有直接的关系，如我国《水法》对水资源的定义不包括海水；《水法》中的水资源保护仅包括地面水和地下水的保护，而不包括海水的保护等。我国《水污染防治法》则主要是保护水质。

7.2 水资源保护的目标

水资源保护的根本目的是保障水资源的可持续利用。

小城镇是一个动态过程，其经济社会是不断向前发展的，人口量的组合和质的提高也是不断演进的，人的生存和全部生产都离不开水资源的开发利用和保护。全球水资源总量是不变的，但由于全球水循环受变化的大气环流等多种因素影响所形成的时空差异，作为全球极其微小局部的小城镇的水资源量都不能认为是不变的。从我国小城镇整体来看，由于先天不足和后天人为，水资源是紧缺的，对处于干旱缺水地区的小城镇来说，其形势则更为严峻，甚至受到严重缺水的威胁，而水质也因为人为污染而不断恶化。在这种情况下，要实施小城镇可持续发展，其难度可想而知，而首要的就是水资源可持续利用。经济社会和人口的可持续发展、土地合理开发利用、生态环境优质化、居民生活水平和生活质量的提高，都将对小城镇生活、生产用水量的增加和水质提高提出更新更高要求。为此，可以认为小城镇水资源保护的目标是指小城镇经济社会发展和人口增长中，运用生态学原理，充分挖掘水资源自然潜力，开发利用水资源和治理保护水资源有机结合。按照可持续发展的代内公平的代际公平原则，既能满足小城镇建设、生产、生活对水量增加和水质提高的需求，又能确保水资源的永续利用，并为今后发展对水资源更高需求提供更大的空间和际遇。

小城镇水资源可持续利用内涵包括：

(1) 平衡：是指小城镇水资源开发利用的供求平衡和经济平衡、水资源的补给、转化、排泄和积蓄的平衡。它是小城镇水资源可持续发展的重要基础。其实质是水资源生态系统的动态平衡、水资源的供给和消耗平衡。

(2) 适应：是指小城镇水资源开发利用要与当地时段水资源的更新补给能力相适应，小城镇建设与发展要符合水情，要与水资源承载能力相适应。小城镇经济发展、人口增长、生产力布局都要以防止和避免水资源水量减少和水质下降为前提。它是小城镇可持续发展的核心，其实质是人与水的双赢、人与自然的和谐。

(3) 循环：是指通过水工程技术的运用，达到水资源开发利用和治理保护的良性循环，它是小城镇水资源可持续利用的关键。其实质是水资源开发利用的物质循环与能量转换的数量保证和质量提升。

(4) 控制：是指按照水资源可供量规划建设小城镇，做到规模合理、人口适当、环境优美、经济繁荣。小城镇水资源可持续利用的重要内容是严格控制人口增长、外来人口盲目流入、水资源开发利用的盲目挖潜、三废排放，其实质是人口与水资源、水环境的相互协调。

(5) 转移：是指水资源的利用转移和价值转移。社会发展和人类进步既有经济的代际转移，也有财富的代际转移，同样存在水资源的利用转移。包括水资源作为实物的转移和通过水质保护实现水价值的转移。

综上所述，可以看出，小城镇水资源可持续利用的重要标志是水量的保证和水质的良好。水量是重要前提，而水质则是关键。对任何小城镇来说，其水资源开发利用的水量包括降水水量、地表水水量和地下水水量。一般地说，降水量大的小城镇，地表水和地下水量也大，反之亦然。但受地形、气候、水文、植被等因素影响，降水量或大或小的小城镇，各种自然灾害也相对频繁，修建各种水利设施至关重要；一般地说，降水量越大，地下水水量补给就越大。

水质一般是指水的质洁度和理化性质，可通过感官性评价、氧平衡评价、毒物指标评价判定水质好坏。从水的颜色、味道、气味、透明度和浊度，可以初步判断水体是否污染和污染程度，而通过理化技术测定，可进一步判断水体所溶解的有机物浓度及所含的各种重金属元素。水体所含有机物和重金属元素越多，说明水体受污染越重，水质越差，不能为人使用，更不能直接饮用。

水质直接关系到工业、农业和人的生活，是小城镇水资源可持续利用极其重要的衡量标志，没有水质就没有水的可持续利用，就没有经济社会的可持续发展。

只有当小城镇可供水量大于或等于小城镇需水总量；小城镇水体水质可满足各项用水的需求；小城镇蓄水量大于其供水量，小城镇水资源可持续利用才可能实现，才真正达到了水资源保护的目的。

7.3 水资源保护的内容

实现水资源的有序开发利用、保持水环境的良好状态是水资源保护管理的重要内容和首要任务。具体为：

(1) 改革水资源管理体制并加强其能力建设，切实落实与实施水资源的统一管理，有效合理分配；

(2) 提高水污染控制和污水资源化的水平，保护与水资源有关的生态系统。实现水资源的可持续利用，消除次生的环境问题，保障工业、农业和生活的安全供水，建立安全供水的保障体系；

(3) 加强气候变化对水资源的影响及其相关的战略性研究；

(4) 建立与研究与水资源污染控制与修复有关的理论与技术；

(5) 强化水环境监测，完善水资源管理体制与法律法规，加大执法力度，依法治水。

7.3.1 水质调查与分析

1. 污染源调查

人类活动将大量未经处理的废水、废物直接排放江河湖海，污染地面水和地下水。人类活动造成水体污染的主要来源有：

(1) 工业废水。这类废水成分极其复杂，量大面广，有毒物质含量高，其水质待征及数量随工业类型而异，大致可分三大类：含无机物的废水，包括冶金、建材、无机化工等废水；含有机物的废水，包括食品、塑料、炼油、石油化工以及制革等废水；兼含无机物和有机物的废水，如炼焦、化肥、合成橡胶、制药、人造纤维等。

(2) 生活污水。随着人口的增长与集中，城镇生活污水已成为一个重要污染源。生活污水中悬浮杂质有泥沙、矿物质、各种有机物、胶体和高分子物质（包括淀粉、糖、纤维素、脂肪、蛋白质、油类、洗涤剂等）；溶解物质则有各种含氮化合物、磷酸盐、硫酸盐、氯化物、尿素和其他有机物分解产物；还有大量的各种微生物，如细菌、多种病原体，据统计，每毫升生活污水中含有几百万个细菌。生活污水中杂质含量与生活习惯水平有关，通常用平均情况描述。我国生活污水的指标为：沉淀后的 BOD_5 为 20～30mg/L，悬浮物（SS）为 20～45mg/L。

（3）农田排水。农业用水量通常要比工业用水量大得多，但利用率很低，灌溉用水中的 80%～90% 要经过农田排水系统或其他途径排泄。随着农药、化肥使用量的日益增加，大量残留在土壤里、飘浮于大气中或溶解在水田内的农药和化肥，通过灌溉排水和降水径流的冲刷进入天然水体，形成面污染源。现代化农业和畜牧业的发展，特别是大型饲养场的增加，会使各类农业废弃物的排入量增加，给天然水体增加污染负荷。水土流失使大量泥沙及土壤有机质进入水体，是我国许多地区主要的面污染源。此外，大气环流中的各种污染物质的沉降如酸雨等，也是水体污染的来源。这些污染源造成了性质各异的水体污染，并产生性质各异的危害。

污染源调查的目的是准确地掌握污染源排放的污、废水量及其中所含污染物的特点，找出其时空变化规律；判明水体污染现状、污染危害程度、污染发生的过程、污染物进入水体的途径及污染环境条件，并揭示水污染发展的趋势；确定影响污染过程的可能的环境条件和影响因素；控制和消除水污染、为保护水资源提供治理依据。

污染源调查的内容包括：污染源所在地周围环境状况；单位生产、生活活动与污染源排污量的关系；污染治理情况；污、废水量及其所含污染物的排放方式与去向；纳污水体的水质状况，污染危害及今后发展趋势等。

污染源调查可以采用调查表格普查、现场调查、经验估算和物料衡算等方法。

2. 水质监测分析技术

由于污染物来源复杂，组分含量差别很大，有的组分含量很低，因而对水质污染监测分析技术要求很高，几乎所有分析化学的最新成果都在水质污染监测领域里得到了应用。

水质监测分析技术分类按其原理分，分为物理法、化学法和生物法。

（1）物理法

物理法指通过测量各种物理量，如时间、热、光、磁、放射性等，对水中污染物或其某些特征值进行监测。测量手段除了传统的方法外，还可使用遥感、激光等新技术。

（2）化学法

化学法指通过化学分析和仪器分析等手段，对水体中污染物进行定量和定性分析。各类水质分析技术如图 7-1 所示。

（3）生物法

利用不同生物对水污染产生各种反应（如群落、种群、细胞的变化等），判断水体污染的状况。生物法与物理、化学方法不同，它可反映多种污染因子的综合效应以及水体长期污染的结果，在一定程度上弥补物理及化学方法的不足，近年来已日益受到重视。

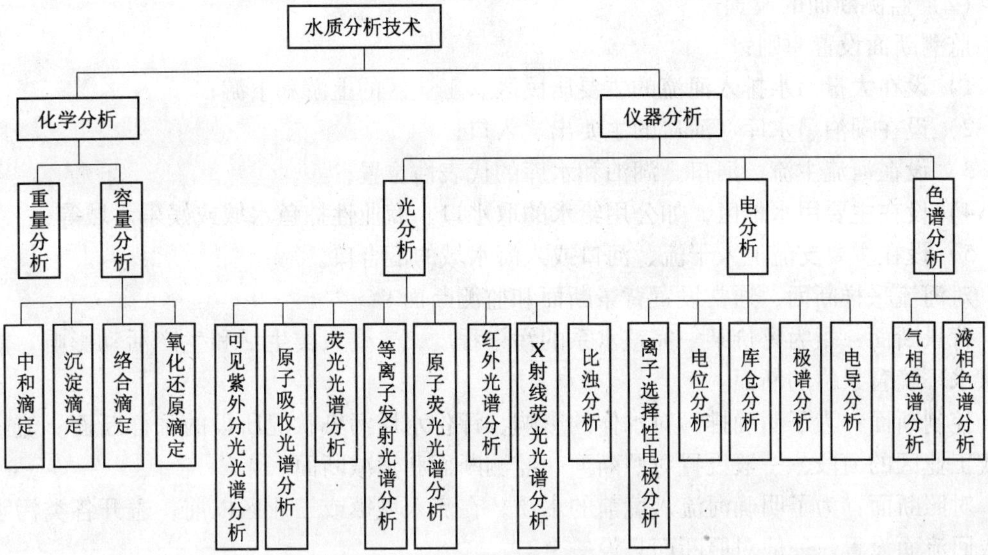

图 7-1　水质分析技术

7.3.2　水质监测

水质监测是在水质分析的基础上发展起来的，是对代表水质的各种标志数据的测定过程。作为进行水污染防治和水资源保护的基础，水质监测是贯彻执行水环境保护法规和实施水质管理的依据。

水质监测目的是：提供代表水质质量现状的数据，供水体环境质量评价使用；确定水体中污染物的时、空分布特点，追溯污染物的来源和生长规律，预测水体污染的变化趋势；判断水污染对环境生物和人体健康造成的影响，评价污染防治措施的实际效果，为制定有关法规、水环境质量标准、污染物排放标准等提供科学依据；为建立和验证水质污染模型提供依据；探明污染原因、污染机理以及各种污染物质，进一步深入开展水环境及其污染的理论研究。

选择监测项目的根据有：选择对水体环境有较大影响的项目；选择已有可靠的监测技术且能获得准确数据的项目；已有水质标准或其他规定的项目；在水中含量已接近或超过规定的标准浓度和总量指标在上升的项目；被分析样品具有广泛代表性。

具体监测项目可针对不同水体环境、按水体（地表水、地下水）环境质量标准加以确定。

1. 地面水水质监测

(1) 水质监测站网

水质监测站网是在一定地区、按一定原则、以适当数量的水质监测站构成的水质资料收集系统。根据需要与可能，以最小的代价和最高的效率，使站网具有最佳的整体功能，是水质监测站网规划与建设的目标。

水质监测站网的建立与设置根据其目的及所要完成的任务，可分为基本站、辅助站和背景站。

(2) 监测断面的设置

监测断面设置原则:

1) 设在大量污水排入河流的主要居民区、工业区的上游和下游;

2) 设在湖泊、水库、河口的主要出、入口;

3) 设在河流主流、河口、湖泊和水库的代表性位置;

4) 设在主要用水地区,如公用给水的取水口、商业性捕鱼水域或娱乐水域等;

5) 设在主要支流汇入干流、河口或入海水域的汇合口。

对河流采样断面,通常设置背景断面和监测断面。

背景断面:指为评价某一完整水系的污染程度,未受人类生活和生产活动影响,能够提供水环境背景值的断面。

控制断面:为了明确排污对水体的影响,评价水质污染状况所设的采样断面。流经城镇或工业区的河段,一般设置对照断面、监测断面和消减断面。

对照断面:为了明确河流入境前的水质,在流入城镇或工业区以前,避开各类污水流入或回流而设置,一般对照断面只设一个。

监测断面是为了明确特定污染源对水体的影响,评价水质状况而设置的。其数目应根据城镇的工业布局和排污口分布情况而定。由于排污口的污染带下游500m横断面上的1/2宽度处重金属浓度一般会出现高峰,所以在距排污口500～1000m处设置监测断面。

消减断面是指污水汇入河流,经一段距离与河水充分混合后,水中污染物浓度经稀释和自净而逐渐降低,其左、中、右三点浓度差异较小的断面。通常设在城市或工业区最后一个排污口下游1500m以外的河段上。图7-2是河段采样断面设置图。图中A—A′为对照断面、G—G′为消减断面、其余为监测断面。

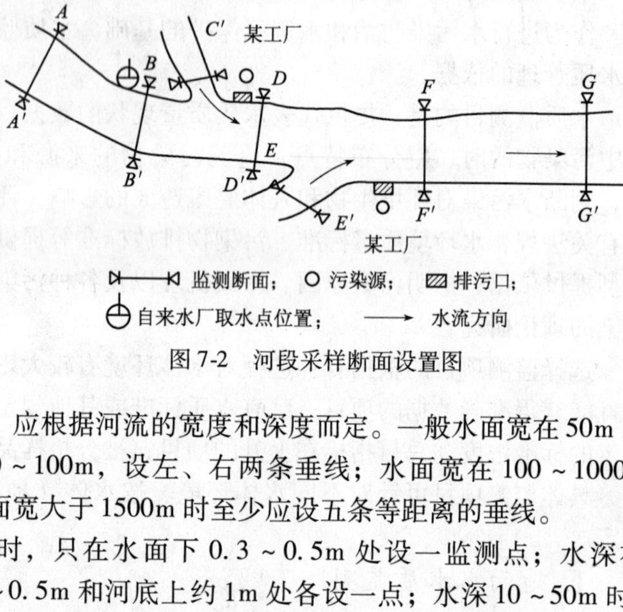

图7-2 河段采样断面设置图

河流采样断面上采样点的设置,应根据河流的宽度和深度而定。一般水面宽在50m以下,只设一条中泓垂线;水面宽50～100m,设左、右两条垂线;水面宽在100～1000m时,应设左、中、右三条垂线;水面宽大于1500m时至少应设五条等距离的垂线。

在一条垂线上,水深小于5m时,只在水面下0.3～0.5m处设一监测点;水深在5～10m时设两个点,即水面下0.3～0.5m和河底上约1m处各设一点;水深10～50m时,设三个点,即分布在水面下0.3～0.5m、河底上约1m处和1/2水深处;水深超过50m时,应酌情增加采样点。

对湖泊和水库的采样断面,除了出入湖、库的河流汇合处及湖岸功能区的分布等因素外,还要考虑面积、水源、鱼类回流和产卵区等。断面上采样点设置的确定方法,与河流相同,如果存在温跃层,则需考虑设置温跃层采样点,见图7-3、图7-4。

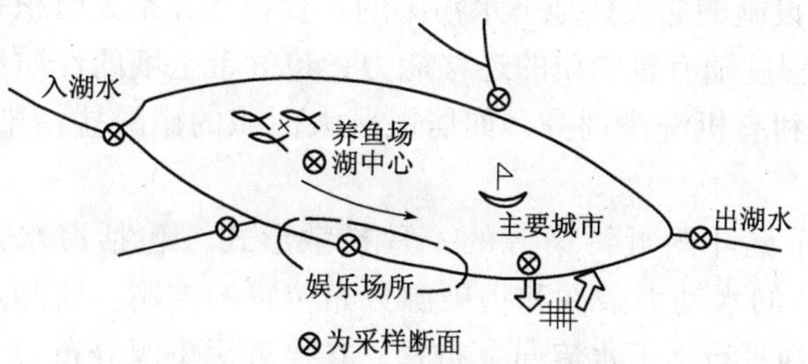

图 7-3 湖泊、水库中采样断面设置示意图

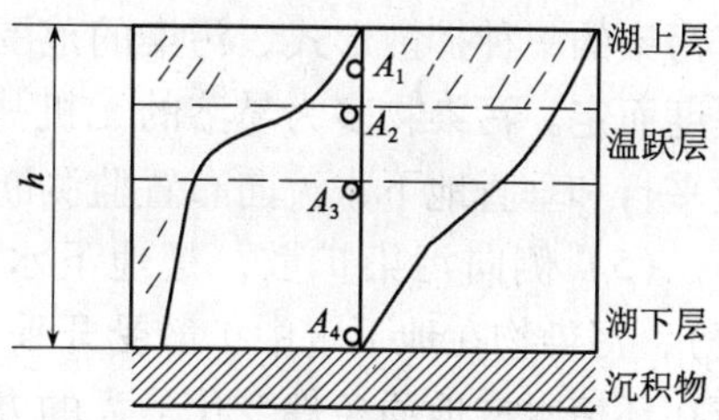

图 7-4 温跃层采样点设置示意图

A_1—湖上层；A_2—温跃上层；A_3—温跃下层；A_4—湖下层沉积物；h—水深；○—采样点

（3）采样时间和频率

为反映出水质在时间和空间上的变化，采集的水样必须有代表性。

常规水质监测采样频率及时间的要求为：

1）饮用水源及重要水源保护区，全年采样 8～12 次；

2）重要水系干流及一级支流，全年采样 12 次；

3）一般中小河流，全年采样 6 次，丰、平、枯水期各 2 次；

4）面积大于 1000km^2 的湖泊和库容大于 $1\times10^8m^3$ 的水库，每月应采样分析 1 次，全年不少于 12 次；

5）其他湖泊、水库，全年采样 2 次，其中丰、枯水期各 1 次。

2. 地下水质监测

地下水质监测是进行地下水环境质量评价的基础工作，也是研究和预测地下水水质变化的重要手段。由于地下水参与了整个水文循环过程，大气降水、地表水以及人为活动所产生的污水对地下水质的改变起着重要作用。由此，对大气降水、地表水及污水的监测，原则上在有监测站的地区，可直接利用监测部门的资料；在没有监测站的地区，应在地下水的主要补给区和排汇区适当设置少量的监测点，以取得进行评价所必需的监测资料。

布置地下水质监测网，应当充分考虑监测区域的环境水文地质条件、地下水资源的开发利用状况、污染源的分布和扩散形式以及区域地下水的化学特征。监测的主要对象应该是污染物危害性大和排放量大的污染源、重点污染区和重要的供水水源地。污染区监测点的布置方法应根据污染物在地下水中的存在形式来确定。污染物的扩散形式可按污染途径及动力条件分为以下几类：

（1）渗坑、渗井的污染物随地下水流动而在其下游形成条带状污染，表明有害物质在含水层中具有较强的渗透性能，较高的渗透速度。监测点的布置，应沿地下水流向，用平行和垂直监测断面控制，其范围包括重污染区、轻污染区以及污染物扩散边界。

（2）点状污染扩散。点状污染扩散是渗坑、渗井在含水层渗透性能很弱的地区污染扩散特点。由于地下水径流条件差，污染物迁移以离子扩散为主，运动缓慢，污染范围小，所以监测点应在渗坑、渗井附近布置。

（3）带状污染扩散。带状污染扩散是污染物沿河渠渗漏污染扩散的形式。监测点应根据河渠状况、地质结构。设在不同的水文地质单元的河渠段上，并在其垂直方向设监测断面。

(4) 块状污染扩散区，是缺乏卫生设施的居民区地下水污染的主要特征，是大面积垂直污染的一种扩散形式，污染的范围和程度随有害物质的迁移能力、包气带土壤的性质和厚度而定。污染物多为易溶的无机盐类和有机洗涤剂等，如居民区大面积的硝酸盐污染，应平行和垂直地下水流向布置监测断面。

(5) 侧向污染扩散，是地下水开采漏斗附近污染源的一种扩散形式（包括海水入侵），污染物在地下水中扩散受开采漏斗的水动力条件和污染源分布位置的控制。监测点应在环境水文地质条件变化最大的方向和平行地下水流向上布置，在接近污染源分布的一侧和开采漏斗的上游，应重点监测，在整个漏斗区可以适当布置控制点。

对于监测井的选择，要选用那些正在开采使用的生产井，以保证水样能代表含水层的真实成分。在无生产井的地区，应布设少量的水质监测孔，进行分层采样监测。

3. 监测项目的确定

水污染监测项目的确定应按水污染的实际情况而定。根据我国城镇水污染的一般特征和当前的监测水平，按一般环境质量评价的要求，监测项目大体上可分为：

(1) 常规组分监测

常规组分监测包括钾、钠、钙、镁、硫酸盐、总硬度、耗氧量、氨氮、氯化物、重碳酸盐、pH、总溶解性固体、硝态氮等。

(2) 有害物质监测

有害物质监测项目应根据工业区和城镇中工业企业类型及主要污染物确定，一般常见的有汞、铬、镉、铜、锌、砷等有机有毒物质；酚、氰以及其他工业排放的有害物质。

(3) 细菌监测

可取部分控制点或主要水源地进行监测。对于一些特定污染组分，要根据水质基本状况进行专项监测。

7.3.3 水环境质量评价

1. 水环境质量评价的分类

水环境质量评价简称水质评价，是根据水体的用途，按照一定的评价参数、标准和评价方法，对水体质量进行定性或定量评定的过程。

水质评价是环境质量评价的重要组成部分。近年来，随着生产发展、人口激增以及天然水体污染加剧，水资源供需矛盾日益尖锐，保护水质、控制污染迫在眉睫，从而促进了水质评价工作的开展。

水质评价分类如下：

1) 按评价阶段，水质评价分为三类：回顾评价：根据水域历年积累的资料，以揭示该水域水质污染的发展变化过程；现状评价：根据近期水质监测资料，对水体水质的现状进行评价；预断（或影响）评价：根据地区的经济发展规划，预测水体未来的水质状况。

2) 按评价水体用途分为：单项评价、渔业用水评价和农业（灌溉）用水评价等。

3) 按评价参数的数量分为单因子评价和多因子评价。

4) 按评价水体分为河流、湖泊（水库）和河口评价等。

2. 水质评价的一般程序及步骤

水质评价的一般程序是：

1）收集、整理和分析水质监测的数据及有关资料；

2）根据评价目的确定水质评价的参数；

3）选择评价方法，建立水质评价的数学模型；

4）确定评价标准；

5）提出评价结论；

6）绘制水质图，见图7-5。

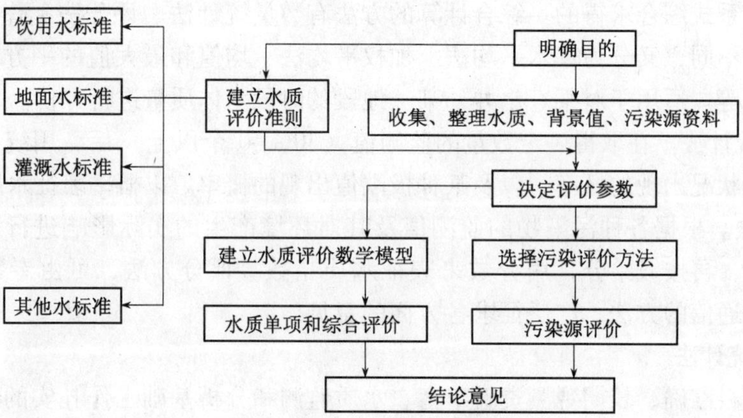

图7-5 水质评价程序示意图

水质评价的步骤有：

1）水体环境背景值的确定。在未受人为污染影响状况下，确定水体在自然发展过程中原有的化学组成。因目前难以找到绝对不受污染影响的水体，所以测得的水环境背景值实际上是一个相对值，可以作为判别水体受污染影响程度的参考比较指标。

进行一个区域或河段的评价时，可考虑将对照断面的监测值作为背景值。

2）污染源调查评价。污染源是影响水质的重要因素，通过污染源调查与评价，可确定水体的主要污染物质，从而确定水质监测及评价项目。

3）水质监测。根据水质调查和污染源评价结论、结合水质评价目的、评价水体的特性和影响水体水质的重要污染物质，制定水质监测方案，进行取样分析，获取进行水质评价必需的水质监测数据。

4）确定评价标准。水质标准是水质评价的准则和依据。对于同一水体，采用不同的标准，会得出不同的评价结果，甚至对水质是否污染，也会得出不同的结论。因此，应根据评价水体的用途和评价目的选择相应的评价标准。

5）按照一定的数学模型进行评价。

6）评价结论。根据计算结果进行水质优劣分级，提出评价结论。为了更直观地反映水质状况，可绘制水质图。

水质评价的关键是选择或构建正确的评价方法，以及评价模型中所涉及的关键参数序列。利用评价模型与参数对水体的环境质量作出有效评判，确定其水环境质量状况和应用价值，从而为防治水体污染及合理开发利用、保护水资源提供科学依据。

目前，用于水质评价的方法种类繁多，主要有一般统计法、综合指数法、数理统计法、模糊数学综合评判法、浓度级数模式法等。

1）一般统计法

一般统计法以监测点的检出值与背景值或饮用水标准比较，统计其检出数、检出率、超标率及其分布规律。适用于水环境条件简单、污染物单一的地区，适用于水质初步评价。特点是简单明了，但应用有局限性，不能反映总体水质状况。

2）综合指数法

综合指数表示多项污染物对水环境产生的综合影响的程度。它是以分指数为基础，通过各种数学关系式综合求得的。综合计算的方法有数量统计法、评分法、叠加法等，根据叠加时的算法不同，又分为算术平均法、加权平均法、均值和最大值的平方和的均方根法及几何均值法等。适用于对某一水井、某一地段的时段水体质量进行评价。

① 数量统计法。在取得一定数量的监测值（30～40 个以上）后，用统计的方法，推求出各种水质状况出现的概率，以及某种极端值出现的概率。以概率表征水质指数。

② 评分法。根据各种污染物的监测值及其对环境产生的实际影响进行评分，或根据污染情况分级，再按级给分，用分数来表征水质指数。评分方法，可由专家讨论投票决定；也可采用通信的方法，广泛征求各方面的意见。

3）数理统计法

当水质资料准确、长期观测资料丰富、水质监测和分析基础工作扎实的情况下，适合采用数理统计法。该方法是在大量水质资料分析的基础上，建立各种数学模型，经数理统计的定量运算，评价水质。优点是直观明了，便于研究水化学类型成因，具有可比性。但数据的收集整理困难。

4）模糊数学综合评判法

应用模糊数学理论，运用隶属度划分水质的分级界限，用隶属函数对各项指标分别进行评价，再用模糊矩阵复合运算法进行水质评价。适合区域现状评价和趋势评价。特点是考虑了界限的模糊性，各指标在总体中污染程度清晰化、定量化，但可比性差。

5）浓度级数模式法

浓度级数模式法主要基于矩阵指数模式原理，适用于连续性区域水质评价。特点是克服了水质分级边界数值衔接的不合理。

目前，由于水环境评价具有如下特征：①系统中污染物质之间存在复杂关系，各种污染物质对环境质量的影响程度不一；②水质分级标准难以统一；③对水体质量的综合评判存在模糊性。

因此，从不同角度和目的出发提出的水环境质量评价方法各异，但水质评价方法本身应具有科学性、正确性和可比性，满足实际使用要求，以利于明确影响水质的因素，实现水环境保护与水污染治理。

由于各种水质指数综合归纳的方法，均各有优缺点，而评价结果，不仅取决于选用的水质指数计算公式，还取决于监测数据的代表性、准确性，监测数据的处理，以及选用的水质评价标准等因素。因此，各种数学模型只是在一定条件下，提供了对监测数据进行归纳统计的手段，比较直观地说明水质的状况，但也都存在着某些局限和不足。

7.4 水源的污染及其防护

7.4.1 水体污染的特征

地表水和地下水由于储存、分布条件和环境上的差异，表现出不同的污染特征。

地表水污染可视性强，易于发现；其循环周期短，易于净化和水质恢复。地下水的污染特征由地下水的储存特征决定，主要表现在：

(1) 隐蔽性

由于污染是发生在地表以下的孔隙介质之中，即便是地下水已遭到严重污染，但表观上仍然表现为无色、无味，不能像地表水那样，可从颜色及气味或鱼类等生物的死亡、灭绝鉴别出来。即使人类饮用了受有害或有毒组分污染的地下水，其对人体的影响也只是慢性的长期效应，不易觉察。

(2) 难以逆转性

地下水一旦受到污染就很难得到恢复。原因是地下水流速极其缓慢，切断污染源后，仅靠含水层本身的自然净化，则需要相当长的时间。少则十年、几十年，多则上百年。难以逆转的另一个原因是某些污染物被介质和有机质吸附之后，会在水环境特征的变化中发生解吸—再吸附的反复交替。

(3) 延缓性

由于污染物在含水层上部的包气带土壤中经过各种物理、化学及生物作用，地下水污染向附近的运移、扩散相当缓慢。

7.4.2 水体污染三要素

水体污染三要素的主要构成是污染源、污染物和污染途径，是研究水体污染原因与污染机制的重要内容。

1. 污染源

由于人类活动排放出大量的污染物，这些污染物质通过不同的途径进入水体，使水体的感官性状（如色度、味、浑浊度等）、物理化学性质（如温度、电导率、氧化还原电位、放射性等）、化学成分（有机物和无机物）、水中的生物组成（种群、数量）以及底质等发生变化，水质变坏，水的用途受到影响，这种情况就称为水体污染。向水体排放或释放污染物的来源或场所，称之为“水体污染源”。水体污染源有不同的分类：

(1) 按水体类型来分

1) 大气水污染源

这主要是指污染物质进入大气对大气水分造成的污染，也就是污染物对降水的影响。大气水分对大气起清洁剂的作用，如果它受到污染，不仅使大气质量下降，对工农业生产形成直接的影响，而且，大气污染源降至地表时，又引起地表水体、土壤等的二次污染。

2) 地表水污染源

几乎所有水污染源的污染物，都通过各种途径进入地面水体中，且向下游汇集。河川水、湖泊水对流域内工农业生产有着极其重大的意义，一旦这些水体遭到污染，将会给人们的生活带来极大的危害。

3）地下水污染源

地下水一般有一定的保护层，污染物很难进入地下水体形成地下水污染源。但是，地下水体一旦被污染，则很难恢复，更新时间也需要特别长。大气水污染源和地表水污染源都可以通过下渗而转化为地下水污染源。

（2）按污染源的形态来分

1）点污染源

它又分为固定的点污染源（如工厂、矿山、医院、居民点、废渣堆等）和移动的点污染源（如轮船、汽车、飞机、火车等）。造成水体点污染源主要有以下几种工业：食品工业、造纸工业、化学工业、金属制品工业、钢铁工业、皮革工业、染色工业等。点污染源排放污水的方式主要有以下四种：直接排污水进入水体；经下水道与城市生活污水混合后排入水体；用排污渠将污水送至附近水体；渗井排入。

2）线污染源

它是指输油管道、污水沟道以及公路、铁路、航线等线状污染源。线污染源所形成的危害大大低于点污染源，但一旦形成污染源，其后果也是极其可怕的。

3）面污染源

它是指喷洒在农田里的农药、化肥等污染物，经雨水冲刷随地表径流进入水体，从而形成水体污染。

（3）按水体污染源的动力特性来分

1）人为污染源

从目前的情况来看，绝大多数的水体污染源都是人为污染源，即由于人类生活和工农业生产，造成大量污染物质排入水体而形成污染。

2）自然污染源

例如地下水流经某一特定岩层后，其矿化度明显提高或其酸碱度明显变化；在一定条件下，某水体内藻类等浮游生物急剧增长，从而引起富营养化的水体污染。

2. 水体污染物

凡使水体的水质、生物质、底质恶化的各种物质均可称为水体污染物或水污染物。根据对环境污染危害的情况不同，可将水污染物分为以下几个类别：固体污染物、生物污染物、需氧有机污染物、富营养性污染物、感官污染物、酸碱盐类污染物、有毒污染物、油类污染物、热污染物等。

3. 污染途径

地表水污染途径主要为连续注入式或间歇注入式。连续注入式污染指城镇生活污水、工业废水、固体废弃物直接排放造成的污染；农田排水、固体废弃物存放地降水淋滤液对地表水体的污染，一般属于间歇注入式污染。

地下水污染途径是指污染物从污染源进入到地下水中所经过的路径。研究地下水污染途径有助于采取正确的防治地下水污染的措施。

地下水污染途径复杂多样，以污染源的种类分类过于繁杂，诸如污水渠道和污水坑的渗漏、固体废物堆的淋滤、化学液体的渗漏、农业活动的污染以及采矿活动的污染等。按水力学的特点，地下水污染途径大致可分为间歇入渗型、连续入渗型、越流型和径流型四类。

7.4.3 水源污染的防护

1. 集中式饮用水水源保护区水污染源调查

水污染源调查包括污染源类型、污染来源及时空分布。污染源分为点污染源、面污染源和内污染源。其中，面污染源及内污染源调查主要针对湖库型水源地。

（1）点源污染调查

主要调查饮用水水源地排污口的污染排放情况，包括工业企业、居民生活、规模化畜禽养殖场等污水排放口。此外，还应关注其他可能造成污染的固定点源，如垃圾转运站、垃圾填埋场、油库等违章建筑物或建设项目。其中，水源地违章建筑和建设项目的确定以《饮用水水源保护区污染防治管理规定》为依据。

1）饮用水水源地排污口和污染源调查：已划定保护区的，调查仅限于饮用水源一级、二级及准保护区内；未划定保护区的，根据实际情况，调查对取水口水质有直接影响的排污口和污染源。

2）排污口调查包括排污口名称、排入水源地污水量、污染物量、污染源类型（如生活污水、工业污水）、污染源位置。其中，污染源位置指明与水源地取水口的距离和相对方位。主要污染物以各类污染源的特征污染物为主。

（2）面源污染调查

针对中小型湖泊、水库型饮用水水源地流域，开展面源污染调查。调查内容包括城镇地表径流、化肥农药使用、农村生活污水及固体废弃物、分散式畜禽养殖等。调查指标项根据不同面源污染类型予以选择。

2. 饮用水水源地生态环境状况调查

主要针对中小型湖泊水库饮用水水源地开展生态环境保护相关的指标调查。

（1）水源地流域土地利用情况调查，包括工业、交通用地，城镇、农村居民用地，农业种植用地。

（2）水源涵养林、护岸林和自然湿地的面积及维护情况。

（3）水土流失情况，包括水源地周边采石场、裸地面积，坡耕地面积及其占耕地面积比例，水土流失及治理面积，土壤侵蚀模数等参数。

3. 饮用水水源保护区污染负荷控制

（1）饮用水水源保护区污染负荷特征分析

根据保护区内社会经济活动现状和变化趋势，以及污染治理工作的要求，以2005年为基准年，预测“十一五”期间饮用水水源保护区内污染负荷量变化，以及上游污染负荷对水源的影响。

（2）不达标水源地污染物总量控制方案

主要针对不达标地表水饮用水水源地，以近期（2006~2010年）为实施时限，制定不达标水源地污染物总量控制目标，提出不达标饮用水水源地污染负荷削减任务。为该类水源地稳步、持续地改善水质提供依据，为该类水源地相关的工程实施建设效果评估提供依据。

1）不达标水源地的识别分析

通过调查评价、分析不达标饮用水水源地的主要污染指标，分析污染指标的可控性和控制途径。

2）不达标水源地水质控制目标的确定

在水源地主要污染指标识别的基础上，结合污染物的来源、削减污染负荷的技术经济要求，提出饮用水水源地水质控制目标。

3）不达标水源地内的最小污染负荷削减量的确定

针对不同的地表饮用水源类型，选择适当的水质模型，计算最大允许负荷和最低削减要求，并作为工程规划中治理项目选择、规模确定的依据。

4. 饮用水水源地环境保护工程规划

（1）基本要求

饮用水水源地环境保护工程规划是本次规划的核心内容，它以饮用水水源地基础情况调查、评价及水源保护区划为基础，通过水源地污染防治、生态恢复和建设、应急能力建设、预警监控体系建设、管理能力建设等具体工程方案的制定和实施，加强污染源控制、生态环境保护，提升环境监督管理能力，以求将饮用水水源地保护落到实处，全面保护饮用水水源地。

该项内容的成果包括各专项工程的规划研究报告、相关电子地图、图集等附件。工程总体规划要求包括：

1）近、中、远期有效结合，不同时期的重点区、工程措施内容和方法应合理安排；

2）因地制宜、分类指导、突出重点，分类分级别开展，紧密结合不同类型保护区的不同保护需求，近期突出重点地区、集中式饮用水水源保护区；

3）工程实施需落实具体，以地市级单位为主要组织单位，落实到县级市；

4）工程方案设计合理，目标可达。

（2）饮用水水源保护区污染防治工程

1）点源污染防治工程

点源污染防治工程的目的是为了有效防止饮用水水源保护区内的点源污染，及时控制现有的重点污染源，保障饮用水源水质。在近期，主要消除饮用水水源地水质的重要威胁，在远期实现污染的有效预防和控制。

点源污染防治工程内容为：围绕集中式饮用水水源保护区，严格按照《饮用水水源保护区污染防治管理规定》中对不同级别保护区的相关规定，对各保护区的点源污染，尤其是污染型工业企业、违规建筑物和建设项目，制定清拆、整治和总量控制方案，分析方案的技术可行性、所需投资及环境效益，进行方案优化。对不同级别保护区主要内容如下：

① 一级饮用水水源保护区

一级保护区污染防治工程按照“查明核定”、“清理拆除”、“严格控制”污染源为基本原则，实施清理、整治与管理。针对地表水、地下水水源地的一级保护区，按照相关规定，列出相应的主要污染点源清单，包括违规建筑物、违规建设项目（含工业企业）、污水排放口、渗坑渗井等；清理核定拟拆迁建筑物和建设项目名单，制定拆迁方案，整理核定污水排放口的数量及分布，制定截污和拆除方案；对工程实施中和实施后的水源保护区严格土地使用管制，控制企业进入，防止污染排放。

② 二级、准保护区点源污染防治工程

二级、准保护区的点源污染防治工程按照近期以清查、拆除违规污染源为主，远期以污染预防为主的原则予以实施。

按照相关规定，列出违规建筑物和建设项目清单；清理核定违规建筑物和建设项目名单，制定拆迁方案。

对于二级核准保护区内的污染源，限期治理超标排放的污染源，严格要求达到一级污水排放标准排放。

对于不达标的饮用水水源地，根据水质目标和水源地环境容量，提出点源污染负荷总量削减方案；对相关排污企业提出限期整改和治理方案。

2）面源污染防治工程

面源污染防治工程的目的是为了有效减少和防止饮用水水源保护区内的面源污染，尤其是农业面源污染，保障饮用水源水质。

面源污染防治工程的基本原则包括：坚持系统、循环、平衡的生态学原则；与生态修复工程相结合。

在近期，针对重点地区，围绕总量控制，以输移路径控制和末端控制为主，及时减少面源污染负荷，主要工程包括农村污水分散处理，畜禽养殖沼气化工程，泥沙滞留的前置库工程。与此同时，兼顾源头污染负荷削减相关政策、法规、技术、措施的推广加以实施。

在中、远期，遵循生态经济理念，着重从源头控制污染负荷，进一步保障水质，在近期的基础上，深入推广生态农业、生态施肥、保护性耕作等措施。与此同时，继续巩固近期末端控制的各类工程措施取得的成效，实现综合控制。

(3) 饮用水水源保护区生态恢复与建设工程

针对水源保护区内的生态现状，进行生态修复、生态建设工程，提高保护区内自然净化能力，促进生态良性循环，改善和保护饮用水源水质。

生态恢复与建设工程的基本原则包括：

1）保护优先、以防为主；

2）生态建设与景观建设相结合，人工恢复与自然恢复相结合；

3）一级保护区以生态环境的“全面恢复”为原则，全方位开展恢复和建设工程；

4）二级、准保护区以“重点恢复和建设”为原则，在规划期内逐步推进全面的生态恢复和建设工程。

生态恢复与建设工程的内容以饮用水源的保护涵养为核心，适当结合点、面源污染负荷的总量控制来考虑。根据不同保护区的生态现状，识别诊断主要问题，确定工程主要内容和目标，制定各时期的工程方案，分析方案的技术可行性、所需投资及环境效益，最终优化确定方案。

(4) 饮用水水源地环境应急能力建设工程

1）基本要求

针对目前各地饮用水水源保护的应急能力建设普遍薄弱的现象开展该项工作，目的在于加强环境事故风险防范能力，避免或防止饮用水源污染，保障居民生活的用水安全。应急能力建设工程的基本原则包括：以防为主，充分考虑潜在的突发性事故风险，应急措施的科学性、针对性、及时性和有效性。

2）应急能力建设工程

通过饮用水源风险源的识别，制定不同风险源的应急处理处置方案，形成应对突发事故应急处理处置能力。工程的主要内容包括：建设饮用水水源地应急系统，保障系统有效运行；建立饮用水水源地应急能力；制定饮用水水源地应急预案。建设的内容设置以近期为重点建设期，中、远期不断更新和完善。

（5）饮用水水源地环境预警监控体系建设工程

为实时监测、控制水源地的水质、水量安全状况，提高预警预报能力，适应饮用水水源地保护的管理需求，开展该项工程建设。

1）基本原则

① 充分考虑饮用水水源地管理与保护的基本要求，监测断面布设的位置、监测频次、监测因子统一和规范化。

② 充分利用现有站网建设基础，紧密结合管理和保护需求，进行监测站点（断面）的优化及增设，做到站网设置在技术和经济上的合理。

③ 水质、水量双重监控，监测站点考虑与已有水文站网的结合。

2）工程内容

① 现有水质监测站网完善

提出现有站网完善方案、监测能力建设方案。在国家级、省级重点饮用水水源保护区建立水量和水质自动监测网。

② 饮用水水源保护区污染源监控网络建设

筛选保护区内重要污染源、直接进入水体的排污口，建立水量水质实时监测系统。

③ 地下水饮用水水源地水质动态监测网

建立城市饮用水水源地地下水情及开采利用的动态监测网。及时发现和防止地下水过量开采问题，如海水入侵、地面沉降，及时监控地下水动力场带来的水质影响，指导地下水的合理开发利用和污染有效预防。

（6）饮用水水源地环境管理能力建设

为保障规划实施效果，制定饮用水水源地保护的监督管理能力建设方案，重点内容包括三个方面：保护区的基础设施建设、监督管理自身能力建设、环境监控信息系统建设。

1）基础设施建设工程

制定饮用水水源保护区的基础设施建设方案，工程内容如保护区界碑、界桩的建设、宣传警示牌等，具体涉及内容根据区域实际情况有所差异。

2）监督管理自身能力建设工程

制定监督管理自身能力建设方案，着重从管理者自身角度加强监督管理能力，包括管理者相关技术培训、监督管理考核体制，同时，包括相关的基础性科学研究。

3）饮用水水源地环境监控信息系统建设工程

建设饮用水水源地监控信息系统，包括饮用水水源地数据库建设，数据采集和传输系统建设、数据管理系统建设及监控管理中心建设。

（7）规划投资—效益评估

结合各个专项工程方案的技术可行性、所需投资及环境效益分析，进一步分析饮用水水源地保护专项工程的成本和收益。

投资收益包括可能产生的社会、经济、环境效益。社会效益主要表现在国家用水安全、人民健康用水和良好的生存环境。经济效益往往难于量化，主要体现在社会稳定、环境优美所带来的良好经济运行环境、经济的持续增长。环境效益体现在资源的可持续利用，水质保持和改善，水生态系统健康的保证等，同时，对于所筛选出的不达标水源地，预测评估工程污染物削减量能否达到最小污染负荷削减目标和水质目标。

分析投资金额、投资渠道等情况，结合成本、收益分析，对投资—效益进行总体评估，分析工程的经济目标可达性、经济有效性。

（8）规划实施保障

1）资金保障

为保障工程的实施和落实、促进规划目标的实现，需切实保证资金的有效投入。各级行政区应将饮用水水源地保护工程纳入国民经济和社会发展规划，工程投资金额、投资所占总环保投入比例和 GDP 比例应纳入规划予以明确，以保障规划期内工程的资金投入。同时，为减少环保投资对公共财政造成的压力，在资金筹措方面需积极开拓融资渠道，创新融资机制，使经费来源于企业、市场、政府财政等多方面的投入。

2）法律法规保障

为使饮用水水源地保护的工作能够落到实处，应加快完善饮用水水源地保护法律法规体系的建设，将饮用水水源地的保护工作切实纳入到当地法律法规体系中，成为地方政府和环境保护主管部门工作的重点。严格执行水源地保护的相关法律规定，加大水源地保护的执法力度，严格查处各种环境违法和破坏行为，提高执法工作的力度。

3）政策制度保障

以政策引导和经济激励为基本手段，坚持生态经济和循环经济理念，推进清洁生产、生态园区的广泛和深入发展，加快产业结构调整、产业布局的优化；大力倡导生态文明，宣传绿色消费模式；多方面促进资源的节约利用，尤其是促进节水工作的广泛持续开展，从源头降低水环境污染负荷，减轻水源供给的压力。严格执行水污染总量控制、排污许可证、环境影响评价制度，严格产业准入制度，尤其针对饮用水水源保护区等重要控制区域，落实水污染的以“控”和“防”为主。

4）组织和管理保障

为做好规划的组织实施，建议在各级行政区成立饮用水水源地保护规划领导小组，负责组织各区和部门根据规划要求编制年度计划，监督和检查计划完成情况，协调和解决规划实施中的相关问题，判断和论证规划的后续调整方案。

7.5 水资源保护的规划与管理

7.5.1 水资源保护的规划

1. 水资源保护规划的含义

水资源保护规划是在调查、分析河流、湖泊、水库等污染源分布、排放等内容的基础上，与水文状况和水资源开发利用情况相联系，利用水量水质模型，探索水质变化规律、评价水质现状和趋势，预测各规划水平年的水质状况，划定水体功能分区范围及水质标准，按照功能要求制定环境目标，计算水环境容量和与之相应的污染物削减量，并分配到有关河段、地区、城镇，对污染物排放实行总量控制，提出符合流域或区域经济社会发展的综合防治措施。水资源保护规划包括水质控制规划和水资源利用规划。水质控制规划以实现水体功能要求为目标，是水资源保护规划的基础；水资源利用规划强调水资源的合理利用和水环境保护，它以满足经济和社会发展的需要为宗旨。

水资源保护规划的目的是：

（1）分析并提出水质、水量、水资源利用等水环境方面的问题，并明确问题的根源。

（2）确定目标。根据经济、社会发展的要求，考虑客观条件，从水质与水量两方面拟定水环境目标，作出水环境功能分区。

（3）拟定措施，提出实施方案。主要在调整经济结构与布局、提高水资源利用率、增加污水处理等方面拟定措施，并在评价、优化的基础上，将各种措施综合起来，提出供决策选用的方案。

2. 水资源保护规划的指导思想

水资源保护规划的指导思想是：与水资源综合利用规划相协调，面向21世纪，贯彻经济社会可持续发展的战略思想，体现和反映经济计会发展对水资源保护的新要求，为宏观决策和水资源统一管理提供科学依据。具体内容有以下几个方面：

（1）应以可持续发展战略作为指导思想，贯彻国家有关经济建设、社会发展与水资源合理开发利用、水资源保护及水污染防治协调、发展的方针。

（2）应贯彻“防治结合、预防为主”的方针。对于已经受污染的水资源，应尽快着手整治，对于尚未受污染或污染尚不严重的水体，则应加强保护措施。

（3）应特别重视水资源的合理开发与利用，要把节水、污水回用及开发跨流（区）域输水工程结合起来，作为长期的重大战略措施。

（4）规划中确定的水功能区，要兼顾近期和中长期的要求，并根据经济社会支撑能力，对水资源保护措施做出相应的分阶段优化规划方案与实施计划。

（5）制定规划既要研究、总结、吸收国外水资源保护的基本经验和先进技术，又要突出考虑本地的实际情况和条件，以便确定技术上行之有效、经济上适宜的规划方案与对策措施。

（6）对于工业废水污染，应强调源头控制，推行清洁生产，实施废物减量化和生产全过程控制，达到污水减排的目的。

（7）高度重视农村水资源的保护，特别是与重要饮用水源地有关农村污染源。对化肥农药、畜禽排泄物、乡镇企业废水及村镇生活污水等应采取行效措施进行控制、处理及利用，实现农村生态的良性循环。

3. 水资源保护规划的基本原则

（1）可持续发展原则

水资源保护规划应与流域水资源开发利用规划及社会经济发展规划相协调，并根据规划水体的环境承受能力，合理地开发和利用水资源，以保护当代和后代赖以生存的水环境，维持水资源的永续利用，促进经济社会的可持续发展。

（2）全面规划、统筹兼顾、突出重点的原则

水资源保护规划是将水系内干流、支流、湖泊、水库以及地下水作为一个大系统，充分考虑河流上下游、左右岸，省（区）际间、市际间。湖泊、水库的不同水域，以及远、近期经济社会发展对水资源保护规划的要求进行全面规划。坚持水资源开发利用与保护并重的原则。统筹兼顾流域、区域水资源综合开发利用和经济社会发展规划。对于城镇集中饮用水水源地保护等重点问题，在规划中应体现优先保护的原则。

（3）水质与水量统一规划、水资源与生态保护相结合的原则

水质与水量是水资源的两个主要属性。水资源保护规划的水质保护与水量密切相关。将水质与水量统一考虑，是水资源的开发利用与保护辩证统一关系的体现。

在水资源保护规划中应从水污染的季节性变化、地域分布的差异、设计流量的确定、最小生态环境需水量、入河污染物总量控制指标等方面反映水质和水量的规划成果。还应考虑涵养水源，防止水资源枯竭、生态环境恶化等方面的因素。

（4）地表水与地下水统一规划原则

应注意地表水与地下水相统一，为水资源的全面统一管理提供决策依据。

（5）突出水资源保护监督管理原则

水资源保护监督管理是水资源保护工作的重要方面，规划方案应实用可行，操作性强，行之有效，侧重水资源保护监督管理，以利于水资源保护规划的实施。

4. 水资源保护规划的内容

（1）通过调查及评价水体的现状和功能，明确水体的主要污染源及污染物；

（2）对水体功能进行区划，拟定水质目标和设计条件；

（3）按规划的不同水平进行污染预测；

（4）根据水体自净特性、环境容量、污染物总量控制以及技术经济比指标，拟定比较方案；

（5）优选方案；

（6）拟订分期实施程序并计算分期效益。

7.5.2 水资源的管理

广义的水资源管理是指人类社会及其政府对适应、利用、开发、保护水资源与防治水害活动的动态管理以及对水资源的权属管理，包括政府与水、社会与水、政府与人以及人与人之间的水事关系。对国际河流，水资源管理还包括相邻国家之间的水事关系。

1. 水资源管理的目的

水资源管理是以实现水资源的持续开发和永续利用为最终目的。自20世纪80年代可持续发展被明确提出以来，可持续发展思想已经广泛为世人所接受。许多国家和地区已经把是否有利于持续发展作为衡量自己行为是否得当的最重要的出发点之一。水资源作为维持人类生存、生活和生产的最重要的自然资源、环境资源和经济资源之一，实现水资源的持续开发和永续利用是保证实现整个人类社会的持续发展的最重要的物质支持基础之一。也就是说，为了实现人类社会的持续发展，必须实现水资源的持续发展和永续利用。而要实现水资源的持续发展和永续利用又必须要借助科学的水资源管理。

科学的水资源管理是为了实现经济、社会和生态环境的持续、协调发展，可以说，实现水资源的持续开发和永续利用的水资源管理可以被称为可持续的水资源管理。

2. 水资源管理中存在的问题

(1) 水资源管理体制存在的问题

《水法》规定，国家对水资源实行统一管理与分级、分部门管理相结合的制度。具体内容包括：国务院水行政主管部门负责全国水资源的统一管理工作；国务院其他有关部门按照国务院规定的职责分工，协同国务院水行政主管部门，负责有关的水资源管理工作；县级以上地方人民政府水行政主管部门和其他有关部门，按照同级人民政府规定的职责分工，负责有关的水资源管理工作。

在我国，由于用水、管水和治水工程是分属各个部门，造成各自为政、重复工作、相互扯皮、效率低下的现象层出不穷，宏观管理缺乏统一规划。我国的水资源管理包括地表水、地下水的治理、保护、开发、利用，长期由水利、电力、交通、城建、地矿、农业等部门多龙治水，部门分割严重。各部门为了各自的利益进行的单目标规划管理必然与水资源的多功用相矛盾，因而必然与其他部门发生纠纷。在关于水资源的污染防治方面，水利部和国家环保总局还需协调。

另一方面，从协调机制上讲，国家授权的协调机构并没有起到真正的协调作用。《水法》虽然规定我国水资源管理实行水利部统一管理下的分级、分工管理，水利部连同水利部下设的七大流域水利委员会对各自职权范围内的水资源利用进行协调，处理部门、区域纠纷，水资源实行流域管理，但是实际情况却与规定相差甚远。

(2) 水资源管理责、权、利界定不清，水污染和水资源浪费严重

水资源所有权主体唯一而水资源使用权主体多元造成了水资源管理责、权、利界定的复杂性。我国水资源管理在产权上的一个主要问题是要对水资源的使用权进行合理界定。目前，我国对部门之间的水资源使用权界定不清，导致其责、权、利不明确，存在“多龙治水”和“多龙管水”现象，水资源利用效率低下。另外，人类在生活和生产活动中，需要从天然水体中抽取大量的淡水，并把使用过的生活污水和生产废水排回到天然水体中。由于工业废水未经处理或未经充分处理就排入河流、湖泊和水库，造成了这些水体的污染。工业污水中的有毒物质危害着水体中的水生生物；生活污水，水土流失，农田灌溉形成的肥料流失等还可使水体富营养化，受污染水域的水资源无法再直接使用。地球上的地表水和地下水面临着来自不同方面的污染。

另一方面，水价偏低导致人们对水的价格不敏感，节水观念淡薄，造成用水过程中大量浪费。在我国，大部分地区的农业采用大水漫灌的方式，水的有效利用率仅为40%~50%，损耗量高出发达国家两倍，造成水资源的严重浪费。为此，保护水资源，防止水体污染和水资源的浪费，已成为人类必须重视的大问题。

(3) 水资源管理的法律体系不健全，执法力度不够

目前，我国有关水资源管理和水体保护的法律、法规及规章之间缺乏有机的联系。现有的环境、水利建设等方面的法律法规及规章对水资源保护工作规定得不具体、不明确，可操作性差，不能体现出环境与资源协调发展的战略思想。同时现行的环境法规对水资源保护仅是从环境角度管理，而没有从水资源可持续发展的角度考虑。同时，由于执法力度

不够，往往因地方保护等种种原因不能严格执法。对污染单位大多只象征性地收取排污费，而不强调达标排放，从而造成对水资源的严重破坏。

3. 水资源管理的对策

（1）理顺水资源管理体制，加强水资源宏观管理

无论是公共水资源问题的解决或是其他水资源问题的解决，政府都应该发挥积极的作用，从宏观上进行有利的管理，这样才能最终解决有关水资源问题。目前，必须改革我国水资源开发、利用和保护在管理上的无序状态，强化统一管理，使管理工作纳入科学的、以国家社会利益为前提的统一管理体系。为此，必须采取以下措施：1）加强以各江河流域、省、市、县为单元进行水资源保护机构建设，并赋予其一定的权限，负责本流域水土保护、水体污染防治。2）加强全国、各流域及地方各省市之间进行水资源开发、利用和保护的工作，逐步形成中央与地方，江河流域与地方上游、中游与下游分工明确、责任到位、统一有序、管理和谐的水资源管理体制。

（2）合理划分水管理部门责、权、利，采取切实措施防止水污染和水浪费现象。

目前，我国急需的就是对水资源使用权的规范管理，相关的法律、法规急需建立，明确各部门之间水资源的使用权，合理划分其责、权、利。

为了实现防止水污染和水浪费现象的目标，应该采取下列措施：

1）大力提倡废污水重复利用，提高水利用效率。如何提高农用水效率和回收乡镇用水，将是发展中国家减缓对水需求的重要途径。

2）努力发展节水农业。加大农业基建投资力度，完善工程配套，采用管灌、喷灌、滴灌等先进的农业灌溉技术与灌溉制度，发展节水农业，以达到节水目的。

3）广泛开展水资源教育，尽快提高人们的节水意识。政府有关部门应该有组织、有计划、有步骤地开展全民水资源教育活动，说明水资源问题的严重性，以强化居民惜水、护水、节水的意识。

4）用水管理，从而保护水资源。要加强用水管理，必须实行水长期供求计划和水量分配，实行取水许可证制度和用水收费制度，并依法解决水事纠纷。

（3）健全水资源法律体系，严格执法。

进一步完善《环境保护法》、《水法》、《水土保护法》、《水污染防治法》、《河道管理条例》等，对不合时宜的条款要进行及时、适当的修订。各级政府应该依法引入市场机制，结合本地特点，制定出本地水资源开采、使用、保护等方面的具体政策、法规和制度。

保护水资源是国民经济和生态环境可持续发展的关键，因而，必须制止这种无序污染的状况，将水源保护工作纳入市场经济的范畴，严格执行水资源法律的有关规定和各项制度，依法追究违法者的责任，维护水资源管理秩序，保卫水资源开发利用建设的成果。

4. 水资源管理的基本制度

根据《水法》的规定，我国在水资源管理方面，实施以下几项基本制度：

（1）水资源调查评价

全国水资源调查评价由国务院水行政主管部门会同有关部门统一进行。

（2）水规划

开发利用水资源和防治水害必须按流域或者区域进行统一规划。国家确定的重要江河流域综合规划，由国务院水行政主管部门会同有关部门和地区组织编制，报国务院批准。经批推的规划是开发利用水资源和防治水害活动的基本依据。

（3）水长期供求计划

全国水长期供求计划由国务院水行政主管部门组织制订，报国务院计划主管部门审批。

（4）水资源的宏观调配

跨行政区域的水量分配方案，由上一级人民政府水行政主管部门征求有关地方人民政府的意见后制定，报同级人民政府批准后执行。

（5）取水许可

各级水行政主管部门负责取水许可制度的实施，进行取水许可水质管理。

（6）计划用水和节约用水

各级政府必须加强对节约用水的管理，采用节约用水的先进技术，降低水的消耗量、提高水的重复利用率。在水资源不足地区，限制城市规模和耗水量大的工业、农业的发展。

（7）水费与水资源费

使用供水工程供应的水量取水的，征收水资源费。

（8）水事纠纷的处理

地区之间发生的水事纠纷，由有关双方协商处理；协商不成的，由上一级人民政府处理。在水事纠纷解决之前，未经各方达成协议或者上一级人民政府批准，在国家规定的交界线两侧一定范围内，.不得单方面改变水的现状。

参考文献

[1] 李广贺. 水资源利用与保护 [M]. 北京：中国建筑工业出版社，2001

[2] 聂梅生. 水资源及给水处理 [M]. 北京：中国建筑工业出版社，2001

[3] 聂梅生. 废水处理及再用 [M]. 北京：中国建筑工业出版社，2001

[4] 严煦世，范谨初. 给水工程（第四版）[M]. 北京：中国建筑工业出版社，1999

[5] 董辅祥，董欣东. 节约用水原理及方法指南 [M]. 北京：中国建筑工业出版社，1995

[6] 汪光焘. 城市节水技术与管理 [M]. 北京：中国建筑工业出版社，1994

[7] 刘善建. 水的开发与利用 [M]. 北京：中国水利水电出版社，2000

[8] 刘自放. 水资源与取水工程 [M]. 北京：中国建筑工业出版社，2000

[9] 雷乐成. 污水回用新技术及工程设计 [M]. 北京：化学工业出版社，2003

[10] 金兆丰. 城市污水回用技术手册 [M]. 北京：化学工业出版社，2004

[11] 高桂霞. 水资源评价与管理 [M]. 北京：中国水利水电出版社，2000

[12] 谢新民. 水资源评价及可持续利用规划理论与实践 [M]. 郑州：黄河水利出版社，2005

[13] 于法稳. 水资源与农业可持续发展 [M]. 重庆：重庆大学出版社，2000

[14] 何俊仕. 水资源概论 [M]. 北京：中国农业大学出版社，2006

[15] 中共中央宣传部宣传教育局，水利部办公厅. 水资源问题与对策 [M]. 北京：学习出版社，2002

[16] 李雪松. 中国水资源制度研究 [M]. 武汉：武汉大学出版社，2006

[17] 李广贺. 水资源利用工程与管理 [M]. 北京：清华大学出版社，1998

[18] 袁弘任. 水资源保护管理基础 [M]. 北京：中国水利水电出版社，1996

[19] 胡振鹏. 水资源环境工程 [M]. 南昌：江西高校出版社，2003

[20] 林洪孝. 水资源管理理论与实践 [M]. 北京：中国水利水电出版社，2003

[21] 王浩. 中国水资源与可持续发展 [M]. 北京：科学出版社，2007

[22] 水利部水文司. 中国水资源质量评价 [M]. 北京：中国科学技术出版社，1997

[23] 刘昌明. 中国水资源现状评价和供需发展趋势分析 [M]. 北京：中国水利水电出版社，2001

[24] 袁弘任，吴国平. 水资源保护及其立法 [M]. 北京：中国水利水电出版社，2002

[25] 董辅祥. 给水水源与取水工程 [M]. 北京：中国建筑工业出版社，1998

[26] 韩会玲. 小城镇给排水 [M]. 北京：中国科学技术出版社，2001

[27] 左其亭，窦明，吴泽宁. 水资源规划与管理 [M]. 北京：中国水利水电出版社，2005

[28] 王家枢. 水资源与国家安全 [M]. 北京：地震出版社，2002

[29] 许有鹏. 城市水资源与水环境 [M]. 贵州：贵州人民出版社，2003

[30] 汤铭潭. 小城镇规划技术指标体系与建设方略 [M]. 北京：中国建筑工业出版社，2006

[31] 黄维蓉. 我国小城镇污水处理设施建设与运行管理对策研究 [M]. 重庆：重庆大学出版社，2007

[32] 卢敏. 小城镇水安全理论模型与应用研究 [M]. 南京：河海大学出版社，2006

甘肃省
重点保护野生植物
图鉴

Gansu Province
Key Protected Wild Plants
POKEDEX

主编
陈明琦　朱耀宝　李常青

中国林业出版社
China Forestry Publishing House

图书在版编目（CIP）数据

甘肃省重点保护野生植物图鉴 / 陈明琦等主编. --
北京 : 中国林业出版社，2018.2
ISBN 978-7-5038-9434-3
Ⅰ. ①甘… Ⅱ. ①陈… Ⅲ. ①野生植物－甘肃－图集
Ⅳ. ①Q948.524.2-64

中国版本图书馆CIP数据核字（2018）第027591号

出　版：中国林业出版社（100009 北京市西城区德内大街刘海胡同7号）
网　址：http://lycb.forestry.gov.cn
E-mail：cfybook@163.com　　电　话：010-83143581
发　行：中国林业出版社
印　刷：北京雅昌艺术印刷有限公司
版　次：2018年2月第1版
印　次：2018年2月第1次
开　本：787mm×1092mm 1/16
印　张：6.25
字　数：140千字